概率统计
辅导书

西安交通大学

主编 魏 平 王 宁

编者 齐雪玲 魏 平 王 宁 王翠玲 徐凤敏

刘康民 李耀武 赵小艳 戴雪峰 吴春红

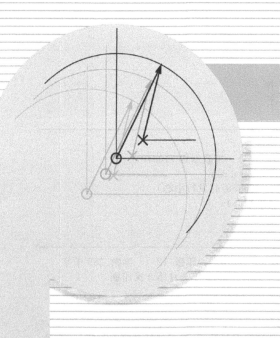

西安交通大学出版社
XI'AN JIAOTONG UNIVERSITY PRESS

内容简介

本书由五个部分组成：一、本章内容提要，帮助读者对当前章内容进行总结和梳理，使读者对本章内容有一个宏观的了解；二、疑难解惑，以问答形式对容易混淆的概念和基本方法作解答；三、典型例题解析，通过例题对概率统计典型题的分析方法和计算方法给出示范解答；四、应用题解析，意在提高读者解决实际问题的能力；五、自测题，提供一定数量经精心编写的习题。书后还附录了多套模拟试题，可供读者检验学习效果之用。

本书可供大学本科非数学专业学生学习使用，也可供非数学专业考研复习使用。

图书在版编目(CIP)数据

概率统计辅导书/魏平 王宁主编. —西安：西安交通
大学出版社，2010.8(2022.2 重印)
　ISBN 978 - 7 - 5605 - 3674 - 3

　Ⅰ.①概… 　Ⅱ.①魏… ②王… 　Ⅲ.①概率论-高等学校-教
学参考资料 ②数理统计-高等学校-教学参考资料 　Ⅳ.①O21

中国版本图书馆 CIP 数据核字(2010)第 149501 号

书　　名	概率统计辅导书	
主　　编	魏　平　王　宁	
责任编辑	叶　涛	
出版发行	西安交通大学出版社	
	（西安市兴庆南路 1 号　邮政编码 710048）	
网　　址	http://www.xjtupress.com	
电　　话	(029)82668357　82667874(发行中心)	
	(029)82668315(总编办)	
传　　真	(029)82668280	
印　　刷	西安日报社印务中心	
开　　本	787mm×1 092mm　1/16　印张 12　字数 289 千字	
版次印次	2010 年 8 月第 1 版　2022 年 2 月第 9 次印刷	
书　　号	ISBN 978 - 7 - 5605 - 3674 - 3	
定　　价	24.00 元	

读者购书、书店添货，如发现印装质量问题，请与本社发行中心联系、调换。
订购热线：(029)82665248　(029)82665249
投稿热线：(029)82664954
读者信箱：jdlgy@yahoo.cn

前 言

概率论与数理统计是高等院校一门重要的基础课,它在工农业生产、科学技术、经济活动及教育研究等领域中有着十分广泛的应用。它是一门具有较强系统性,基础理论较为抽象,具体计算比较繁杂,同时实用性很强的课程,因此这门课程越来越受到重视。为了便于学生掌握本课程的基本内容,加深对内容的理解,我们编写了这本概率统计辅导书。根据本课程的特点,在编写过程中,我们着重注意了以下几个方面:

(1) 在内容选取上,遵循"内容的选取要注重实用性与先进性"的原则,加强了理论与实际的联系,注重了该学科知识在社会经济与工程技术方面的具体应用。

(2) 本辅导书由五个部分组成:第一部分,通过各章内容提要,帮助学生对本章内容进行总结和梳理,使学生对本章内容有一个宏观的了解;第二部分通过疑难解惑,使学生对容易混淆的概念和基本方法有一个正确的理解;第三部分通过典型例题解析,提高学生对基本概念和基本内容的掌握;第四部分通过应用题解析,意在提高学生解决实际问题的能力;第五部分通过自测题来了解学生对基本概念和基本方法的初步掌握状况。学生通过这些习题的练习,可以进一步加深理解和巩固本章的基本概念和基本理论。

(3) 本辅导书在处理上避免使用较深的数学知识,只要具备高等数学和线性代数的基本知识即可,书中的所有推导论证都是在这一范围内进行。

本辅导书由魏平统一策划;齐雪玲编写第 1 章:随机事件与概率;魏平编写第 2 章:一维随机变量及其分布;王宁编写第 3 章:二维随机变量及其分布;王翠玲编写第 4 章:随机变量的数字特征;徐凤敏编写第 5 章:大数定理与中心极限定理;刘康民编写第 6 章:数理统计的基本概念;李耀武编写第 7 章:参数估计与区间估计;赵小艳编写第 8 章:假设检验;戴雪峰编写第 9 章:方差分析;吴春红编写第 10 章:回归分析,最后由魏平统稿。

由于我们水平有限,加之时间仓促,缺点、错误在所难免,恳请读者批评指正,以使本辅导书不断完善。

作 者
2010 年 6 月于西安交通大学

目　录

第1章　　随机事件和概率

1.1　　内容提要

1. 随机试验的概念

具有以下三个特点的试验称为随机试验

(1)重复性：试验可以在相同的条件下重复进行；

(2)明确性：试验的可能结果不止一个，但能事先明确试验的所有可能的结果；

(3)随机性：每次试验只会出现一种结果，但出现哪一种结果，在试验前不能确定。

样本空间和随机事件

随机试验所有可能结果的全体称为样本空间；试验的每一个可能结果称为样本点，样本空间是全体样本点的集合；随机事件是对随机试验中出现的某些现象或某种情况的描述，它可以用试验的某些可能结果来表示。所以从集合论的观点来看，随机事件就是样本空间的子集合。随机事件简称为事件。

2. 事件的关系及运算

(1)包含关系　　如果事件 A 发生必然导致事件 B 发生，则称事件 B 包含事件 A。记为 $A \subset B$ 或 $B \supset A$。

(2)相等关系　　对于两个事件 A、B，若 $A \subset B$ 与 $B \subset A$ 同时成立，则称事件 A 与事件 B 相等，记为 $A = B$。

(3)和事件　　"事件 A 与事件 B 中至少有一个发生"的事件称为事件 A 与事件 B 的和事件，记为 $A \bigcup B$。

(4)积事件　　"事件 A 与事件 B 同时发生"的事件称为事件 A 与事件 B 的积事件，记为 $A \bigcap B$，或记为 AB。

(5)互斥关系　　若事件 A 与事件 B 不能同时发生，即 $A \bigcap B = \varnothing$，则称事件 A 与事件 B 互斥或互不相容。

(6)差事件　　"事件 A 发生而事件 B 不发生"的事件称为事件 A 与事件 B 的差事件，记为 $A - B$。

(7)逆事件　　对 A、B 两个随机事件，若 $A \bigcup B = \Omega$ 且 $A \bigcap B = \varnothing$ 同时成立，则称事件 A 与事件 B 互为逆事件（或对立事件）。事件 A 的对应事件记为 $\overline{A}$。

事件关系的性质：

$A \subset A \bigcup B; B \subset A \bigcup B; A \bigcup A = A$

$A - B \subset A; A - B = A\overline{B}; (A - B) \bigcup A = A; (A - B) \bigcup B = A \bigcup B;$

$(A - B) \bigcap B = \varnothing; \overline{\overline{A}} = A; A \bigcup \overline{A} = \Omega; A\overline{A} = \varnothing;$

$A \bigcap A = A$；$A \bigcup \varnothing = A$；$A \bigcup \Omega = \Omega$；

$A \bigcap \Omega = A$；$A \bigcap \varnothing = \varnothing$；

事件运算的性质：设 A、B、C 为事件，则有

和的交换律	$A \bigcup B = B \bigcup A$
积的交换律	$A \bigcap B = B \bigcap A$
和的结合律	$(A \bigcup B) \bigcup C = A \bigcup (B \bigcup C)$
积的结合律	$(A \bigcap B) \bigcap C = A \bigcap (B \bigcap C)$
积对和的分配律	$(A \bigcup B) \bigcap C = (A \bigcap C) \bigcup (B \bigcap C)$
和对积的分配律	$(A \bigcap B) \bigcup C = (A \bigcup C) \bigcap (B \bigcup C)$
德摩根对偶律	$\overline{A \bigcup B} = \overline{A} \bigcap \overline{B}, \overline{A \bigcap B} = \overline{A} \bigcup \overline{B}$

3. 概率的定义及性质

概率是随机事件出现的可能性大小，是随机事件不确定性的度量。

(1) 概率的统计定义：$P(A) = \dfrac{n_A}{n}$，其中 n 表示试验的总次数；n_A 表示 n 次试验中 A 出现的次数。

概率的统计定义揭示了随机事件的统计规律，即概率是频率的稳定值。在实际应用中可用频率作概率的近似计算。

(2) 概率的公理化定义：设随机试验 E 的样本空间为 Ω，则称满足下列性质且定义在事件域上的集合函数 $P(*)$ 为概率：

1) 非负性　　对于任一随机事件 A，都有 $P(A) \geqslant 0$；

2) 规范性　　对于必然事件 Ω，有 $P(\Omega) = 1$；

3) 可列可加性　　对两两互斥事件列 $A_1, \cdots, A_m$，有

$$P(\bigcup_{i=1}^{\infty} A_i) = \sum_{i=1}^{\infty} P(A_i)$$

(3) 概率的古典定义：

具有以下特点的随机试验称为古典概型：

1) 随机试验的可能结果只有有限个；

2) 每个结果在一次试验中发生的可能性相等。

设古典概型试验 E 的所有可能结果为 n，若事件 A 恰好包含其中的 m 个结果，则事件 A 的概率为

$$P(A) = \frac{m}{n} = \frac{A \text{ 所包含的试验结果的个数}}{\Omega \text{ 中试验结果的总数}}$$

容易验证，概率的古典定义确定的概率满足公理化定义的三条性质：非负性，规范性，可列可加性。

(4) 概率的几何定义：如果一个随机试验的样本空间 Ω 充满某个区域，其度量(长度、面积或体积等) 大小可用 S_Ω 表示，任意一点落在度量相同的子区域内是等可能的(这里"等可能"的确切意义为：设区域 Ω 中有任意一个小区域 A，如果它的度量为 S_A，则点落入 A 中的可能性大小与 S_A 成正比，而与 A 的位置及形状无关)，则事件 A 的概率为 $P(A) = \dfrac{S_A}{S_\Omega}$。

这个概率称为几何概率,它满足概率的公理化定义的三条性质。

(5) 概率的性质

1) $P(\varnothing) = 0$;

2) 若 $A_1, A_2, \cdots, A_n$ 为两两互不相容事件,则有

$$P(\bigcup_{i=1}^{n} A_i) = \sum_{i=1}^{n} P(A_i)$$

3) 设 A, B 是两个事件,若 $A \subset B$,则有

$$P(B-A) = P(B) - P(A); P(A) \leqslant P(B)$$

4) $P(\overline{A}) = 1 - P(A)$

5) 对于任意两个事件 A、B 有

$$P(A \bigcup B) = P(A) + P(B) - P(AB)$$

4. 条件概率与全概率公式、逆概率公式

(1) 条件概率的定义

设 A、B 为两个事件,若 $P(A) > 0$,则称

$$P(B \mid A) = \frac{P(AB)}{P(A)}$$

为"在已知事件 A 发生的条件下事件 B 发生的条件概率"。而将 $P(B)$ 称为无条件概率。

条件概率满足概率的三条公理,即:

1) 非负性　　对于任一事件 $B, P(B \mid A) \geqslant 0$;

2) 规范性　　对于必然事件 $\Omega, P(\Omega \mid A) = 1$;

3) 可列可加性　　对两两互不相容的事件 $A_1, A_2, \cdots, A_n, \cdots$,有

$$P(\bigcup_{i=1}^{\infty} A_i \mid A) = \sum_{i=1}^{\infty} P(A_i \mid A)$$

(2) 乘法公式

由上述条件概率的定义,可推出下述乘法公式:

若 $P(A) > 0$,则 $P(AB) = P(A)P(B \mid A)$。

乘法公式可以推广到 n 个任意事件之积的情形,即

设 $A_1, A_2, \cdots, A_n (n \geqslant 2)$ 为 n 个事件,且 $P(A_1 A_2 \cdots A_{n-1}) > 0$

则 $P(A_1 A_2 \cdots A_n) = P(A_1)P(A_2 \mid A_1)P(A_3 \mid A_1 A_2) \cdots P(A_n \mid A_1 A_2 \cdots A_{n-1})$

(3) 全概率公式

如果 $A_1, A_2, \cdots, A_n$ 是随机试验 E 的样本空间 Ω 的一个完备事件组(划分),$P(A_i) > 0$ $(i = 1, 2, \cdots, n)$,则对 Ω 中的任一事件 B,有

$$P(B) = \sum_{i=1}^{n} P(A_i)P(B \mid A_i)$$

全概率公式的简单形式为:$0 < P(A) < 1$,则

$$P(B) = P(A)P(B \mid A) + P(\overline{A})P(B \mid \overline{A})$$

(4) 逆概率公式

如果 $A_1, A_2, \cdots, A_n$ 是随机试验 E 的样本空间 Ω 的一个完备事件组(划分),$P(A_i) > 0$ $(i = 1, 2, \cdots, n)$,B 为 E 的一个事件,则

$$P(A_i \mid B) = \frac{P(A_i)P(B \mid A_i)}{\sum\limits_{i=1}^{n} P(A_i)P(B \mid A_i)} \quad (i = 1, 2, \cdots, n)$$

全概率公式与逆概率公式都是求复杂事件概率的重要公式,两个公式所求的概率虽不相同,但两者之间存在着密切的联系。在全概率公式中,如果把 A_i 看作导致事件 B 发生的"原因",则全概率公式是一个"由因求果"问题。在这里,$P(A_i) > 0$ 是事先已知的,可根据经验或分析得到,通常被称为"先验概率"。在逆概率公式中,"结果"事件 B 已经发生,而要寻找使 B 发生的"原因",所以是一个"由果求因"问题。$P(A_i \mid B)$ 是得到信息 B 后确定的,被称为"后验概率"。从逆概率公式可以看到,后验概率 $P(A_i \mid B)$ 的计算是以先验概率 $P(A_i)$ 为基础的,两者之间是有密切联系的。

5. 事件的独立性

两个事件独立的定义:设 A、B 是两个事件,若 $P(AB) = P(A)P(B)$ 成立,则称事件 A 与 B 相互独立,简称 A 与 B 独立

根据这个定义,容易验证必然事件 Ω 与不可能事件 $\varnothing$ 与任何事件都是相互独立的。因为必然事件 Ω 与不可能事件 $\varnothing$ 的发生与否,的确是不受任何事件的影响,也不影响其他事件是否发生。

定理　下面四个命题是等价的:

(1) 事件 A 与 B 相互独立;

(2) 事件 A 与 $\overline{B}$ 相互独立;

(3) 事件 $\overline{A}$ 与 B 相互独立;

(4) 事件 $\overline{A}$ 与 $\overline{B}$ 相互独立。

两个事件的相互独立性定义,可以推广到三个事件以至 n 个事件的情形。

定义:设 A、B、C 是三个事件,如果下面四个等式

$$P(AB) = P(A)P(B)$$
$$P(AC) = P(A)P(C)$$
$$P(BC) = P(B)P(C)$$
$$P(ABC) = P(A)P(B)P(C)$$

都成立,则称事件 A、B、C 相互独立

定义:设 $A_1, A_2, \cdots, A_n$ 是任意的 n 个事件,如果对于任意的整数 $k(1 < k \leqslant n)$ 和任意的 k 个整数 $i_1, i_2, \cdots, i_k (1 \leqslant i_1 < i_2 < \cdots < i_k \leqslant n)$,都有

$$P(A_{i_1} A_{i_2} \cdots A_{i_k}) = P(A_{i_1}) P(A_{i_2}) \cdots P(A_{i_k})$$

则称事件 $A_1, A_2, \cdots, A_n$ 相互独立

由上述定义可以看出,如果事件 $A_1, A_2, \cdots, A_n$ 相互独立,那么其中的任意 $k(1 < k \leqslant n)$ 个事件也相互独立。与上述定理类似,可以证明:将相互独立事件中的任意部分换为逆事件,所得的诸事件仍相互独立。

事件的相互独立性是概率论中的一个重要概念。一般在理论推导和证明中,常用定义判定独立性,而在实际应用中,往往是根据问题的实际意义来判断独立性。

1.2　疑难解惑

问题 1.1　概率为零的事件是不可能事件吗？

答　不可能事件的概率一定为零，即：若 $A = \varnothing$，则 $P(A) = 0$。但反之不一定成立，即：概率为零的事件不一定是不可能事件，即：若 $P(A) = 0$，则不一定有 $A = \varnothing$。

例如：在几何概型的概率计算中，设样本空间为 $\Omega = \{(x, y): x^2 + y^2 \leqslant 1\}$，随机事件 $A = \{(x, y): x^2 + y^2 = 1\}$。$\Omega$ 为圆域的所有点，A 为圆周上的所有点，由几何概型的概率计算公式得 $P(A) = \dfrac{A \text{ 的面积}}{\Omega \text{ 的面积}} = \dfrac{0}{\pi} = 0$。但是，$A$ 是可能发生的。即，若随机试验是向 Ω 随机地投点，点落在圆周 $x^2 + y^2 = 1$ 上的情况是可能发生的。

又如，对于连续型随机变量 X，只讨论它在一个区间上取值的概率，而它取单个点的概率为零，即有 $P(X = a) = 0$，但 $\{X = a\}$ 这个随机事件是有可能发生的。仅在样本点有限（古典概型）或样本点无穷可数（离散型随机变量）这种特殊的情况下，若 $P(A) = 0$，才有 $A = \varnothing$。

问题 1.2　概率为 1 的事件是必然事件吗？

答　必然事件的概率一定为 1，即：若 $A = \Omega$，则 $P(A) = 1$，但概率等于 1 的事件不一定是必然事件，即，若 $P(A) = 1$，不一定有 $A = \Omega$。

例如，在几何概型的概率计算中，设样本空间为 $\Omega = \{(x, y): x^2 + y^2 \leqslant 1\}$，随机事件 $A = \{(x, y): x^2 + y^2 = 1\}$，$\overline{A} = \Omega - A = \{(x, y): x^2 + y^2 \leqslant 1 \text{ 且 } x^2 + y^2 \neq 1\}$，则 $P(\overline{A}) = P(\Omega) - P(A) = 1 - 0 = 1$，但事件 $\overline{A}$ 显然不是必然事件 Ω。即，若随机试验是向 Ω 随机地投点，点落在圆周 $x^2 + y^2 = 1$ 上的情况是可能发生的，即点有可能不落在 $\overline{A}$ 上。

又如，对于连续型随机变量 X，若 X 服从 $[1, 2]$ 上的均匀分布，则 $P\{1 \leqslant X \leqslant 2\} = 1$，而 $P\{1 < X \leqslant 2\} = 1$，但 $\{1 < X \leqslant 2\}$ 不是必然事件。仅在样本点有限（古典概型）或样本点无穷可数（离散型随机变量）这种特殊的情况下，若 $P(A) = 1$，才有 $A = \Omega$。

问题 1.3　随机事件互斥与随机事件独立的关系如何？

答　随机事件的独立性是事件间的概率属性，即若 A、B 是两个随机事件且相互独立，则有 $P(AB) = P(A)P(B)$；而随机事件的互斥是指事件间本身的关系，即若 A、B 是两个随机事件且互斥，则有 $AB = \varnothing$，即 A、B 不能同时发生。一般情况下，若 A、B 独立，则 A、B 是不互斥的，即 $AB \neq \varnothing$。因为如果它们互斥，则说明 A 发生 B 就一定不发生，这就与独立性的定义"A 发生与否对事件 B 发生的没有影响"相矛盾。

下面证明两者之间的关系。

若 $P(A) > 0$，$P(B) > 0$，则 A、B 互斥与 A、B 相互独立不能同时成立。

证明　若 A、B 互斥，则 $AB = \varnothing$，即 $P(AB) = P(\varnothing) = 0$。

又 $P(A)P(B) > 0$，所以 $P(AB) \neq P(A)P(B)$，即 A、B 不独立。这就是说，若 $P(A) > 0$，$P(B) > 0$，且 A、B 互斥，则 A、B 一定不独立。

反之，若 A、B 相互独立，则 $P(AB) = P(A)P(B) > 0$，所以 $AB \neq \varnothing$，即 A、B 不互斥。

但是，若不限制 $P(A) > 0$，$P(B) > 0$，则 A、B 互斥与 A、B 相互独立有时是可以同时成立的。例如，当 $A = \varnothing$ 时，对任意事件 B 有 $AB = \varnothing$，即 A、B 互斥，而 $P(AB) = P(\varnothing) = 0 = P(A)P(B)$，故 A、B 相互独立。

问题 1.4　对于任意两个随机事件 A、B,若 $P(A) > 0$,则 $P(B \mid A)$ 与 $P(B)$ 的大小关系如何?

答　$P(B \mid A)$ 与 $P(B)$ 的大小关系不一定。

例如,一个口袋中有 10 张彩票,只有 2 张有奖。今从中无放回抽取两次,一次一张。设 A 表示"第一次抽到有奖彩票",B 表示"第二次抽到有奖彩票",则 $P(A) = P(B) = \dfrac{1}{5}$,$P(B \mid A) = \dfrac{1}{9} < P(B)$,$P(B \mid \overline{A}) = \dfrac{2}{9} > P(B)$。

1.3　典型例题解析

例 1.1　n 对新人参加婚礼,现进行一项游戏,随机地把 $2n$ 个人分成 n 对,问每对恰为夫妻的概率是多少?

解　把这 $2n$ 个人从左至右排成一列,总共有 $(2n)!$ 种排法。处在 1、2 位置的作为一对夫妻,3、4 位置的作为一对夫妻,等等。第一位可有 $2n$ 种取法 C_{2n}^1,第二位只有一种取法;第三位有 $2n - 2$ 种取法 C_{2n-2}^1,第四位只有一种取法;如此类推。这种排列的总数为 $2n(2n - 2)(2n - 4) \cdots 4 \cdot 2 = 2^n n!$。

所以每对恰为夫妻的概率 $P = \dfrac{2^n n!}{(2n)!} = \dfrac{1}{(2n-1)!!}$。

例 1.2(盒子模型)　设有 n 个球,每个球都等可能地被放到 N 个不同盒子中的任一个,每个盒子所放的球数没有限制。试求

(1) 指定的 $n(n \leqslant N)$ 个盒子中各有一个球的概率 p_1;

(2) 恰好有 $n(n \leqslant N)$ 个盒子各有一个球的概率 p_2;

(3) 指定的一个盒子不空的概率 p_3;

(4) 指定的一个盒子恰有 k 个球的概率 p_4。

解　因为每一个球都有 N 种可能的放法,n 个球就有 N^n 种放法,所以样本空间样本点的总数为 N^n 个,它们是等可能的;

(1) n 个球放到指定的 n 个盒子中,共有 $n!$ 种放法,所以 $p_1 = \dfrac{n!}{N^n}$;

(2) 与(1)的区别在于:此 n 个盒子可以在 N 个盒子中任意选取,有 C_N^n 种取法,所以 $p_2 = \dfrac{C_N^n n!}{N^n}$;

(3) 指定的一个盒子不空,则该盒子所放的球数可以是一个,也可以是 n 个,计算该事件所含样本点数较繁琐,故考虑其逆事件所含样本点数,即"指定的一个盒子是空的"所含样本点数为 $(N-1)^n$,所以 $p_3 = 1 - \dfrac{(N-1)^n}{N^n}$;

(4) 指定的一个盒子放 k 个球,共有 $C_n^k (N-1)^{n-k}$ 种放法,所以 $p_4 = \dfrac{C_n^k (N-1)^{n-k}}{N^n}$。

例 1.3　一质点从坐标原点 $(0,0)$ 出发,等可能地向上、下、左、右四个方向游动,每次游动距离为 1 个长度单位。

（1）求经过 4 次游动之后，质点到达点 $(2,2)$ 的概率；

（2）求经过 $2n$ 次游动之后，质点到达点 $(2,2)$ 的概率；

解　由已知可知质点向上、下、左、右游动的概率均为 $\frac{1}{4}$。

（1）设 $A=\{$经四次游动后，质点到达点 $(2,2)\}$，A 发生等价于 4 次游动中有 2 次向右，2 次向上，故

$$P(A)=C_4^2\left(\frac{1}{4}\right)^2\left(\frac{1}{4}\right)^2=\frac{4!}{2!2!}\left(\frac{1}{4}\right)^2\left(\frac{1}{4}\right)^2=\frac{3}{128}$$

（2）设 $B=\{$经 $2n$ 次游动后，质点到达点 $(2,2)\}$，要使 B 发生，必须是质点在这 $2n$ 次游动中向右比向左游动的次数多 2，向上比向下游动的次数多 2。

$$\begin{aligned}
P(B)&=\sum_{k+m=n-2}C_{2n}^{k+2}C_{2n-(k+2)}^{k}C_{2n-(2k+2)}^{m+2}\left(\frac{1}{4}\right)^{k+2}\left(\frac{1}{4}\right)^{k}\left(\frac{1}{4}\right)^{m+2}\left(\frac{1}{4}\right)^{m}\\
&=\sum_{k+m=n-2}\frac{(2n)!}{(k+2)!k!(m+2)!m!}\left(\frac{1}{4}\right)^{k+2}\left(\frac{1}{4}\right)^{k}\left(\frac{1}{4}\right)^{m+2}\left(\frac{1}{4}\right)^{m}\\
&=\sum_{k=0}^{n-2}\frac{(2n)!}{(k+2)!k!(n-k-2)!(n-k)!}\left(\frac{1}{4}\right)^{2n}\\
&=C_{2n}^{n}\left(\frac{1}{4}\right)^{2n}\sum_{k=0}^{n-2}\frac{n!}{k!(n-k)!}\frac{n!}{(k+2)!(n-k-2)!}\\
&=C_{2n}^{n}\left(\frac{1}{4}\right)^{2n}\sum_{k=0}^{n-2}C_{n}^{k}C_{n}^{k+2}
\end{aligned}$$

例 1.4　设罐中有 b 个黑球、r 个红球，每次随机取出一个球，取出后将原球放回，还加进 c 个同色球和 d 个异色球，若连续从罐中取出三个球，求其中有两个红球、一个黑球的概率

解　设 B_i 为"第 i 次取出的是黑球"，R_j 为"第 j 次取出的是红球"。

若连续从罐中取出三个球，其中有两个红球、一个黑球，则由乘法公式可得

$$\begin{aligned}
P(B_1R_2R_3)&=P(B_1)P(R_2\mid B_1)P(R_3\mid B_1R_2)\\
&=\frac{b}{b+r}\cdot\frac{r+d}{b+r+c+d}\cdot\frac{r+d+c}{b+r+2c+2d}\\
P(R_1B_2R_3)&=P(R_1)P(B_2\mid R_1)P(R_3\mid R_1B_2)\\
&=\frac{r}{b+r}\cdot\frac{b+d}{b+r+c+d}\cdot\frac{r+d+c}{b+r+2c+2d}\\
P(R_1R_2B_3)&=P(R_1)P(R_2\mid R_1)P(B_3\mid R_1R_2)\\
&=\frac{r}{b+r}\cdot\frac{r+c}{b+r+c+d}\cdot\frac{b+2d}{b+r+2c+2d}
\end{aligned}$$

以上概率与黑球在第几次被抽取有关。

罐子模型也称为波利亚（Polya）模型，这个模型可以有各种变化，具体如下：

（1）当 $c=-1,d=0$ 时，即为不放回抽样，此时前次抽取结果会影响后次抽取结果。但只要抽取的黑球与红球个数确定，则概率不依赖其抽出球的次序，都是一样的。此例中有：

$$\begin{aligned}
P(B_1R_2R_3)&=P(R_1B_2R_3)=P(R_1R_2B_3)\\
&=\frac{br(r-1)}{(b+r)(b+r-1)(b+r-2)}
\end{aligned}$$

（2）当 $c=0,d=0$ 时，即为放回抽样，此时前次抽取结果不会影响后次抽取结果，故上述

三个概率相等,且都等于 $P(B_1R_2R_3) = P(R_1B_2R_3) = P(R_1R_2B_3) = \dfrac{br^2}{(b+r)^3}$;

(3) 当 $c > 0, d = 0$ 时,称为传染病模型。此时,每次取出球后会增加下一次取到同色球的概率,或换句话说,每次发现一个传染病患者,以后都会增加再传染的概率,与(1),(2)一样,以上三个概率都相等,且都等于

$$P(B_1R_2R_3) = P(R_1B_2R_3) = P(R_1R_2B_3)$$
$$= \dfrac{br(r+c)}{(b+r)(b+r+c)(b+r+2c)}$$

从以上(1)、(2)和(3)中可以看出:在罐子模型中只要 $d = 0$,则以上三个概率都相等,即只要抽取的黑球与红球个数确定,则概率不依赖其抽出球的次序,都是一样的。

(4) 当 $c = 0, d > 0$ 时,称为安全模型。此模型可解释为:每当事故发生了(红球被取出),安全工作就抓紧一些,下次再发生事故的概率就会减少;而当事故没有发生时(黑球被取出),安全工作就放松一些,下次再发生事故的概率就会增大。在这种场合,上述三个概率分别为:

$$P(B_1R_2R_3) = \dfrac{b}{b+r} \cdot \dfrac{r+d}{b+r+d} \cdot \dfrac{r+d}{b+r+2d}$$

$$P(R_1B_2R_3) = \dfrac{r}{b+r} \cdot \dfrac{b+d}{b+r+d} \cdot \dfrac{r+d}{b+r+2d}$$

$$P(R_1R_2B_3) = \dfrac{r}{b+r} \cdot \dfrac{r}{b+r+d} \cdot \dfrac{b+2d}{b+r+2d}$$

例 1.5　设在 n 张彩票中有一张奖券,求第二个人摸到奖券的概率是多少?

解　设 A_i 表示事件"第 i 人摸到奖券",$i = 1, 2, \cdots, n$,现在目的是求 $P(A_2)$,因为 A_1 是否发生直接关系到 A_2 发生的概率,即:

$$P(A_2 \mid A_1) = 0, \quad P(A_2 \mid \overline{A_1}) = \dfrac{1}{n-1}$$

而 A_1 与 $\overline{A_1}$ 是两个概率大于 0 的事件,即

$$P(A_1) = \dfrac{1}{n}, \quad P(\overline{A_1}) = \dfrac{n-1}{n}$$

于是由全概率公式得

$$P(A_2) = P(A_1)P(A_2 \mid A_1) + P(\overline{A_1})P(A_2 \mid \overline{A_1})$$
$$= \dfrac{1}{n} \cdot 0 + \dfrac{n-1}{n} \cdot \dfrac{1}{n-1} = \dfrac{1}{n}$$

用类似的方法可得

$$P(A_3) = P(A_4) = \cdots = P(A_n) = \dfrac{1}{n}$$

如果设 n 张彩票中有 $k(\leqslant n)$ 张奖券,则可得

$$P(A_1) = P(A_2) = \cdots = P(A_n) = \dfrac{k}{n}$$

这说明购买彩票时,不论先买后买,中奖机会是均等的。

例 1.6　设甲掷骰子 $m+1$ 次,乙掷 m 次,求甲掷出的偶数面数比乙掷出的偶数面数多的概率。

解　设 $A = \{$甲掷出偶数面数 $>$ 乙掷出偶数面数$\}$,$B = \{$甲掷出奇数面数 $>$ 乙掷出奇

数面数}。

由于 $\overline{A}=$ {甲掷出偶数面数 $\leqslant$ 乙掷出偶数面数}。设 $\overline{A}$ 发生，则当乙掷出 m 次偶数面，甲至多掷出 m 次偶数面，即说明乙掷出 0 次奇数面时，甲至少掷出 1 次奇数面，从而甲掷出奇数面数大于乙掷出奇数面数。若乙掷出 $m-1$ 次偶数面，则甲至多掷出 $m-1$ 次偶数面，即说明乙掷出 1 次奇数面时，甲至少掷出 2 次奇数面，从而也有甲掷出奇数面数大于乙掷出奇数面数。这说明 $\overline{A}$ 发生必导致 B 发生。同理可以说明 B 发生必导致 $\overline{A}$ 发生。从而有

$$\overline{A}=\{甲掷出偶数面数 \leqslant 乙掷出偶数面数\}$$
$$=\{甲掷出奇数面数 > 乙掷出奇数面数\}=B$$

所以，$P(A)+P(B)=P(A)+P(\overline{A})=1$。

由于 $P(A)=P(B)$，故，$P(A)=\dfrac{1}{2}$。

例 1.7　在长度为 a 的线段内任取两点将其分为三段，求这三条线段可以构成一个三角形的概率。

解　由于是将线段任意分成三段，所以由等可能性知这是一个几何概型问题。分别用 x、y 和 $a-x-y$ 表示线段被分成的三段长度，见图 1-1，则显然应该有：

$$0<x<a；\quad 0<y<a；\quad 0<a-(x+y)<a。$$

第三个式子等价于：$0<x+y<a$，所以样本空间为（图 1-2）

$$\Omega=\{(x,y);0<x<a,0<y<a,0<x+y<a\}，$$

Ω 的面积为 $S_{\Omega}=\dfrac{a^2}{2}$。

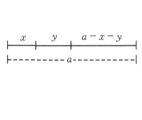

图 1-1

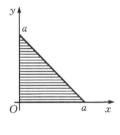

图 1-2

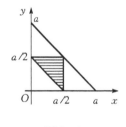

图 1-3

又根据构成三角形的条件：三角形中两边之和大于第三边，事件 A 所含样本点 (x,y) 必须满足：

$$0<a-(x+y)<x+y；\quad 0<x<y+(a-x-y)；\quad 0<y<x+(a-x-y)$$

整理得：$\dfrac{a}{2}<x+y<a；\quad 0<x<\dfrac{a}{2}；\quad 0<y<\dfrac{a}{2}$。

所以事件 A 可用图 1-3 中的阴影部分表示；事件 A 的面积为 $S_A=\dfrac{a^2}{8}$，由此得：$P(A)=\dfrac{1}{4}$。

例 1.8　甲、乙两人约定上午 9 时至 10 时之间到某车站乘观光巴士，这段时间内有 4 班车。开车时间分别为 9:15,9:30,9:45,10:00。如果约定：(1) 见车就乘；(2) 最多等一班车。求

甲、乙两人同乘一趟车的概率。假定甲、乙两人到达车站的时刻互不关联,且每人在 9 时至 10 时内的任何时刻到达车站是等可能的。

解 由题设可知,此问题属几何概型。

(1) 设 (x,y) 分别表示甲、乙两人到达车站的时刻,当 (x,y) 落入图 1-4 中阴影部分即可同乘一趟车,故 $P = \dfrac{900}{3600} = \dfrac{1}{4}$;

(2) 当 (x,y) 落入图 1-5 中阴影部分即可同乘一趟车,故 $P = \dfrac{2250}{3600} = \dfrac{5}{8}$。

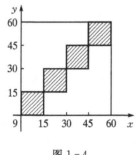

图 1-4

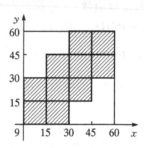

图 1-5

例 1.9 在一个有 n 个人参加的晚会上,每个人带了一件礼物,且假定每人带的礼物都不相同,晚会期间每人从放在一起的 n 件礼物中随机抽取一件,问至少有一个人自己抽到自己礼物的概率是多少?

解 设 A_i 表示事件"第 i 个人自己抽到自己的礼物",$i = 1, 2, \cdots, n$,所求概率为 $P(A_1 \bigcup A_2 \bigcup \cdots \bigcup A_n)$,因为

$$P(A_1) = P(A_2) = \cdots = P(A_n) = \frac{1}{n}$$

$$P(A_1 A_2) = P(A_1 A_3) = \cdots = P(A_{n-1} A_n) = \frac{1}{n(n-1)}$$

$$P(A_1 A_2 A_3) = P(A_1 A_2 A_4) = \cdots = P(A_{n-2} A_{n-1} A_n) = \frac{1}{n(n-1)(n-2)}$$

$$\cdots$$

$$P(A_1 A_2 \cdots A_n) = \frac{1}{n!}$$

所以由概率的加法公式得:

$$P(A_1 \bigcup A_2 \bigcup \cdots \bigcup A_n) = 1 - \frac{1}{2!} + \frac{1}{3!} - \frac{1}{4!} + \cdots + (-1)^{n-1} \frac{1}{n!}$$

譬如,当 $n = 5$ 时,此概率为 0.6333;当 $n \geqslant 10$ 时,此概率近似为 $1 - \mathrm{e}^{-1} = 0.6321$。这表明:即使参加晚会的人很多(譬如 100 人以上),事件"至少有一个人自己抽到自己礼物"也不是必然事件。

例 1.10 考察家庭中孩子的性别构成,假设生男生女是等可能的。设 $A = \{$一个家庭中有男孩又有女孩$\}$;$B = \{$一个家庭中最多有一个女孩$\}$。

对下述两种情况,讨论 A、B 的独立性。

(1) 该家庭中有两个小孩;

(2) 该家庭中有三个小孩。

解 （1）有两个小孩的家庭，样本空间为 $\Omega = \{bb, bg, gb, gg\}$，其中 b 代表男孩，g 代表女孩。由等可能性知，$P(A) = \dfrac{1}{2}$，$P(B) = \dfrac{3}{4}$，$P(AB) = \dfrac{1}{2}$。显然 A、B 不独立。

(2) 有三个小孩的家庭，样本空间为 $\Omega = \{bbb, bbg, bgb, gbb, gbg, ggb, bgg, ggg\}$，由等可能性知，$P(A) = \dfrac{3}{4}$，$P(B) = \dfrac{1}{2}$，$P(AB) = \dfrac{3}{8}$，显然有 $P(AB) = P(A)P(B)$，即 A、B 独立。

在许多实际问题中，随机事件的独立性大多是根据经验（相互有无影响）来判断的，从而使问题和计算都得到简化。但上面的例题告诉我们，不能仅停留在直觉上，有必要对随机现象作仔细研究。

例 1.11 设有 n 个盒子，k 个球（$k \geqslant n$），每个球等可能地落入一个盒子中，求每个盒子至少有一个球（没有一个盒子是空的）的概率。

解 每个盒子至少有一个球即可以有一个球，两个球，，也可以是 k 个球，直接计算比较繁琐，因此不妨考虑其逆事件的概率。

设 $A_i = \{$第 i 个盒子是空的$\}$，$i = 1, 2, \cdots, n$。

故所求概率为 $1 - P\left(\bigcup_{i=1}^{n} A_i \right)$。

$$P(A_i) = \frac{(n-1)^k}{n^k} = \left(1 - \frac{1}{n} \right)^k, i = 1, 2, \cdots, n$$

$$P(A_i A_j) = \frac{(n-2)^k}{n^k} = \left(1 - \frac{2}{k} \right)^k, 1 \leqslant i < j \leqslant n, \text{这样的 } i, j \text{ 共有 } C_n^2 \text{ 个}$$

$$P(A_{i_1} A_{i_2} \cdots A_{i_{n-1}}) = \frac{[n-(n-1)]^k}{n^k} = \left(1 - \frac{n-1}{n} \right)^k, \text{其中 } i_1, i_2, \cdots, i_{n-1} \text{ 是 } 1, 2, \cdots, n \text{ 中任}$$

意 $n-1$ 个数的一个排列，共有 C_n^{n-1} 个。而 $P(A_1 A_2 \cdots A_n) = 0$，所以

$$1 - P\left(\bigcup_{i=1}^{n} A_i \right) = 1 - \left[\sum_{i=1}^{n} P(A_i) - \sum_{1 \leqslant i < j \leqslant n} P(A_i A_j) + \cdots + (-1)^{n-1} P(A_1 A_2 \cdots A_n) \right]$$

$$= 1 - \left[C_n^1 \left(1 - \frac{1}{n} \right)^k - C_n^2 \left(1 - \frac{2}{n} \right)^k + \cdots + (-1)^{n-2} C_n^{n-1} \left(1 - \frac{n-1}{n} \right)^k + 0 \right]$$

$$= 1 - C_n^1 \left(1 - \frac{1}{n} \right)^k + C_n^2 \left(1 - \frac{2}{n} \right)^k - \cdots + (-1)^{n-1} C_n^{n-1} \left(1 - \frac{n-1}{n} \right)^k$$

例 1.12 五个人进行抽签，其中四张是空的，一张为电影票，求每个人抽到电影票的概率

解 设 $A_i (i = 1, 2, 3, 4, 5)$ 为第 i 个人抽到电影票的事件，$B_i (i = 1, 2, 3, 4, 5)$ 为第 i 次抽到电影票的事件；

$$P(A_1) = P(B_1) = \frac{1}{5}$$

$$P(A_2) = P(\overline{B_1} B_2) = P(\overline{B_1}) P(B_2 \mid \overline{B_1}) = \frac{4}{5} \times \frac{1}{4} = \frac{1}{5}$$

$$P(A_3) = P(\overline{B_1}\,\overline{B_2} B_3) = P(\overline{B_1}) P(\overline{B_2} \mid \overline{B_1}) P(B_3 \mid \overline{B_1}\,\overline{B_2}) = \frac{4}{5} \times \frac{3}{4} \times \frac{1}{3} = \frac{1}{5}$$

$$P(A_4) = P(\overline{B_1}\,\overline{B_2}\,\overline{B_3} B_4) = P(\overline{B_1}) P(\overline{B_2} \mid \overline{B_1}) P(\overline{B_3} \mid \overline{B_1}\,\overline{B_2}) P(B_4 \mid \overline{B_1}\,\overline{B_2}\,\overline{B_3}) = \frac{4}{5} \times \frac{3}{4}$$

$$\times \frac{2}{3} \times \frac{1}{2} = \frac{1}{5}$$

$$P(A_5) = P(\overline{B_1}\ \overline{B_2}\ \overline{B_3}\ \overline{B_4}B_5) = P(\overline{B_1})P(\overline{B_2}\mid\overline{B_1})P(\overline{B_3}\mid\overline{B_1}\ \overline{B_2})P(\overline{B_4}\mid\overline{B_1}\ \overline{B_2}\ \overline{B_3})P(B_5\mid$$
$$\overline{B_1}\ \overline{B_2}\ \overline{B_3}\ \overline{B_4}) = \frac{4}{5}\times\frac{3}{4}\times\frac{2}{3}\times\frac{1}{2}\times 1 = \frac{1}{5}$$

例 1.13　甲、乙、丙三球队按如下规则进行比赛。由三队中的两队先比赛,胜者再与另一队比赛,继续下去直到一队连胜两场为止,则该队获冠军。设每场比赛中两队获胜的概率相同且总有一队获胜。现规定由甲、乙首先开始比赛,问此规定是否对丙有利?

解　设 A_i、B_i、C_i 分别表示甲队、乙队、丙队在第 i 场比赛中获胜,则

$P(甲队获冠军) = P(A_1A_2) + P(A_1C_2B_3A_4A_5) + P(A_1C_2B_3A_4C_5B_6A_7A_8) + \cdots$
$\quad + P(B_1C_2A_3A_4) + P(B_1C_2A_3B_4C_5A_6A_7) + P(B_1C_2A_3B_4C_5A_6B_7C_8A_9A_{10}) + \cdots$
$\quad = p(A_1)\,P(A_2) + P(A_1)\,P(C_2)\,P(B_3)\,P(A_4)\,P(A_5) + P(A_1)\,P(C_2)\,P(B_3)\,P(A_4)$
$\qquad P(C_5)\,P(B_6)\,P(A_7)\,P(A_8) + \cdots + P(B_1)\,P(C_2)\,P(A_3)\,P(A_4) + P(B_1)\,P(C_2)\,P(A_3)$
$\qquad P(B_4)\,P(C_5)\,P(A_6)\,P(A_7) + P(B_1)\,P(C_2)\,P(A_3)\,P(B_4)\,P(C_5)\,P(A_6)\,P(B_7)\,P(C_8)$
$\qquad P(A_9)\,P(A_{10}) + \cdots$
$\quad = \left(\frac{1}{2^2} + \frac{1}{2^5} + \frac{1}{2^8} + \cdots\right) + \left(\frac{1}{2^4} + \frac{1}{2^7} + \frac{1}{2^{10}} + \cdots\right)$
$\quad = \sum_{k=0}^{\infty}\frac{1}{2^{3k+2}} + \sum_{k=0}^{\infty}\frac{1}{2^{3k+4}}$
$\quad = \frac{2}{7} + \frac{1}{14} = \frac{5}{14}$

$$P(乙队获冠军) = \frac{5}{14}$$

$$P(丙队获冠军) = \frac{4}{14}$$

由计算知:此规则对丙队不利。

例 1.14　甲、乙两人轮流掷一颗骰子,甲先掷。每当某人掷出 1 点时,则交给对方掷,否则此人继续掷。试求第 m 次由甲掷的概率?

解　设 $A_k =$ "第 k 次由甲掷",$k = 2,3,\cdots,m,\cdots$

则　　$P(A_k) = P(A_{k-1}A_k + \overline{A_{k-1}}A_k) = P(A_{k-1}A_k) + P(\overline{A_{k-1}}A_k)$
$\qquad\qquad = P(A_{k-1})P(A_k\mid A_{k-1}) + P(\overline{A_{k-1}})P(A_k\mid\overline{A_{k-1}})$
$\qquad\qquad = P(A_{k-1})\times\frac{5}{6} + P(\overline{A_{k-1}})\times\frac{1}{6}$

又因为　　$P(A_{k-1}) + P(\overline{A_{k-1}}) = 1, P(\overline{A_{k-1}}) = 1 - P(A_{k-1})$

所以　　$P(A_k) = \frac{5}{6}P(A_{k-1}) + \frac{1}{6}[1 - P(A_{k-1})] = \frac{1}{6} + \frac{2}{3}P(A_{k-1})$

$\quad P(A_k) - \frac{1}{2} = \frac{1}{6} + \frac{2}{3}P(A_{k-1}) - \frac{1}{2} = \frac{2}{3}P(A_{k-1}) - \frac{1}{3} = \frac{2}{3}\left[P(A_{k-1}) - \frac{1}{2}\right]$
$\qquad\qquad\quad = \left(\frac{2}{3}\right)^2\left[P(A_{k-2}) - \frac{1}{2}\right]$
$\qquad\qquad\quad = \cdots = \left(\frac{2}{3}\right)^{k-1}\left[P(A_1) - \frac{1}{2}\right]$

因为　　$P(A_1) = 1$,故

$$P(A_k) - \frac{1}{2} = \frac{1}{2}\left(\frac{2}{3}\right)^{k-1},$$

则　　　　$P(A_m) = \frac{1}{2}\left[1 + \left(\frac{2}{3}\right)^{m-1}\right]。$

例 1.15　要验收一批 100 件乐器,验收方案如下:自该批乐器中随机取三件测试(设 3 件乐器的测试相互独立),如果 3 件中至少有一件被认为音色不纯,则这批乐器就被拒绝接收。设一件音色不纯的乐器经测试查出其音色不纯的概率为 0.95,而一件音色纯的乐器经测试被误认为音色不纯的概率为 0.01。如果已知这 100 件乐器中恰好有 4 件是音色不纯的,试问这批乐器被接收的概率是多少?

解　设 A_i = "取出测试的三件乐器中音色不纯的有 i 件",$i = 0,1,2,3$

　　　　B = "这批乐器被接收",

　　　　C = "乐器本身音色不纯",

　　　　D = "乐器被测试出音色不纯",

$P(D \mid C) = 0.95, \quad P(\overline{D} \mid C) = 0.05, \quad P(D \mid \overline{C}) = 0.01, \quad P(\overline{D} \mid \overline{C}) = 0.99$

$P(B) = P[B(A_0 + A_1 + A_2 + A_3)] = P(A_0 B) + P(A_1 B) + P(A_2 B) + P(A_3 B)$

$\qquad = P(A_0)P(B \mid A_0) + P(A_1)P(B \mid A_1) + P(A_2)P(B \mid A_2) + P(A_3)P(B \mid A_3)$

其中:　$P(B \mid A_0) = [P(\overline{D} \mid \overline{C})]^3 = (0.99)^3$

　　　　$P(B \mid A_1) = [P(\overline{D} \mid \overline{C})]^2 P(\overline{D} \mid C) = (0.99)^2 \times 0.05$

　　　　$P(B \mid A_2) = P(\overline{D} \mid \overline{C})[P(\overline{D} \mid C)]^2 = 0.99 \times (0.05)^2$

　　　　$P(B \mid A_3) = [P(\overline{D} \mid C)]^3 = (0.05)^3$

　　　　$P(A_0) = \dfrac{C_{96}^3}{C_{100}^3}, \quad P(A_1) = \dfrac{C_{96}^2 C_4^1}{C_{100}^3}$

　　　　$P(A_2) = \dfrac{C_{96}^1 C_4^2}{C_{100}^3}, \quad P(A_3) = \dfrac{C_{96}^0 C_4^3}{C_{100}^3}$

代入上式得　　$P(B) = 0.8629$

例 1.16　设一辆出租车一天内穿过 k 个路口的概率是

$$p_k = \frac{\lambda^k}{k!}e^{-\lambda}, k = 0,1,2,\cdots,$$

其中 $\lambda > 0$ 是常数。如果各个路口的红绿灯工作是独立的,在每个路口遇到红绿灯的概率是 p,求这辆出租车一天内遇到 k 个红灯的概率?

解　设 A_k = "这辆出租车一天内穿过 k 个路口",$k = 0,1,2,\cdots,$

　　　　B_k = "这辆出租车一天内遇到 k 个红灯",$k = 0,1,2,\cdots,$

则　　$P(B_k) = P(A_k B_k + A_{k+1} B_k + \cdots + A_{k+n} B_k + \cdots)$

$= P(A_k)P(B_k \mid A_k) + P(A_{k+1})P(B_k \mid A_{k+1}) + \cdots + P(A_{k+n})P(B_k \mid A_{k+n}) + \cdots$

$= \dfrac{\lambda^k e^{-\lambda}}{k!} \cdot p^k + \dfrac{\lambda^{k+1} e^{-\lambda}}{(k+1)!} \cdot C_{k+1}^k p^k (1-p)^1 + \cdots + \dfrac{\lambda^{k+n} e^{-\lambda}}{(k+n)!} \cdot C_{k+n}^k p^k (1-p)^n + \cdots$

$= \lambda^k p^k e^{-\lambda}\left[\dfrac{1}{k!} + \dfrac{\lambda(1-p)}{k! \cdot 1!} + \dfrac{\lambda^2(1-p)^2}{k! \cdot 2!} + \cdots + \dfrac{\lambda^n(1-p)^n}{k! \cdot n!} + \cdots\right]$

$= \dfrac{\lambda^k p^k e^{-\lambda}}{k!}\left[1 + \dfrac{\lambda(1-p)}{1!} + \dfrac{\lambda^2(1-p)^2}{2!} + \cdots + \dfrac{\lambda^n(1-p)^n}{n!} + \cdots\right]$

$$= \frac{(\lambda p)^k e^{-\lambda}}{k!} \cdot e^{\lambda(1-p)}$$

$$= \frac{(\lambda p)^k e^{-\lambda p}}{k!}$$

1.4 应用题

例 1.17 概率很小的事件称为小概率事件。小概率事件应从两方面来认识：一方面由实际推断原理知道，小概率事件在一次试验中几乎是不可能发生的；另一方面在不断地独立重复试验中，小概率事件迟早发生的概率为 1。对小概率事件忽视上述两方面中的任何一个方面都要造成损失。例如，一般人认为，在城市发生交通事故只会造成财产损失（车辆损坏），造成人员死亡的可能性很小。孰不知我国每年因交通事故死亡的人数超过 20 万。下面用概率论的知识予以说明。

解 设在一次随机试验中事件 A 发生的概率为 $p(0 < p < 1)$，即 $P(A) = p, P(\overline{A}) = 1 - p$，在前 n 次独立重复试验中 A 都不发生的概率为

$$P(\overline{A_1} \, \overline{A_2} \cdots \overline{A_n}) = P(\overline{A_1})P(\overline{A_2})\cdots P(\overline{A_n}) = (1-p)^n,$$

则在前 n 次试验中 A 至少发生 1 次的概率为

$$P_n = 1 - P(\overline{A_1} \, \overline{A_2} \cdots \overline{A_n}) = 1 - (1-p)^n。$$

把此试验一次接一次地做下去，即让 $n \to \infty$，由于 $0 < p < 1$，则当 $n \to \infty$ 时，$P_n \to 1$，这说明小概率事件 A 迟早会发生的概率为 1。

例 1.18 吸烟有害健康可以说人人都知道，但是，一个不可否认的事实是我国的吸烟人数却在不断地增加，而且吸烟的人群逐渐的年轻化，这是一个发人深思的严重的社会问题。下面从分析一份统计资料来说明吸烟对人身体的伤害程度。某卫生机构对某地区的成年男性公民进行调查发现：患肺癌的人中吸烟的占 90%，没患肺癌的人中吸烟的占 20%，而整个成年男性人群肺癌的发病率为 0.1%。试求吸烟人群中的肺癌发病率和不吸烟人群中的肺癌发病率。

解 设 A 表示事件"被调查者患肺癌"，B 表示事件"被调查者吸烟"，则 $P(A) = 0.001$，$P(B \mid A) = 0.9, P(B \mid \overline{A}) = 0.2$，由逆概率公式得

$$P(A \mid B) = \frac{P(A)P(B \mid A)}{P(A)P(B \mid A) + P(\overline{A})P(B \mid \overline{A})} = \frac{0.001 \times 0.9}{0.001 \times 0.9 + 0.999 \times 0.2} = 0.0045$$

$$P(A \mid \overline{B}) = \frac{P(A)P(\overline{B} \mid A)}{P(A)P(\overline{B} \mid A) + P(\overline{A})P(\overline{B} \mid \overline{A})} = \frac{0.001 \times 0.1}{0.001 \times 0.1 + 0.999 \times 0.8}$$

$$= 0.000125$$

于是得

$$\frac{\text{吸烟人群的发病率}}{\text{不吸烟人群的发病率}} = \frac{P(A \mid B)}{P(A \mid \overline{B})} = \frac{0.0045}{0.000125} = 36$$

$$\frac{\text{吸烟人群的发病率}}{\text{整个人群的发病率}} = \frac{P(A \mid B)}{P(A)} = \frac{0.0045}{0.001} = 4.5$$

结果表明：吸烟人群的发病率是不吸烟人群发病率的 36 倍，是整个人群发病率的 4.5 倍。这个统计调查结果还没有涉及到吸烟与其他与呼吸道有关的疾病如：气管炎。肺气肿等，但也足以说明吸烟是有害健康的。

例 1.19 大学英语四级考试的题型设置有听力、阅读、完形填空、翻译、作文等。如果满分

以 100 分来计,其中 30 分为学生书写,其余 70 分为 70 道选择题,每题一分,即每一道题附有 A,B,C,D 四个选项,要求学生从中选出正确答案。这种考试方式使有些学生产生想碰运气的侥幸心理,那么没有真才实学靠侥幸能通过英语四级考试吗?

解　假定不考虑学生书写所占的 30 分,那么按通过成绩 60 分来计算,70 道选择题必须答对其中的 42 道以上。如果不知道正确答案靠随机猜测,则每道题答对的概率为 0.25,答错的概率为 0.75。显然,各道题的解答是相互独立的,因此,可以将解答 70 道选择题认为是 70 重伯努利试验,则答对 42 道题以上的概率为

$$\sum_{k=42}^{70} C_{70}^k \times (0.25)^k (0.75)^{70-k}$$

由泊松定理或中心极限定理计算得上式为 0。因此可以认为,依靠侥幸想通过英语四级考试几乎是不可能的。

例 1.20　一种体育彩票称为幸运 35 选 7,即从 01,02,…,35 中不重复地开出 7 个基本号码和一个特殊号码,中各等奖的规则如下,试求中奖的概率和中一等奖的概率。

表 1　幸运 35 选 7 的中奖规则

中奖级别	中奖规则
一等奖	7 个基本号码全中
二等奖	中 6 个基本号码及特殊号码
三等奖	中 6 个基本号码
四等奖	中 5 个基本号码及特殊号码
五等奖	中 5 个基本号码
六等奖	中 4 个基本号码及特殊号码
七等奖	中 4 个基本号码,或中 3 个基本号码及特殊号码

解　因为不重复地选号码是一种不放回抽样,所以样本空间 Ω 含有 C_{35}^7 个样本点。要中奖应把抽取看成是在三种类型中抽取:

第一类:7 个基本号码;第二类:1 个特殊号码;第三类:27 个无用号码。

设 A 表示事件"彩票中奖",A_i 表示事件"彩票中 i 等奖"$(i=1,2,\cdots,7)$,则中各等奖的概率为:

$$P(A_1) = \frac{C_7^7 C_1^0 C_{27}^0}{C_{35}^7} = \frac{1}{6\ 724\ 520} = 0.149 \times 10^{-6}$$

$$P(A_2) = \frac{C_7^6 C_1^1 C_{27}^0}{C_{35}^7} = \frac{7}{6\ 724\ 520} = 1.04 \times 10^{-6}$$

$$P(A_3) = \frac{C_7^6 C_1^0 C_{27}^1}{C_{35}^7} = \frac{189}{6\ 724\ 520} = 28.106 \times 10^{-6}$$

$$P(A_4) = \frac{C_7^5 C_1^1 C_{27}^1}{C_{35}^7} = \frac{567}{6\ 724\ 520} = 84.316 \times 10^{-6}$$

$$P(A_5) = \frac{C_7^5 C_1^0 C_{27}^2}{C_{35}^7} = \frac{7371}{6\ 724\ 520} = 1.096 \times 10^{-3}$$

$$P(A_6) = \frac{C_7^4 C_1^1 C_{27}^2}{C_{35}^7} = \frac{12285}{6\ 724\ 520} = 1.827 \times 10^{-3}$$

$$P(A_7) = \frac{C_7^4 C_1^0 C_{27}^3 + C_7^3 C_1^1 C_{27}^3}{C_{35}^7} = \frac{204\ 750}{6\ 724\ 520} = 30.448 \times 10^{-3}$$

$$P(A) = P(A_1) + P(A_2) + P(A_3) + P(A_4) + P(A_5) + P(A_6) + P(A_7)$$
$$= \frac{225\ 170}{6\ 724\ 520} = 0.033\ 485$$

由本例题可以看出,一百个人中约有 3 个人中奖;中一等奖的概率仅为 0.149×10^{-6},即一千万个人中约有 1.5 个人中一等奖。因此,购买彩票时一定要有平常心,切忌期望过高,抱有赌博心理。

例 1.21 伊索寓言"孩子与狼"讲的是一个小孩每天到山上放羊,山里有狼出没。第一天,他在山上喊:"狼来了!狼来了!",山下的村民闻声便去打狼,可到山上,发现狼没有来;第二天仍是如此;第三天,狼真的来了,可无论小孩怎么喊叫,也没有人来救他,因为前二次他说了谎,人们不再相信他了。

现在用贝叶斯公式来分析此寓言中村民对这个小孩的可信度是如何下降的。

解 设事件 A 为"小孩说谎",事件 B 为"小孩可信",不妨设村民过去对这个小孩的可信度评价为:$P(B) = 0.8, P(\bar{B}) = 0.2$

现在用贝叶斯公式来求 $P(B \mid A)$,亦即这个小孩说了一次谎后,村民对他可信度的改变。

在贝叶斯公式中要用到概率 $P(A \mid B)$ 和 $P(A \mid \bar{B})$,这两个概率的含义是:前者为"可信"(B)的孩子"说谎"(A)的可能性,后者为"不可信"($\bar{B}$)的孩子"说谎"(A)的可能性,在此不妨设:

$$P(A \mid B) = 0.1, P(A \mid \bar{B}) = 0.5。$$

第一次村民上山打狼,发现狼没有来,即小孩说了谎(A),村民根据这个信息,对这个小孩的可信度改变为(用贝叶斯公式):

$$P(B \mid A) = \frac{P(B)P(A \mid B)}{P(B)P(A \mid B) + P(\bar{B})P(A \mid \bar{B})} = \frac{0.8 \times 0.1}{0.8 \times 0.1 + 0.2 \times 0.5} = 0.444。$$

这表明村民上了一次当后,对这个小孩的可信度由原来的 0.8 调整为 0.444,也就是调整为:$P(B) = 0.444, P(\bar{B}) = 0.556$。

在此基础上,再一次用贝叶斯公式来计算 $P(B \mid A)$,亦即这个小孩第二次说谎后,村民对他的可信度改变为:$P(B \mid A) = \dfrac{0.444 \times 0.1}{0.444 \times 0.1 + 0.556 \times 0.5} = 0.138。$

这表明村民经过两次上当,对这个小孩的可信度已经从 0.8 下降到了 0.138,如此低的可信度,村民听到第三次呼叫时怎么还会上山打狼呢?

这个例子启发人们:若某人向银行贷款,连续两次未还,银行还会第三次贷款给他吗?

1.5   自测题

一、填空题

1. 设 $A =$ "掷两枚硬币,皆为正面",则 $\bar{A} =$ _____。

2. 一个口袋中装有 6 个球,分别编上号码 1 至 6,随机地从这个口袋中取 2 个球,则取到的

2 个球中最小号码是 3 的概率为_____;最大号码是 3 的概率为_____。

3. 设一质点一定落在 xOy 平面内由 x 轴、y 轴、及直线 $x+y=1$ 所围成的三角形内,而落在这三角形内各点处的可能性相等,即落在这三角形内任何区域上的可能性与这区域的面积成正比,而与区域的位置和形状无关,则这质点落在直线 $x=\dfrac{1}{3}$ 的左边的概率为_____。

4. 设某种动物由出生活到 20 岁的概率为 0.8,而活到 25 岁的概率为 0.4。问现龄为 20 岁的这种动物能活到 25 岁的概率为_____。

5. 已知随机事件 A、B 独立,且 $P(\overline{A}\,\overline{B})=\dfrac{1}{9}$,$P(A\overline{B})=P(\overline{A}B)$,则 $P(A)=$_____;

$P(B)=$_____。

二、选择题

1. 一批产品中有合格品和废品,从中有放回地抽取三次,每次取一件,设 A_i 表示事件"第 i 次抽到废品",$i=1,2,3$。则"第一次、第二次中至少有一次抽到废品" 可表示为(　　)。

A. $A_1\bigcup A_2$　　B. $A_1\,\overline{A_2}+\overline{A_1}A_2$　　C. $A_1\,\overline{A_2}\,\overline{A_3}+\overline{A_1}A_2\,\overline{A_3}+\overline{A_1}\,\overline{A_2}A_3$　　D. $\overline{A_1+A_2}$

2. 电梯从一层升到 12 层,开始时有 10 名乘客,每个乘客从第 2 层到第 12 层的每一层离开电梯是等可能的,则"10 人在不同层离开电梯"的概率为(　　)。

A. $\dfrac{10}{11}$　　　　B. $\dfrac{\mathrm{P}_{11}^{10}}{11^{10}}$　　　　C. $\dfrac{\mathrm{C}_{11}^{10}}{11^{10}}$　　　　D. $1-\dfrac{\mathrm{P}_{11}^{10}}{11^{10}}$

3. 对同一目标进行 3 次独立重复射击,假定至少有一次命中目标的概率为 $\dfrac{7}{8}$,则每次射击命中目标的概率 $p=$(　　)。

A. $\dfrac{7}{24}$　　　　B. $\dfrac{17}{24}$　　　　C. $\dfrac{1}{4}$　　　　D. $\dfrac{1}{2}$

4. 设 $0<P(A)<1,0<P(B)<1,P(A\mid B)+P(\overline{A}\mid\overline{B})=1$,则 A 与 B 的关系(　　)。

A. 互斥　　　　B. 对立　　　　C. 不独立　　　　D. 独立

5. 设 $0<P(B)<1$,且 $P[(A_1+A_2)\mid B]=P(A_1\mid B)+P(A_2\mid B)$,则(　　)成立。

A. $P[(A_1+A_2)\mid\overline{B}]=P(A_1\mid\overline{B})+P(A_2\mid\overline{B})$

B. $P(A_1B+A_2B)=P(A_1B)+P(A_2B)$

C. $P(A_1+A_2)=P(A_1\mid B)+P(A_2\mid B)$

D. $P(B)=P(A_1)P(B\mid A_1)+P(A_2)P(B\mid A)$

三、计算题

1. 设某电子元件按每 100 件装箱,已知指定的一箱中有 3 件次品。今从中随机无放回抽取 m 件$(3\leqslant m\leqslant 100)$,求至少抽到一件次品的概率。

2. 掷两颗骰子,求下列事件的概率:

(1) 点数之和为 8;

(2) 点数之和不超过 7;

(3) 两个点数中一个恰是另一个的 2 倍。

3. 向正方形区域 $\Omega=\{(p,q)\mid\mid p\mid\leqslant 1,\mid q\mid\leqslant 1\}$ 中随机投一点,如果(p,q) 是所投点 M 的坐标,试求:

(1) 方程 $x^2+px+q=0$ 有两个实根的概率;

(2) 方程 $x^2 + px + q = 0$ 有两个正实根的概率。

4. 学生在做一道有 4 个选项的单项选择题时，如果他不知道问题的正确答案时，就作随机猜测，现从卷面上看题是答对了，试在以下情况下求学生确实知道正确答案的概率：

(1) 学生知道正确答案和胡乱猜测的概率都是 $\dfrac{1}{2}$。

(2) 学生知道正确答案的概率是 0.2。

5. 设甲、乙、丙三个足球运动员在离球门 25 码处踢进球的概率分别为 0.5,0.7,0.6。设他们在离球门 25 码处各踢一次，且各人进球与否相互独立，求下列事件的概率：

(1) 恰有一人进球；

(2) 恰有两人进球；

(3) 至少有一人进球。

四、证明题

1. 设 $P(A) = \dfrac{1}{2}$，$P(B) = \dfrac{2}{3}$，证明：$\dfrac{1}{6} \leqslant P(AB) \leqslant \dfrac{1}{2}$。

2. 证明：如果三个事件 A,B,C 相互独立，则 $A \bigcup B,AB,A - B$ 都与 C 相互独立。

3. 证明：如果随机事件 $A、B、C$ 相互独立，则从 A 与 $\overline{A}$，B 与 $\overline{B}$，C 与 $\overline{C}$ 每对随机事件中任选一个随机事件得到的三个随机事件相互独立。

第2章 一维随机变量及其分布

2.1 内容提要

1. 一维随机变量的分布函数

设 ξ 是一维随机变量，对于任意实数 x 称事件 $\{\xi \leqslant x\}$ 的概率 $P\{\xi \leqslant x\}$ 为 ξ 的分布函数，记为 $F(x)$。即随机变量 ξ 的分布函数为

$$F(x) \triangleq P\{\xi \leqslant x\}, \quad (-\infty < x < +\infty)$$

分布函数有下列性质：

$0 \leqslant F(x) \leqslant 1$;

$F(x_1) \leqslant F(x_2), (x_1 < x_2)$;

$\lim\limits_{x \to -\infty} F(x) = 0, \lim\limits_{x \to +\infty} F(x) = 1$;

$F(x+0) = F(x)$，即 $F(x)$ 是右连续。

（1）离散型随机变量：设 ξ 为离散型随机变量，其所有取值为 $\{x_1, x_2, \cdots\}$，则 $p_k = P\{\xi = x_k\}$ 称为 ξ 的分布律，也可把分布律写成如下表格形式

ξ	x_1	x_2	$\cdots$	x_n	$\cdots$
P	p_1	p_2	$\cdots$	p_n	$\cdots$

离散型随机变量的概率分布有下列性质：

$p_k \geqslant 0, k = 1, 2, \cdots$;

$\sum\limits_{k=1}^{\infty} p_k = 1$。

离散型随机变量的概率分布的分布函数为

$$F(x) = \sum_{x_k \leqslant x} P(x_k), \quad k = 1, 2, \cdots$$

（2）连续型随机变量：设随机变量 X 的分布函数为 $F(x)$，如果存在非负函数 $\varphi(x)$，使得对任意 $x, -\infty < x < +\infty$，有

$$F(x) \triangleq P\{\xi \leqslant x\} = \int_{-\infty}^{x} \varphi(x)\mathrm{d}x,$$

则称 X 为连续型随机变量，$\varphi(x)$ 称为 X 的概率密度函数，简称概率密度。

概率密度有下列性质：

$\varphi(x) \geqslant 0$;

$\int_{-\infty}^{+\infty} \varphi(x)\mathrm{d}x = 1$。

2. 一维随机变量函数 $\eta = f(\xi)$ 的分布

(1) 设 ξ 为离散型,其分布律为

ξ	x_1	x_2	$\cdots$	x_k	$\cdots$
P	p_1	p_2	$\cdots$	p_k	$\cdots$

当 $y_i = f(x_i)(i = 1, 2, \cdots)$ 的值互不相等时,η 的概率分布为

η	y_1	y_2	$\cdots$	y_k	$\cdots$
P	p_1	p_2	$\cdots$	p_k	$\cdots$

当 $y_i = f(x_i)(i = 1, 2, \cdots)$ 的各值 y_i 不是互不相等的,应把相等的值分别合并,并相应地将其概率相加,从而可得 η 的分布。

(2) 设 ξ 为连续型随机变量,概率密度为 $\varphi_{\xi}(x)$,又 $y = f(x)$ 处处可导,且对任意的 x 有 $f(x) > 0$(或 $f(x) < 0$),则 $\eta = f(\xi)$ 的分布密度 $\varphi_{\eta}(y)$ 为

$$\varphi_{\eta}(y) = \begin{cases} \varphi_{\xi}[f^{-1}(y)] \mid f^{-1}(y))' \mid, & a < y < \beta \\ 0, & \text{其他} \end{cases}$$

其中 $f^{-1}(y)$ 是 $f(x)$ 的反函数,$\alpha = \min\{f(-\infty), f(+\infty)\}$; $\beta = \max\{f(-\infty), f(+\infty)\}$。

3. 几种重要的随机变量及其概率分布

(1) $(0-1)$ 分布:其分布律为

ξ	1	0
P	p	$1-p$

(2) 二项分布:其分布律为

$$P\{\xi = k\} = C_n^k p^k q^{n-k} \quad (k = 0, 1, 2, \cdots, n)$$

其中,$0 < p < 1, q = 1 - q$。简记为 $\xi \sim B(n, p)$

(3) 泊松分布:其分布律为

$$P(\xi = k) = \frac{\lambda^k}{k!} e^{\lambda}, \quad k = 0, 1, 2, \cdots$$

其中 $\lambda > 0$,简记为 $\xi \sim P(\lambda)$。

(4) 正态分布

1) 标准正态分布　　若随机变量 ξ 的概率密度为

$$\varphi(x) = \frac{1}{\sqrt{2\pi}} e^{-\frac{x^2}{2}}, \quad -\infty < x < +\infty,$$

则称 ξ 服从标准正态分布,记为 $\xi \sim N(0, 1)$,其分布函数为

$$\Phi(x) = \frac{1}{\sqrt{2\pi}} \int_{-\infty}^{x} e^{-\frac{x^2}{2}} \mathrm{d}x$$

2) 一般正态分布　　若随机变量 ξ 的密度函数为

$$\varphi(x) = \frac{1}{\sqrt{2\pi}\sigma} e^{-\frac{(x-\mu)^2}{2\sigma^2}}, \quad -\infty < x < +\infty$$

其中 $\sigma > 0$，μ 与 σ 均为常数，其分布函数为

$$F(x) = \int_{-\infty}^{x} \frac{1}{\sqrt{2\pi}\sigma} e^{-\frac{(x-\mu)^2}{2\sigma^2}} \, dx, \quad -\infty < x < +\infty$$

则称 ξ 服从参数为 μ 和 σ 的正态分布，记为 $\xi \sim N(\mu, \sigma^2)$。

命题：若 $\xi \sim N(\mu, \sigma^2)$，则 $\eta = \dfrac{\xi - \mu}{\sigma} \sim N(0, 1)$。

（5）均匀分布　　若 ξ 的概率密度为

$$\varphi(x) = \begin{cases} \dfrac{1}{b-a}, & a \leqslant x \leqslant b \\ 0, & \text{其他} \end{cases}$$

则称 ξ 在 $[a, b]$ 上服从均匀分布，其分布函数为

$$F(x) = \begin{cases} 0, & x < a \\ \dfrac{x-a}{b-a}, & a \leqslant x < b \\ 1, & x \geqslant b \end{cases}$$

2.2　疑难解惑

问题 2.1　引入随机变量和分布函数的作用是什么？

答　　随机变量的引入是概率论中一个非常重要的问题，它将一个随机事件用一个随机变量来表示，将一个随机事件的概率用一个分布函数来表示，然后用高等数学的知识研究概率问题。它是用高等数学知识解决概率问题的桥梁，是学好概率论与数理统计的课程的关键一步。

问题 2.2　如何求离散型随机变量分布律和分布函数？

答　（1）首先求出随机变量 ξ 可能取的所有值；（2）其次写出对应于各可取值的事件的概率；（3）最后要验证各概率之和（即 $\sum\limits_{k=0}^{\infty} P(\xi = k)$）是否为 1，是，正确；不是，则不正确。由分布律求分布函数按定义写出。

离散型随机变量的分布函数是用分段函数表示，其图形是右连续的阶梯曲线。（参照例 2.1）。

问题 2.3　如何求连续型随机变量分布函数和密度函数？

答　　若随机变量是连续型，由分布函数 $F(x)$ 求其分布密度 $\varphi(x)$，只要在相应的区间段将 $F(x)$ 对 x 求导即可，即 $F'(x) = \varphi(x)$，而端点值不必处理。最后将 $\varphi(x)$ 写成分段函数形式。

由分布密度 $\varphi(x)$ 求分布函数 $F(x)$，只要在相应的区间段把 $F(x)$ 写成 $\varphi(x)$ 的变上限积分即可，即

$$F(x) = \int_{-\infty}^{x} \varphi(x) \, dx, \quad a_i < x \leqslant b_i$$

最后将 $F(x)$ 写成分段函数形式。

问题 2.4　如何求连续型随机变量函数的分布函数？

答　　如果已知随机变量 ξ 的密度函数 $\varphi_\xi(x)$，求随机变量函数 $\eta = f(\xi)$ 的分布密度，则先求出

$$F_\eta(y) = P\{\eta \leqslant y\} = P(f(\xi) \leqslant y) = P(\xi \in S)$$

其中 S 为所有使 $f(x) \leqslant y$ 成立的 x 的集合,然后将 $F_\eta(y)$ 对 y 求导,即

$$\varphi_\eta(y) = \frac{\mathrm{d}F(y)}{\mathrm{d}y}$$

(1) 当 $y = f(x)$ 为单调增时,若其反函数为 $x = f^{-1}(y)$ 则

$$F_\eta(y) = P\{\eta \leqslant y\} = P(f(\xi) \leqslant y) = P(\xi \leqslant f^{-1}(y)) = \int_{-\infty}^{f^{-1}(y)} \varphi_\xi(x)\mathrm{d}x$$

$$\varphi_\eta(y) = \varphi_\xi[f^{-1}(y)][f^{-1}(y)]' .$$

(2) 当 $y = f(x)$ 为单调减时,若其反函数为 $x = f^{-1}(y)$ 则

$$\varphi_\eta(y) = -\varphi_\xi[f^{-1}(y)][f^{-1}(y)]' ;$$

(1)、(2) 可合写成

$$\varphi_\eta(y) = \varphi_\xi[f^{-1}(y)] \mid [f^{-1}(y)]' \mid$$

(3) 当 $y = f(x)$ 不是单调函数时,则

$$\varphi_\eta(y) = \sum \varphi_{i\eta}(y)$$

其中 $\varphi_{i\eta}(y)$ 是 $y = f(x)$ 的第 i 个单调可微子区间的分布密度。例如 $y = f(x)$ 被划分成的两个区间内单调可微,对应的两个反函数为 $f_1^{-1}(y), f_2^{-1}(y)$,则

$$\varphi_\eta(y) = \varphi_\xi[f_1^{-1}(y)] \mid f_1^{-1}(y) \mid ' + \varphi_\xi[f_2^{-1}(y)] \mid [f_2^{-1}(y)] \mid '$$

2.3　典型例题解析

一、一维随机变量的分布函数及概率密度

解题应注意:

(1) 若分布函数 $F(x)$ 中含有待定的常数,则该常数的确定是利用 $F(x)$ 的性质

$$\lim_{x \to -\infty} F(x) = 0 \text{ 或 } \lim_{x \to +\infty} F(x) = 1 \text{ 或 } F(x+0) = F(x)$$

(2) 若分布密度函数 $\varphi(x)$ 中含有待定的常数,则该常数的确定是利用 $\varphi(x)$ 的性质

$$\int_{-\infty}^{+\infty} \varphi(x)\mathrm{d}x = 1 \text{ 或 } \sum_{k=0}^{\infty} P(\xi = k) = 1 \quad (离散型)$$

(3) 若随机变量 ξ 为连续型,则 $P(\xi = a) = 0$。

例 2.1　设袋中有编号 1、2、3、4、5 的五个球,今从中任取三个,以 ξ 表示取出的三个球中最大号码,写出 ξ 的分布律及分布函数 $F(x)$。

解　随机变量 ξ 的可能值:3、4、5。基本事件的总数:$C_5^3 = 10$

当 $\xi = 3$ 时,取出的三个球的号码为 $\{1,2,3\}$,故 $P\{\xi = 3\} = \dfrac{1}{10}$;

当 $\xi = 4$ 时,取出的三个球的号码为 $\{1,2,4\}$,$\{1,3,4\}$,$\{2,3,4\}$,故 $P\{\xi = 4\} = \dfrac{3}{10}$;

当 $\xi = 5$ 时,取出的三个球的号码为 $\{1,2,5\}$,$\{1,3,5\}$,$\{1,4,5\}$,$\{2,3,5\}$,$\{2,4,5\}$,$\{3,4,5\}$,故 $P(\xi = 5) = \dfrac{6}{10}$。

可知 ξ 的分布律为

ξ	3	4	5
P	$\dfrac{1}{10}$	$\dfrac{3}{10}$	$\dfrac{6}{10}$

由分布函数 $F(x) = P(\xi \leqslant x)$ 可知

$$F(x) = \begin{cases} 0, & x < 3 \\ \dfrac{1}{10}, & 3 \leqslant x < 4 \\ \dfrac{4}{10}, & 4 \leqslant x < 5 \\ 1 & x \geqslant 5 \end{cases}$$

例 2.2　某设备由三个独立工作的元件构成,该设备在一次试验中每个元件发生故障的概率为 0.1.试求该设备在一次试验中发生故障的元件数的分布律。

解　设 ξ 为一次试验中发生故障的元件数,ξ 的可能取值为 0、1、2、3,该试验可视为作三次独立重复试验,则 $\xi \sim B(3, 0.1)$,于是

$P(\xi = 0) = C_3^0 p^0 q^3 = (1 - 0.1)^3 = 0.729$

$P(\xi = 1) = C_3^1 pq^2 = C_3^1 (0.1)^1 (1 - 0.1)^2 = 0.234$

$P(\xi = 2) = C_3^2 p^2 q = C_3^2 (0.1)^2 (1 - 0.1)^1 = 0.027$

$P(\xi = 3) = C_3^3 p^3 q^0 = 0.1^3 = 0.001$

故 ξ 的分布律为

ξ	0	1	2	3
P	0.729	0.243	0.027	0.001

例 2.3　一批零件中有 9 个合格品,3 个次品,安装机器时,从这批零件中任取一个,如果每次取出的废品不再放回去,求在取得合格品以前已取出的废品数的分布。

解　设 ξ 为取得合格品前取出的废品数,则 ξ 的可取值为 0、1、2、3。ξ 取这些值的概率为:

"$\xi = 0$" 意味着取了一个零件为正品,

"$\xi = 1$" 意味着取了两个零件,第一个为废品,第二个为正品,

"$\xi = 2$" 意味着取了三个零件,前两个为废品,第三个为正品,

"$\xi = 3$" 意味着取了四个零件,前三个为废品,第四个为正品。

$P(\xi = 0) = \dfrac{9}{12}$

$P(\xi = 1) = \dfrac{3}{12} \times \dfrac{9}{11}$

$P(\xi = 2) = \dfrac{3}{12} \times \dfrac{2}{11} \times \dfrac{9}{10}$

$P(\xi = 3) = \dfrac{3}{12} \times \dfrac{2}{11} \times \dfrac{1}{10} \times \dfrac{9}{9}$

故 ξ 的分布律为

ξ	0	1	2	3
P	$\dfrac{9}{12}$	$\dfrac{3}{12}\times\dfrac{9}{11}$	$\dfrac{3}{12}\times\dfrac{2}{11}\times\dfrac{9}{10}$	$\dfrac{3}{12}\times\dfrac{2}{11}\times\dfrac{1}{10}\times\dfrac{9}{9}$

例 2.4 设随机变量 ξ 的分布函数为：

$$F(x)=A+B\arctan x,\quad -\infty<x<+\infty$$

试求：(1) 系数 A 与 B；(2)ξ 落在 $(-1,1)$ 内的概率；(3)ξ 的分布密度。

解 (1) 由于 $F(-\infty)=0, F(+\infty)=1$，可知

$$\begin{cases} A+B\left(-\dfrac{\pi}{2}\right)=0 \\ A+B\left(\dfrac{\pi}{2}\right)=1 \end{cases} \Rightarrow\quad A=\dfrac{1}{2}, B=\dfrac{1}{\pi}$$

于是

$$F(x)=\dfrac{1}{2}+\dfrac{1}{\pi}\arctan x,\quad -\infty<x<+\infty$$

(2) $P(-1<\xi<1)=F(1)-F(-1)$

$$=\left(\dfrac{1}{2}+\dfrac{1}{\pi}\arctan 1\right)-\left(\dfrac{1}{2}+\dfrac{1}{\pi}\arctan(-1)\right)$$

$$=\dfrac{1}{2}+\dfrac{1}{\pi}\times\dfrac{\pi}{4}-\dfrac{1}{2}-\dfrac{1}{\pi}\left(-\dfrac{\pi}{4}\right)=\dfrac{1}{2}$$

(3) $\varphi(x)=F'(x)=\left(\dfrac{1}{2}+\dfrac{1}{\pi}\arctan x\right)'=\dfrac{1}{\pi(1+x^2)},\quad -\infty<x+<\infty$

例 2.5 设连续型随机变量 ξ 的分布函数为

$$F(x)=\begin{cases} 0, & x<0 \\ Ax^2, & 0\leqslant x<1 \\ 1, & x\geqslant 1 \end{cases}$$

试求：(1) 系数 A；(2)ξ 落在 $\left(-1,\dfrac{1}{2}\right)$ 及 $\left(\dfrac{1}{3},2\right)$ 内的概率；(3)ξ 的分布密度。

解 (1) 由于 $F(x)$ 的连续性，有

$\lim\limits_{x\to 1^-}F(x)=F(1)$，即 $\lim\limits_{x\to 1^-}Ax^2=1\Rightarrow A=1$。于是

$$F(x)=\begin{cases} 0, & x<0 \\ x^2, & 0\leqslant x<1 \\ 1, & x\geqslant 1 \end{cases}$$

(2) $P\left(-1<\xi<\dfrac{1}{2}\right)=F\left(\dfrac{1}{2}\right)-F(-1)=\left(\dfrac{1}{2}\right)^2-0=\dfrac{1}{4}$

$$P\left(\dfrac{1}{3}<\xi<2\right)=F(2)-F\left(\dfrac{1}{3}\right)=1-\left(\dfrac{1}{3}\right)^2=\dfrac{8}{9}$$

(3) $\varphi(x)=F'(x)=\begin{cases} 2x, & 0\leqslant x<1 \\ 0, & \text{其他（用分段函数微分法）} \end{cases}$

例 2.6 设随机变量 ξ 的密度为

$$\varphi(x) = Ae^{-|x|}, \quad -\infty < x < +\infty$$

试求：(1) 系数 A；(2)$P(0 < \xi < 1)$；(3)ξ 分布函数。

解　(1) 由于 $\displaystyle\int_{-\infty}^{+\infty} Ae^{-|x|}\mathrm{d}x = 1$

即　　　　　$\displaystyle 2A\int_{0}^{+\infty} e^{-x}\mathrm{d}x = 1$，故 $2A = 1$，$A = \dfrac{1}{2}$

所以　　　$\varphi(x) = \dfrac{1}{2}e^{-|x|}$

(2) $P(0 < \xi < 1) = \displaystyle\int_{0}^{1} \dfrac{1}{2}e^{-x}\mathrm{d}x = \dfrac{1}{2}(-e^{-x})\Big|_{0}^{1} = \dfrac{1 - e^{-1}}{2} \approx 0.316$

(3) $F(x) = \displaystyle\int_{-\infty}^{x} \dfrac{1}{2}e^{-|x|}\mathrm{d}x$

当 $x < 0$ 时，$F(x) = \dfrac{1}{2}\displaystyle\int_{-\infty}^{x} e^{x}\mathrm{d}x = \dfrac{1}{2}e^{x}$

当 $x \geqslant 0$ 时，$F(x) = \dfrac{1}{2}\displaystyle\int_{-\infty}^{0} e^{x}\mathrm{d}x + \dfrac{1}{2}\int_{0}^{x} e^{-x}\mathrm{d}x$

$$= 1 - \dfrac{1}{2}e^{-x}$$

故 ξ 的分布函数为

$$F(x) = \begin{cases} \dfrac{1}{2}e^{x}, & x < 0 \\[2mm] 1 - \dfrac{1}{2}e^{-x}, & x \geqslant 0 \end{cases}$$

例 2.7　设随机变量 ξ 的分布密度为

$$\varphi(x) = \begin{cases} \dfrac{A}{\sqrt{1 - x^2}}, & |x| < 1 \\[2mm] 0, & |x| \geqslant 1 \end{cases}$$

试求：(1) 系数 A；(2)ξ 落在 $\left(-\dfrac{1}{2}, \dfrac{1}{2}\right)$ 内的概率；(3)ξ 的分布函数 $F(x)$。

解　(1) 由 $\varphi(x)$ 性质有

$\because 1 = \displaystyle\int_{-\infty}^{+\infty} \varphi(x)\mathrm{d}x = \int_{-1}^{1} \dfrac{A}{\sqrt{1 - x^2}}\mathrm{d}x = 2A\arcsin x\Big|_{0}^{1} = 2A \cdot \dfrac{\pi}{2} = \pi A$，所以 $A = \dfrac{1}{\pi}$。

(2) $P\left(-\dfrac{1}{2} < \xi < \dfrac{1}{2}\right) = \displaystyle\int_{-1/2}^{1/2} \dfrac{1}{\pi}\dfrac{1}{\sqrt{1 - x^2}}\mathrm{d}x = \dfrac{2}{\pi}\arcsin x\Big|_{0}^{1/2} = \dfrac{1}{3}$

(3) $F(x) = \displaystyle\int_{-\infty}^{x} \varphi(x)\mathrm{d}x$

当 $x < -1$ 时

$$F(x) = \int_{-\infty}^{x} 0\mathrm{d}x = 0$$

当 $-1 \leqslant x < 1$ 时

$$F(x) = \int_{-1}^{x} \dfrac{1}{\pi}\dfrac{1}{\sqrt{1 - x^2}}\mathrm{d}x = \dfrac{1}{\pi}\arcsin x\Big|_{-1}^{x} = \dfrac{1}{\pi}\arcsin x + \dfrac{1}{2}$$

当 $x \geqslant 1$ 时

$$F(x) = \int_{-1}^{1} \frac{1}{\pi} \frac{1}{\sqrt{1-x^2}} \mathrm{d}x = \frac{1}{\pi} \arcsin x \Big|_{-1}^{1} = 1$$

故 ξ 分布函数为

$$F(x) = \begin{cases} 0, & x < 1 \\ \dfrac{1}{2} + \dfrac{1}{\pi} \arcsin x, & -1 \leqslant x < 1 \\ 1, & x \geqslant 1 \end{cases}$$

例 2.8 设随机变量 ξ 的概率密度为

$$f(x) = \begin{cases} 2x, & 0 < x < 1 \\ 0, & \text{其他} \end{cases}$$

现对 ξ 进行 n 次独立重复观测，以 V_n 表示观测值不大于 0.1 的次数，试求随机变量 V_n 的概率分布。

解 事件"观测值不大于 0.1"，即事件 $\{\xi \leqslant 0.1\}$，其概率为

$$P = P\{\xi \leqslant 0.1\} = \int_{-\infty}^{0.1} f(x)\mathrm{d}x = 2\int_{0}^{0.1} x\mathrm{d}x = 0.01。$$

由题意 V_n 表示服从 $B(n, 0.01)$ 的随机变量，于是

$$P\{V_n = m\} = \mathrm{C}_n^m (0.01)^m (1-0.01)^{n-m}, \quad (m = 0, 1, 2, \cdots, n)$$

例 2.9 设随机变量 ξ 在 $[2,5]$ 上服从均匀分布，现对 ξ 进行三次独立观测，试求至少有两次观测值大于 3 的概率。

解 因为随机变量 ξ 在 $[2,5]$ 上服从均匀分布，所以 ξ 的密度函数

$$f(x) = \begin{cases} \dfrac{1}{3}, & 2 \leqslant x \leqslant 5 \\ 0, & \text{其他} \end{cases}$$

A 表示"对 ξ 的观测值大于 3"的事件，即 $A = \{\xi > 3\}$

$$P(A) = P(\xi > 3) = \int_{3}^{5} \frac{1}{3} \mathrm{d}x = \frac{2}{3}$$

设 V_3 表示三次独立观测中观测值大于 3 的次数，显然 V_3 是服从 $B\left(3, \dfrac{2}{3}\right)$ 的随机变量，于是

$$P(V_3 \geqslant 2) = \mathrm{C}_3^2 \left(\frac{2}{3}\right)^2 \left(1 - \frac{2}{3}\right) + \mathrm{C}_3^3 \left(\frac{2}{3}\right)^3 \left(1 - \frac{2}{3}\right)^0 = \frac{20}{27}$$

例 2.10 设随机变量 ξ 的分布律

$$P(\xi = k) = a \frac{\lambda^k}{k!}, \quad (k = 0, 1, 2, \cdots)$$

$\lambda > 0$ 为常数，试确定 a。

解 $\because \displaystyle\sum_{k=0}^{\infty} P(\xi = k) = 1$，即 $1 = \displaystyle\sum_{k=0}^{\infty} a \cdot \frac{\lambda^k}{k!} = a \sum_{k=0}^{\infty} \frac{1}{k!} \lambda^k = a\mathrm{e}^{\lambda}$，

故 $a = \mathrm{e}^{-\lambda}$。

例 2.11 若随机变量 ξ 在 $(1,6)$ 上服从均匀分布，求方程 $x^2 + \xi x + 1 = 0$ 有实根的概率。

解 ξ 在 $(1,6)$ 上服从均匀分布，ξ 的分布密度为

$$\varphi(x) = \begin{cases} \dfrac{1}{5}, & x \in (1,6) \\ 0, & \text{其他} \end{cases}$$

于是,分布函数

$$F(x) = \begin{cases} 0, & x < 1 \\ \dfrac{x-1}{5}, & 1 \leqslant x < 6 \\ 1, & x \geqslant 6 \end{cases}$$

又方程 $x^2 + \xi x + 1 = 0$ 有实根的条件是,$\Delta = \xi^2 - 4 \geqslant 0$,解得 $\xi \leqslant -2$ 或 $\xi \geqslant 2$。舍去 $\xi \leqslant -2$($\because \xi \in (1,6)$),最后得 $2 \leqslant \xi < 6$。因之所求概率为

$$P(2 \leqslant \xi < 6) = F(6) - F(2) = 1 - \frac{1}{5} = \frac{4}{5} = 0.8$$

例 2.12　设随机变量 X 的分布函数为

$$F(x) = \begin{cases} 0, & x < 0 \\ A\sin x, & 0 \leqslant x \leqslant \dfrac{\pi}{2} \\ 1, & x > \dfrac{\pi}{2} \end{cases}$$

求 A 及概率 $P\left\{ |X| < \dfrac{\pi}{6} \right\}$。

解　由于 $F(x)$ 的连续性,于是有

$$\lim_{x \to \frac{\pi}{2}^{+}} F(x) = F\left(\frac{\pi}{2}\right), \quad \text{故 } A = 1。$$

$$P\left\{ |X| < \frac{\pi}{6} \right\} = P\left\{ -\frac{\pi}{6} < X < \frac{\pi}{6} \right\}$$
$$= P\left(X < \frac{\pi}{6} \right) - P\left(X < -\frac{\pi}{6} \right)$$
$$= \sin \frac{\pi}{6} - 0 = \frac{1}{2}$$

例 2.13　设随机变量 X 的概率密度为

$$f(x) = \begin{cases} A\sqrt{x}, & 0 \leqslant x \leqslant 1 \\ 0, & \text{其他} \end{cases}$$

试求:(1)A 的值;(2)X 的分布函数;(3)$P\left\{ \dfrac{1}{16} < X < \dfrac{1}{4} \right\}$。

解　① $1 = \displaystyle\int_{-\infty}^{+\infty} f(x)\mathrm{d}x = \int_0^1 A\sqrt{x}\,\mathrm{d}x = \frac{2}{3}A$, 故 $A = \dfrac{3}{2}$, $f(x) = \begin{cases} \dfrac{3}{2}\sqrt{x}, & 0 \leqslant x \leqslant 1 \\ 0, & \text{其他} \end{cases}$

② $F(x) = P\{X \leqslant x\} = \begin{cases} 0, & x < 0 \\ \displaystyle\int_0^x \dfrac{3}{2}\sqrt{t}\,\mathrm{d}t, & 0 \leqslant x < 1 \\ 1, & x \geqslant 1 \end{cases} = \begin{cases} 0, & x < 0 \\ \sqrt{x^3}, & 0 \leqslant x < 1 \\ 1, & x \geqslant 1 \end{cases}$

③ $P\left\{\dfrac{1}{16} < X < \dfrac{1}{4}\right\} = F\left(\dfrac{1}{4}\right) - F\left(\dfrac{1}{16}\right) = \left(\dfrac{1}{2}\right)^3 - \left(\dfrac{1}{4}\right)^3 = \dfrac{7}{64}$

例 2.14 设随机变量 X 的分布函数为 $F(x)$，概率密度 $f(x) = af_1(x) + bf_2(x)$，其中 $f_1(x)$ 是正态分布 $N(0,1)$ 的概率密度，$f_2(x)$ 是在 $[0,2]$ 上服从均匀分布的随机变量的概率密度，且 $F(0) = \dfrac{1}{4}$，求 a,b。

解 因为 $f(x) = af_1(x) + bf_2(x)$ 为随机变量的概率密度函数，在 $(-\infty, +\infty)$ 的积分等于 1，即 $a + b = 1$；又因为 $F(0) = \dfrac{1}{4}$，即 $a = \dfrac{1}{2}$，得 $b = \dfrac{1}{2}$。

例 2.15 设 ξ 服从正态分布 $N(3,2^2)$，求 $P(2 < \xi \leqslant 5)$，$P(-2 < \xi < 7)$ 及当 $P(\xi > c) = P(\xi \leqslant c)$ 时的 c。

解 设 ξ 的分布函数为 $F(x)$，标准正态分布 $N(0,1)$ 的分布函数为 $\Phi(x)$，于是

$$F(x) = \Phi\left(\dfrac{x - \mu}{\sigma}\right)$$

$$
\begin{aligned}
P(2 < \xi \leqslant 5) &= F(5) - F(2) \\
&= \Phi\left(\dfrac{5-3}{2}\right) - \Phi\left(\dfrac{2-3}{2}\right) \\
&= \Phi(1) - \Phi(-0.5) \\
&= 0.5328
\end{aligned}
$$

$$
\begin{aligned}
P(-2 < \xi < 7) &= F(7) - F(-2) \\
&= \Phi\left(\dfrac{7-3}{2}\right) - \Phi\left(\dfrac{-2-3}{2}\right) \\
&= \Phi(2) - \Phi(-2.5) \\
&= 0.9710
\end{aligned}
$$

$$P(\xi < c) = 1 - P(\xi \leqslant c) = P(\xi \leqslant c) \Rightarrow P(\xi \leqslant c) = 0.5 = \Phi\left(\dfrac{c-3}{2}\right)$$

查标准正态分布表，得

$$\dfrac{c-3}{2} = 0 \quad \Rightarrow \quad c = 3$$

例 2.16 设随机变量 ξ 的概率密度为

$$\varphi(x) = \dfrac{1}{2}\mathrm{e}^{-|x|}, \quad (-\infty < x < +\infty)$$

则其分布函数 $F(x)$ 是（ ）。

(A) $F(x) = \begin{cases} \dfrac{1}{2}\mathrm{e}^x, & x < 0 \\ 1, & x \geqslant 0 \end{cases}$
　　(B) $F(x) = \begin{cases} \dfrac{1}{2}\mathrm{e}^x, & x < 0 \\ 1 - \dfrac{1}{2}\mathrm{e}^{-x}, & x \geqslant 0 \end{cases}$

(C) $F(x) = \begin{cases} 1 - \dfrac{1}{2}\mathrm{e}^{-x}, & x < 0 \\ 1, & x \geqslant 0 \end{cases}$
　　(D) $F(x) = \begin{cases} \dfrac{1}{2}\mathrm{e}^x, & x < 0 \\ 1 - \dfrac{1}{2}\mathrm{e}^{-x}, & 0 \leqslant x < 1 \\ 1, & x \geqslant 1 \end{cases}$

解 $F(x) = \int_{-\infty}^{x} \varphi(x)\mathrm{d}x = \int_{-\infty}^{x} \frac{1}{2}\mathrm{e}^{-|x|}\mathrm{d}x$

当 $x < 0$ 时, $F(x) = \frac{1}{2}\int_{-\infty}^{x} \mathrm{e}^x \mathrm{d}x = \frac{1}{2}\mathrm{e}^x$

当 $x \geqslant 0$ 时, $F(x) = \frac{1}{2}(\int_{-\infty}^{0} \mathrm{e}^{-x}\mathrm{d}x + \int_{0}^{x} \mathrm{e}^{-x}\mathrm{d}x)$

$$= 1 - \frac{1}{2}\mathrm{e}^{-x}$$

故
$$F(x) = \begin{cases} \dfrac{1}{2}\mathrm{e}^x, & x < 0 \\[2mm] 1 - \dfrac{1}{2}\mathrm{e}^{-x}, & x \geqslant 0 \end{cases}$$

可知应选(B)。

容易犯的错误是受离散型随机变量分布函数的影响,错误地认为:在 x 的最右边的一个区间段 $F(x) = 1$,因而错选(D)。

例 2.17 该离散型随机变量 ξ 的分律为

$P(\xi = k) = b\lambda^k, (k = 1,2,\cdots)$ 且 $b > 0$,则 λ 为( )。

(A)$\lambda > 0$ 的任意实数　　(B)$\lambda = b+1$　　(C)$\lambda = \dfrac{1}{1+b}$　　(D)$\lambda = \dfrac{1}{b-1}$

解 因为 $\sum_{k=1}^{\infty} P(\xi = k) = \sum_{k=1}^{\infty} b\lambda^k = 1, S_n = \sum_{k=1}^{n} b\lambda^n = b\dfrac{\lambda(1-\lambda^n)}{1-\lambda}$

即 $\lim_{n\to\infty} S_n = \lim_{n\to\infty} b\dfrac{\lambda(1-\lambda^n)}{1-\lambda} = 1$

于是可知,当 $|\lambda| < 1$ 时,$b\dfrac{\lambda}{1-\lambda} = 1 \Rightarrow \lambda = \dfrac{1}{1+b} < 1$(因为 $b > 0$) 故该选(C)。

例 2.18 如下四个函数,哪个不能作为随机变量 ξ 的分布函数( )。

(A) $F_1(x) = \begin{cases} 0, & x < 0 \\[1mm] \dfrac{1}{3}, & 0 \leqslant x < 1 \\[1mm] \dfrac{1}{2}, & 1 \leqslant x < 2 \\[1mm] 1, & x > 2 \end{cases}$　　(B) $F_2(x) = \begin{cases} 0, & x < 0 \\[1mm] \dfrac{\ln(1+x)}{1+x}, & x \geqslant 0 \end{cases}$

(C) $F_3(x) = \begin{cases} 0, & x < 0 \\[1mm] \dfrac{1}{4}x^2, & 0 \leqslant x < 2 \\[1mm] 1, & x \geqslant 2 \end{cases}$　　(D) $F_4(x) = \begin{cases} 1 - \mathrm{e}^{-x}, & x \geqslant 0 \\[1mm] 0, & x < 0 \end{cases}$

解 作为随机变量 ξ 的分布函数 $F(x)$ 具有三个性质,反之,若函数 $F(x)$ 满足三个性质,则其可作为随机变量 ξ 的分布函数。

因为 $\lim_{x\to+\infty} F_2(x) = \lim_{x\to+\infty} \dfrac{\ln(1+x)}{1+x} = \lim_{x\to+\infty} \dfrac{\frac{1}{1+x}}{1} = 0 \neq 1$

所以 $F_2(x)$ 不能作为 ξ 的分布函数,故(B)入选。

例 2.19 设 ξ 服从二项分布,其分布律为

$$P(\xi = k) = C_n^k p^k (1-p)^{n-k}, \quad k = 0,1,2,\cdots,n$$

若 $(n+1)p$ 不是整数,则( )$P(\xi = k)$ 最大?

(A) $k = (n+1)p$ (B) $k = (n+1)p - 1$ (C) $k = np$ (D) $k = [(n+1)p]$

其中 $[m]$ 表示 m 的最小整数部分。

解 考虑这类问题,一般用比值法:

$$\frac{P(\xi = k)}{P(\xi = k-1)} = \frac{C_n^k p^k (1-p)^{n-k}}{C_n^{k-1} p^{k-1} (1-p)^{n-k+1}}$$

$$= \frac{n-k+1}{k} \cdot \frac{p}{1-p} = 1 + \frac{(n+1)p - k}{k(1-p)}$$

$$= \begin{cases} > 1, & \text{当 } k < (n+1)p \\ 1, & \text{当 } k = (n+1)p, \quad (k = 1,2,\cdots,n) \\ < 1, & \text{当 } k > (n+1)p \end{cases}$$

由此可知,若 $(n+1)p$ 不是整数时,则当 $k = [(n+1)p]$,$P(\xi = k)$ 取到最大值,故 (D) 入选。

例 2.20 验明函数

$$\varphi(x) = \begin{cases} \dfrac{x}{c} e^{-x^2/2c}, & x \geqslant 0 \\ 0, & x < 0 \end{cases} \quad (c \text{ 为正常数})$$

是一个密度函数。

证 (1) 因为 c 为正常数,$x \geqslant 0$,$e^{-\frac{x^2}{2c}} \geqslant 0$,所以 $\varphi(x) \geqslant 0$,$x \in (-\infty, +\infty)$

(2) $\displaystyle\int_{-\infty}^{+\infty} \varphi(x)\,dx = \int_0^{+\infty} \frac{x}{c} e^{-\frac{x^2}{2c}}\,dx$

$$= \int_0^{+\infty} e^{-\frac{x^2}{2c}} \,d\left(\frac{x^2}{2c}\right)$$

$$= -e^{-\frac{x^2}{2c}} \Big|_0^{+\infty} = 1$$

故 $\varphi(x)$ 为某一随机变量 ξ 的密度函数。

例 2.21 设随机变量 ξ 服从二项分布,即

$$P(\xi = k) = C_n^k p^k q^{n-k} \quad (k = 0,1,2,\cdots,n)$$

又当 $n \to \infty$ 时,$np \to \lambda$,证明:

$$\lim_{n \to \infty} P(\xi = k) = \frac{\lambda^k}{k!} e^{-\lambda}$$

证 因为 $n \to \infty$,$np \to \lambda$,所以 $p = \dfrac{\lambda}{n} + o\left(\dfrac{1}{n}\right)$,$q = 1 - p - \dfrac{\lambda}{n} + o\left(\dfrac{1}{n}\right)$

于是

$$P(\xi = k) = C_n^k p^k q^{n-k} = \frac{n(n-1)\cdots(n-k+1)}{k!} \left(\frac{\lambda}{n} + o\left(\frac{1}{n}\right)\right)^k \left(1 - \frac{\lambda}{n} + o\left(\frac{1}{n}\right)\right)^{n-k}$$

$$= \frac{\lambda^k}{k!} \left(1 - \frac{1}{n}\right)\left(1 - \frac{2}{n}\right)\cdots\left(1 - \frac{k-1}{n}\right)(1 + o(1))^k \left(1 - \frac{\lambda}{n} + o\left(\frac{1}{n}\right)\right)^{n-k}$$

故 $\displaystyle\lim_{n \to \infty} \left(1 - \frac{\lambda}{n} + o\left(\frac{1}{n}\right)\right)^{n-k} = \lim_{n \to \infty} \left[\left(1 - \frac{\lambda}{n}\right) + o\left(\frac{\lambda}{n}\right)\right]^n \times \left[1 - \frac{\lambda}{n} + o\left(\frac{1}{n}\right)\right]^{-k}$

$$= \lim_{n \to \infty} \left[\left(1 - \frac{\lambda}{n} \right) + o\left(\frac{1}{n} \right) \right]^{-\frac{n}{\lambda}(-\lambda)}$$

$$= e^{-\lambda}$$

从而　　$\lim_{n \to \infty} P(\xi = k) = \dfrac{\lambda^k}{k!} e^{-\lambda}$

二、一维随机变量函数 $\eta = f(\xi)$ 的分布律及分布密度

例 2.22　设 ξ 服从标准正态分布 $N(0,1)$,证明 $\eta = \sigma\xi + \alpha$,其中 α,σ 为常数且 $\sigma > 0$ 服从 $N(\alpha, \sigma^2)$ 分布。

证　因为 $\xi \sim N(0,1)$,所以 $\varphi_\xi(x) = \dfrac{1}{\sqrt{2\pi}} e^{-\frac{x^2}{2}}$, $-\infty < x < +\infty$,

又 $\eta = \sigma\xi + \alpha$,所以 $y = \sigma x + \alpha$(单调) $\Rightarrow x = \dfrac{y - \alpha}{\sigma}$(单调),

于是

$$\varphi_\eta(y) = \varphi_\xi \left(\frac{y - \alpha}{\sigma} \right) \left(\frac{y - \alpha}{\sigma} \right)'$$

$$= \frac{1}{\sqrt{2\pi}\sigma} e^{-\frac{(y-\alpha)^2}{2\sigma^2}}$$

故　　$\eta = \sigma\xi + \alpha$ 服从 $N(\alpha, \sigma^2)$ 分布。

例 2.23　设随机变量 ξ 的密度函数为 $f_\xi(x)$ 求随机变量 $\eta = e^\xi$ 的密度函数。

解　因为 $\xi \sim f_\xi(x)$, $\eta = e^\xi$,于是 $y = e^x$(单调) $\Rightarrow x = \ln y$, $x' = \dfrac{1}{y}$,

故　$f_\eta(y) = f_\xi(\ln y)(x') = \dfrac{1}{y} f_\xi(\ln y)$, $(y > 0)$,即

$$\varphi_\eta(y) = \begin{cases} \dfrac{1}{y} f_\xi(\ln y), & y > 0 \\ 0, & y < 0 \end{cases}$$

例 2.24　设随机变量 ξ 服从标准正态分布,即 $\xi \sim N(0,1)$,试求下列各分布密度:

(1) $\eta = e^\xi$;　　(2) $\eta = 2\xi^2 + 1$;　　(3) $\eta = |\xi|$。

解　因为 $\xi \sim N(0,1)$

$$\varphi_\xi(x) = \frac{1}{\sqrt{2\pi}} e^{-\frac{x^2}{2}}, \quad -\infty < x < +\infty$$

(1) $\eta = e^\xi$,于是 $y = e^x$(单调) $\Rightarrow x = \ln y$, $x' = \dfrac{1}{y}$

故　$\varphi_\eta(y) = \varphi_\xi(\ln y)(x') = \dfrac{1}{\sqrt{2\pi} y} e^{-\frac{1}{2}(\ln y)^2}$, $(y > 0)$,即

$$\varphi_\eta(y) = \begin{cases} \dfrac{1}{\sqrt{2\pi} y} e^{-\frac{1}{2}(\ln y)^2}, & y > 0 \\ 0, & y < 0 \end{cases}$$

(2) $\eta = 2\xi^2 + 1$,于是 $y = 2x^2 + 1 \Rightarrow$

$x_1 = \dfrac{1}{\sqrt{2}}\sqrt{y-1}$, $x_2 = -\dfrac{1}{\sqrt{2}}\sqrt{y-1}$; $x_1' = \dfrac{\sqrt{2}}{4} \dfrac{1}{\sqrt{y-1}}$, $x_2' = \dfrac{\sqrt{2}}{4} \dfrac{1}{\sqrt{y-1}}$, $(y > 1)$,故

$$\varphi_\eta(y) = \begin{cases} \dfrac{1}{2\sqrt{\pi(y-1)}}e^{-\frac{y-1}{4}}, & y > 1 \\ 0, & y \geqslant 1 \end{cases}$$

(3) $\eta = |\xi|$,于是 $y = |x|(y > 0)$

$$\Rightarrow \begin{cases} y = x_1, & x \geqslant 0 \\ y = -x_2, & x < 0 \end{cases}$$

$$x'_1 = 1, x'_2 = -1$$

故

$$\varphi_y(y) = \begin{cases} \dfrac{2}{\sqrt{2\pi}}e^{-\frac{y^2}{2}}, & y \geqslant 0 \\ 0, & y < 0 \end{cases}$$

例 2.25　设随机变量 $\xi \sim N(0,1)$,令 $\eta = \xi^3$,求 η 的概率密度。

解　因为 $\xi \sim N(0,1)$,ξ 的概率密度为

$$\varphi_\xi(x) = \frac{1}{\sqrt{2\pi}}e^{-\frac{x^2}{2}}, \quad -\infty < x < +\infty$$

$\eta = \xi^3$,于是 $y = x^3$(单调) $\Rightarrow$ $x = \sqrt[3]{y}, x' = \dfrac{1}{3\sqrt[3]{y^2}}$

故

$$\varphi_\eta(y) = \varphi_\xi(\sqrt[3]{y})(x') = \frac{1}{3\sqrt{2\pi}\sqrt[3]{y^2}}e^{-\frac{1}{2}(\sqrt[3]{y})^2}$$

例 2.26　设随机变量 X 的密度函数为

$$\varphi(x) = \begin{cases} 0, & x < 0 \\ x^3 e^{-x^2}, & x \geqslant 0 \end{cases}$$

试求:(1)$\xi = 2X + 3$; (2)$\eta = X^2$; (3)$\xi = \ln X$ 的密度函数。

解　(1) $\xi = 2X + 3$,于是 $y = 2x + 3, x = \dfrac{y-3}{2}, x' = \dfrac{1}{2}$,

故

$$\varphi_\xi(y) = \begin{cases} \dfrac{1}{2}\left(\dfrac{y-3}{2}\right)^3 e^{-\left(\frac{y-3}{2}\right)^2}, & y \geqslant 3 \\ 0, & y < 3 \end{cases}$$

(2) $\eta = X^2$,于是 $y = x^2, x_1 = \sqrt{y}$ 或 $x_2 = -\sqrt{y} < 0, x'_1 = \dfrac{1}{2\sqrt{y}}, x'_2 = -\dfrac{1}{2\sqrt{y}}$

故　$\varphi_\eta(y) = \varphi(\sqrt{y})(\sqrt{y})'_y + \varphi(-\sqrt{y})|(-\sqrt{y})'_y| = \dfrac{1}{2\sqrt{y}}(\sqrt{y})^3 e^{-(\sqrt{y})^2} + 0 \times \dfrac{1}{2\sqrt{y}}$

$$\varphi_\eta(y) = \begin{cases} \dfrac{1}{2}ye^{-y}, & y > 0 \\ 0, & y \leqslant 0 \end{cases}$$

(3) $\xi = \ln X$,于是 $y = \ln x, x = e^y, x' = e^y$,故

$$\varphi_\xi(y) = \varphi(e^y)e^y = e^{4y}e^{-e^{2y}} \quad (-\infty < y < +\infty)$$

例 2.27　设随机变量 X 在 $(0,2\pi)$ 内服从均匀分布,求随机变量 $Y = \cos X$ 的分布密度 $\varphi_Y(y)$。

解　因为 X 在 $[0,2\pi]$ 内服从均匀分布,所以

$$\varphi(x) = \begin{cases} \dfrac{1}{2\pi}, & 0 < x < 2\pi \\ 0, & \text{其他} \end{cases}$$

由 $Y = \cos X$,有 $y = \cos x$,其在$(0,2\pi)$内非单调函数,在$(0,\pi)$与$(\pi,2\pi)$内单调,其反函数分别为

$$x = \arccos y, \quad x \in (0,\pi)$$

$$x = 2\pi - \arccos y, \quad x \in (\pi,2\pi)$$

$$x' = -\frac{1}{\sqrt{1-y^2}}, \quad x \in (0,\pi), y \in (-1,1)$$

$$x' = \frac{1}{\sqrt{1-y^2}}, \quad x \in (\pi,2\pi), y \in (-1,1)$$

故　$\varphi_Y(y) = \varphi(\arccos y) \mid x' \mid + \varphi(2\pi - \arccos y) \mid x' \mid$

$$= \begin{cases} \dfrac{1}{\pi\sqrt{1-y^2}}, & y \in (-1,1) \\ 0, & \text{其他} \end{cases}$$

例 2.28　在平面直角坐标系 xOy 内过 $A(4,0)$ 点任引一射线(倾角 θ)设其在 y 轴上的截距为 Y,求 Y 的分布密度 $\varphi_Y(y)$。

解　倾角 θ 是随机变量,其取值均匀分布在$(0,\pi)$内,于是其密度为

$$\varphi(\theta) = \begin{cases} \dfrac{1}{\pi}, & \theta \in (0,\pi) \\ 0, & \text{其他} \end{cases}$$

截距 Y 与 θ 的关系为

$$Y = 4\tan(\pi - \theta) = -4\tan\theta$$

由此有

$$y = -4\tan\theta \Rightarrow \theta = -\arctan\frac{y}{4}$$

$$\theta' = -\frac{4}{16 + y^2}$$

故

$$\varphi_Y(y) = \varphi\Big(-\arctan\frac{y}{4}\Big)\mid \theta' \mid = \frac{4}{\pi(16 + y^2)}, \quad -\infty < y < +\infty$$

例 2.29　在半径为 R,中心在原点的圆周上任抛一点:

(1)求该点横坐标 X 的密度函数 $\varphi_X(x)$;

(2)该点到点$(-R,0)$的距离 z 的密度函数 $\varphi_z(z)$。

解　有关圆的问题,常以圆心角作参数,设随机点 $M(X,Y)$ 的圆心角 θ,由题意可设 θ 为$(0,2\pi)$上的均匀分布,其密度为

$$\varphi(\theta) = \begin{cases} \dfrac{1}{2\pi}, & \theta \in (0,2\pi) \\ 0, & \text{其他} \end{cases}$$

(1)由几何知识有

$$x = R\cos\theta$$

该函数在 $(0,2\pi)$ 内非单调,在 $(0,\pi)$ 与 $(\pi,2\pi)$ 内单调其反函数分别为

$$\theta_1 = \arccos\frac{x}{R}, \quad \theta'_1 = -\frac{1}{\sqrt{R^2-x^2}}, \quad \theta_1 \in (0,\pi), \ |x| < R$$

$$\theta_2 = 2\pi - \arccos\frac{x}{R}, \quad \theta'_2 = \frac{1}{\sqrt{R^2-x^2}}, \quad \theta_2 \in (\pi,2\pi), \ |x| < R$$

故

$$\varphi_X(x) = \varphi(x_1^{-1})\,|\,(x_1^{-1})'\,| + \varphi(x_2^{-1})\,|\,(x_2^{-1})'\,|$$

$$= \begin{cases} \dfrac{1}{\pi}\dfrac{1}{\sqrt{R^2-x^2}}, & |x| < R \\ 0, & \text{其他} \end{cases}$$

(2) 由几何知识随机点 M 到 $(-R,0)$ 的距离 z 为

$$z = 2R\cos\frac{\theta}{2}, \quad \theta \in (0,2\pi)$$

该函数在 $(0,2\pi)$ 为单减函数,其反函数为

$$\theta = 2\arccos\frac{z}{2R}$$

$$\theta' = -\frac{1}{R}\frac{1}{\sqrt{1-\left(\dfrac{z}{2R}\right)^2}} = -\frac{1}{\sqrt{4R^2-z^2}}, \quad |z| < 2R$$

$$\varphi_z(z) = \begin{cases} \dfrac{1}{2\pi}\dfrac{1}{\sqrt{4R^2-z^2}}, & |z| < 2R \\ 0, & \text{其他} \end{cases}$$

2.4   应用题

例 2.30   设某批电子元件的正品率为 $4/5$,次品率为 $1/5$,现对这批元件进行测试,只要测得一个正品则停止测试工作,试求测试次数的分布律。

解   设测试次数为 ξ,则 ξ 的可能值为 $1,2,3,\cdots$,当 $\xi = k$ 时,相当于"前 $k-1$ 次测到的都是次品,而第 k 次测得的是正品",故

$$P(\xi = k) = \left(\frac{1}{5}\right)^{k-1}\left(\frac{4}{5}\right), \quad (k = 1,2,\cdots)$$

例 2.31   盒中有外形与功率均相同的 10 个灯泡,其中 7 个螺口,3 个卡口,灯口向下放着看不见。现要用 1 个螺口灯泡,从盒中任取一个,若为卡口的就不再放回去,求取到螺口灯泡前已取出的卡口灯泡数 ξ 的分布律及分布函数。

解   "$\xi = 0$"表示第一个就取到的螺口的;"$\xi = 1$"表示第一个取到的是卡口的,第二个是螺口的。

于是

$$P(\xi = 0) = \frac{7}{10}$$

$$P(\xi = 1) = \frac{3}{10} \times \frac{7}{9} = \frac{7}{30}$$

类似地有

$$P(\xi = 2) = \frac{3}{10} \times \frac{2}{9} \times \frac{7}{8} = \frac{7}{120}$$

$$P(\xi = 3) \frac{3}{10} \times \frac{2}{9} \times \frac{1}{8} \times \frac{7}{7} = \frac{1}{120}$$

故其分布律有

ξ	0	1	2	3
P	$\frac{7}{10}$	$\frac{7}{30}$	$\frac{7}{120}$	$\frac{1}{120}$

因为 $\sum\limits_{h=0}^{3} p_k = 1$，所以所得结果正确。

由公式　$F(x) = \sum\limits_{x \leqslant x_k} p_k$，有

$$F(x) = \begin{cases} 0, & x < 0 \\ \dfrac{7}{10}, & 0 \leqslant x < 1 \\ \dfrac{28}{30}, & 1 \leqslant x < 2 \\ \dfrac{119}{120}, & 2 \leqslant x < 3 \\ 1, & x \geqslant 3 \end{cases}$$

例 2.32　一汽车沿一街道行驶,需要通过三个均设有红绿信号灯的路口,每个信号灯红或绿与其他信号灯为红或绿相互独立,且红绿两种信号显示的时间相等,以 X 表示该汽车首次遇到红灯前已通过的路口个数,求 X 的概率分布。

解　由题设可知,X 的可能值为 $0,1,2,3$。设 $A_i (i = 1,2,3)$ 表示"汽车在第 i 个路口首次遇到红灯",A_1, A_2, A_3 相互独立,且 $P(A_i) = P(\overline{A}_i) = \dfrac{1}{2}$。

于是

$$P(X = 0) = P(A_1) = \frac{1}{2}$$

$$P(X = 1) = P(\overline{A}_1 A_2) = \frac{1}{2^2}$$

$$P(X = 2) = P(\overline{A}_1 \overline{A}_2 A_3) = \frac{1}{2^3}$$

$$P(X = 3) = P(\overline{A}_1 \overline{A}_2 \overline{A}_3) = \frac{1}{2^3}$$

故 X 的分布律为

X	0	1	2	3
P	$\frac{1}{2}$	$\frac{1}{2^2}$	$\frac{1}{2^3}$	$\frac{1}{2^3}$

例 2.33 一繁忙汽车站有大量汽车通过,设每辆车在一天的某段时间内出事故的概率 0.0001,在某天的该段时间内有 1000 辆汽车通过,问出事故的次数不少于 2 的概率是多少?

解 这可以看作 n 次独立重复试验,每次试验事件出现的概率 $p = 0.0001$,因为一般讲, 当 $np < 5$ 时就有 $B(n,p) \approx P(\lambda)$,故本题该用泊松定理来计算

$$\lambda = np = 1000 \times 0.0001 = 0.1,$$

$$P(\xi \geqslant 2) = 1 - P(\xi = 0) - P(\xi = 1)$$

$$= 1 - e^{-0.1} - \frac{0.1^1}{1!} e^{-0.1}$$

$$= 0.0047$$

例 2.34 假设一大型设备在任何长为 t 的时间内发生故障的次数 $N(t)$ 服从参数为 λ 的 泊松分布。

(1) 求相继两次故障之间时间间隔 T 的概率分布;

(2) 求在设备已经无故障工作 8 小时的情形下,再无故障运行 8 小时的概率 Q。

解 (1) 因为 $N(t)$ 为时间间隔 $t(t \geqslant 0)$ 内发生故障的次数,又 T 表示相继两次故障间的 时间间隔,所以当 $T > t$ 时,必有 $N(t) = 0$,(即不发生故障),于是

$$F(t) = P(T \leqslant t) = 1 - P(T > t) = 1 - P(N(t) = 0)$$

$$= 1 - \frac{(\lambda t)^0}{0!} e^{-\lambda t} = 1 - e^{-\lambda t}$$

(2) $Q = P(T \geqslant 16 \mid T \geqslant 8) = \frac{P(T \geqslant 16, T \geqslant 8)}{P(T \geqslant 8)}$

$$= \frac{P(T \geqslant 16)}{P(T \geqslant 8)} = \frac{1 - P(T < 16)}{1 - P(T < 8)} = \frac{1 - F(16)}{1 - F(8)}$$

$$= \frac{e^{-16\lambda}}{e^{-8\lambda}} = e^{-8\lambda}$$

例 2.35 设某批电子元件的寿命 ξ 服从正态分布 $N(\mu, \sigma^2)$,若 $\mu = 160$,欲求 $P\{120 < \xi \leqslant 200\} = 0.80$,允许 σ 的最大值。

解 因为 $\xi \sim N(160, \sigma^2)$,所以

$$P(120 < \xi \leqslant 200) = \Phi\left(\frac{200 - 160}{\sigma}\right) - \Phi\left(\frac{120 - 160}{\sigma}\right)$$

$$= \Phi\left(\frac{40}{\sigma}\right) - \Phi\left(-\frac{40}{\sigma}\right)$$

$$= \Phi\left(\frac{40}{\sigma}\right) - \left[1 - \Phi\left(\frac{40}{\sigma}\right)\right]$$

$$= 2\Phi\left(\frac{40}{\sigma}\right) - 1 = 0.8$$

$$\Rightarrow \Phi\left(\frac{40}{\sigma}\right) = 0.9$$

查标准正态分布表,得

$$\frac{40}{\sigma} = 1.28 \Rightarrow \sigma = 31.25$$

2.5 自测题

一、填空题

1. 设随机变量 ξ 的概率密度函数为

$$f(x) = \begin{cases} \dfrac{1}{3}, & 0 \leqslant x < 1 \\[2mm] \dfrac{2}{9}, & 3 \leqslant x < 6 \\[2mm] 0, & \text{其他} \end{cases}$$

若 k 满足 $P\{\xi \geqslant k\} = \dfrac{2}{3}$，则 k 的取值范围是_____。

2. 若随机变量 $\xi \sim N(\mu, \sigma^2)$，则 $\eta = \dfrac{\xi - 3}{2} \sim$ _____。

3. 设 $r, v, X \sim \pi(3)$（参数为 3 的泊松分布），则 $P(\xi \leqslant 0) = $ _____，$P\left(\xi = \dfrac{1}{3}\right) = $ _____。

4. 设随机变量 ξ 的分布函数为 $F(x) = A + B\arctan \dfrac{x}{2}, x \in \mathbf{R}$，则 $A = $ _____，$B = $ _____。

5. 设 $\xi \sim N(3, 2^2)$，$P\{\xi > C\} = P\{\xi \leqslant C\}$. 则 $C = $ _____，

二、单项选择题

1. 设 ξ 是一个离散型随机变量，则可作为 ξ 的分布律的为（   ）。

A. p, p^2（p 为任意实数）　　　　　B. $0.1, 0.2, 0.3, 0.4$

C. $\left\{\dfrac{2^n}{n!} \mid n = 0, 1, 2, \cdots\right\}$　　　　D. $\left\{\dfrac{-2^n}{n!\mathrm{e}^2} \mid n = 0, 1, 2, \cdots\right\}$

2. 设随机变量 ξ 的概率密度为 $f_\xi(x)$，$\eta = -2\xi + 3$，则 η 的概率密度为（   ）。

A. $-\dfrac{1}{2}f_\xi\left(-\dfrac{y-3}{2}\right)$　B. $\dfrac{1}{2}f_\xi\left(-\dfrac{y-3}{2}\right)$　C. $-\dfrac{1}{2}f_\xi\left(-\dfrac{y+3}{2}\right)$　D. $\dfrac{1}{2}f_\xi\left(-\dfrac{y+3}{2}\right)$

3. 设 ξ 的密度函数为 $f(x)$，分布函数为 $F(x)$，且 $f(x) = f(-x)$。那么对任意给定的 a 都有（   ）。

A. $F(-a) = 1 - \displaystyle\int_0^a f(x)\mathrm{d}x$　　　　　　B. $F(-a) = \dfrac{1}{2} - \displaystyle\int_0^a f(x)\mathrm{d}x$

C. $F(a) = F(-a)$　　　　　　　　　　D. $F(-a) = 2F(a) - 1$

4. 设随机变量 $\xi \sim N(\mu, \sigma^2)$，则随 σ 的增加，概率 $P\{|\xi - \mu| < \sigma\}$（   ）。

A. 单调增加　　　　　B. 单调减少　　　　　C. 保持不变　　　　　D. 增减不定

5. 设 $F_1(x)$ 和 $F_2(x)$ 分别是随机变量 ξ_1 与 ξ_2 的分布函数，为了使 $F(x) = aF_1(x) - bF_2(x)$ 是某一随机变量的分布函数，在下列各组值中应取（   ）。

A. $a = \dfrac{3}{5}, b = -\dfrac{2}{5}$　B. $a = \dfrac{2}{3}, b = \dfrac{2}{3}$　C. $a = -\dfrac{1}{2}, b = \dfrac{3}{2}$　D. $a = \dfrac{1}{2}, b = -\dfrac{3}{2}$

三、计算题

1. 设随机变量 ξ 的概率密度函数为

$$f(x) = \begin{cases} x, & 0 \leqslant x < 1 \\ 2-x, & 1 \leqslant x < 2 \\ 0, & \text{其他} \end{cases}$$

求 $P\left(\dfrac{1}{3} < \xi < \dfrac{1}{2}\right)$。

2. 设变量 ξ 的密度为 $f(x) = \begin{cases} Ax^2 e^{-x^2/b} & x > 0 \\ 0 & x \leqslant 0 \end{cases}$，求常数 A。

3. 设随机变量 ξ 的概率密度为

$$f(x) = \begin{cases} kx^b, & 0 < x < 1 \\ 0, & \text{其他} \end{cases} \qquad (k > 0, b > 0)$$

且 $P\left\{\xi > \dfrac{1}{2}\right\} = 0.75$，求 k, b。

4. 设随机变量 ξ 服从 $(0,2)$ 上的均匀分布，求随机变量 $\eta = \xi^3$ 的概率密度。

5. 设一电路装有 3 个同种电气元件，其工作状态相互独立，且无故障工作时间服从参数为 $\lambda > 0$ 的指数分布，当 3 个元件都无故障时，电路正常工作，否则整个电路不能正常工作，试求电路正常工作时间 T 的概率分布。

四、证明题

1. $\xi \sim N(\alpha, \sigma^2)$，证明 $\eta = \dfrac{\xi - \alpha}{\sigma}$ 服从标准正态分布 $N(0,1)$。

2. 设 $F(x)$ 是分布函数，证明对于任意 $h \neq 0$，函数 $\varphi(x) = \dfrac{1}{2h}\displaystyle\int_{x-h}^{x+h} F(t)\,\mathrm{d}t$ 也是分布函数。

第3章 二维随机变量及其分布

3.1 内容提要

1. 二维随机变量的联合分布函数

设 (X,Y) 是二维随机变量，对于任意实数 x、y，称事件 $\{X \leqslant x$ 且 $Y \leqslant y\}$ 的概率 $P\{X \leqslant x, Y \leqslant y\}$ 为 (X,Y) 的联合分布函数，记为 $F(x,y)$；即

$$F(x,y) = P\{X \leqslant x, Y \leqslant y\}$$

联合分布函数具有以下的性质。

(1) $0 \leqslant F(x,y) \leqslant 1$；

(2) 对 x 或 y 单调非降，即固定 x，$F(x,y)$ 是 y 的不减函数；固定 y，$F(x,y)$ 是 x 的不减函数。

(3) $F(-\infty, -\infty) = F(-\infty, y) = F(x, -\infty) = 0$，$F(+\infty, +\infty) = 1$；

(4) $P\{x_1 < X \leqslant x_2, y_1 < Y \leqslant y_2\} = F(x_2, y_2) - F(x_2, y_1) - F(x_1, y_2) + F(x_1, y_1)$。

2. 二维离散型随机变量的分布

若 (x,y) 是二维离散型随机变量，联合分布律为 $P\{X = x_i, Y = y_i\} = p_{ij}$，$i, j = 1, 2, \cdots$，联合分布函数为 $F(x,y) = \sum\limits_{x_i \leqslant x} \sum\limits_{y_i \leqslant y} p_{ij}$，其中 p_{ij} 满足：

(1) $0 \leqslant p_{ij} \leqslant 1$；　(2) $\sum\limits_{i} \sum\limits_{j} p_{ij} = 1$。

3，二维连续型随机变量的联合概率密度。

对于二维随机变量 (X,Y) 的联合分布函数 $F(x,y)$，如果存在非负函数 $f(x,y)$，使对任意实数 x, y 有

$$F(x,y) = \int_{-\infty}^{x} \int_{-\infty}^{y} f(u,v) \mathrm{d}u \mathrm{d}v$$

则称 (X,Y) 为二维连续型随机变量，$f(x,y)$ 称为 (X,Y) 联合概率密度。

联合概率密度 $f(x,y)$ 具有以下性质：

(1) $f(x,y) \geqslant 0$（x, y 为任意实数）；

(2) $\int_{-\infty}^{+\infty} \int_{-\infty}^{+\infty} f(x,y) \mathrm{d}x \mathrm{d}y = 1$；

(3) 对于 xOy 平面上的区域 D，(X,Y) 落于 D 内的概率

$$P\{(X,Y) \in D\} = \iint\limits_{D} f(x,y) \mathrm{d}x \mathrm{d}y;$$

(4) 若 $f(x,y)$ 在点 (x,y) 处连续，则

$$f(x,y) = \frac{\partial^2 F(x,y)}{\partial x \partial y}$$

4. 二维随机变量(X,Y)的边缘分布

(1) 边缘分布函数

设 $F(x,y)$ 为二维随机变量(X,Y) 的联合分布函数,则(X,Y) 关于 X 和 Y 的边缘分布函数分别为

$$F_X(x) = F(x, +\infty) = P\{X \leqslant x, Y < +\infty\} = P\{X \leqslant x\}$$
$$F_Y(y) = F(+\infty, y) = P\{X \leqslant +\infty, Y \leqslant y\} = P\{Y \leqslant y\}$$

(2) 二维离散型随机变量(X,Y) 的边缘分布

设(X,Y) 的联合分布律为 $P\{X = x_i, Y = y_j\} = p_{ij}$, $i,j = 1,2,\cdots$。则(X,Y) 关于 X 和 Y 的边缘分布律分别为

$$p_{i\cdot} = P\{X = x_i\} = \sum_j p_{ij}, \quad i = 1,2,\cdots$$
$$p_{\cdot j} = P\{Y = y_j\} = \sum_i p_{ij}, \quad j = 1,2,\cdots$$

(3) 二维连续型随机变量的边缘分布

设 $f(x,y)$ 为二维连续型随机变量(X,Y) 联合概率密度,则(X,Y) 关于 X 和 Y 的边缘概率密度分别为

$$f_X(x) = \int_{-\infty}^{+\infty} f(x,y)\mathrm{d}y$$
$$f_Y(y) = \int_{-\infty}^{+\infty} f(x,y)\mathrm{d}x$$

5. 条件分布

(1) 若(X,Y) 是二维离散型随机变量,联合分布律为 $P\{X = x_i, Y = y_j\} = p_{ij}$ $i,j = 1, 2,\cdots$,边缘分布律分别为 $p_{i\cdot} = P\{X = x_i\}$, $p_{\cdot j} = P\{Y = y_j\}$。

在 $p_{i\cdot} > 0$ 时,称 $P\{Y = y_j \mid X = x_i\} = \dfrac{p_{ij}}{p_{i\cdot}}$, $j = 1,2,\cdots$ 为在 $X = x_i$ 的条件下随机变量 Y 的条件分布律;

在 $p_{\cdot j} > 0$ 时,称 $P\{X = x_i \mid Y = y_j\} = \dfrac{p_{ij}}{p_{\cdot j}}$, $i = 1,2,\cdots$ 为在 $Y = y_j$ 的条件下随机变量 X 的条件分布律。

(2) 若(X,Y) 是二维连续型随机变量,联合概率密度为 $f(x,y)$,边缘概率密度分别为 $f_X(x), f_Y(y)$。当 $f_Y(y) > 0$ 时,在条件 $Y = y$ 下,X 的条件分布函数和条件概率密度分别为

$$F_{X|Y}(x \mid y) = \int_{-\infty}^{x} \frac{f(u,y)}{f_Y(y)}\mathrm{d}u$$
$$f_{X|Y}(x \mid y) = \frac{f(x,y)}{f_Y(y)}$$

当 $f_X(x) > 0$ 时,在条件 $X = x$ 下 Y 的条件分布函数和条件概率密度分别为

$$F_{Y|X}(y \mid x) = \int_{-\infty}^{y} \frac{f(x,v)}{f_X(x)}\mathrm{d}v$$
$$f_{Y|X}(y \mid x) = \frac{f(x,y)}{f_X(x)}$$

6. 随机变量的独立性

(1) 设 $F(x,y)$ 为二维随机变量 (X,Y) 的联合分布函数, X 与 Y 的边缘分布函数分别为 $F_X(x), F_Y(y)$, 则 X 与 Y 相互独立的充分必要条件为: 对任意实数 x, y, 恒有

$$F(x,y) = F_X(x) \cdot F_Y(y)$$

(2) 设二维离散型随机变量 (X,Y) 的联合分布律为 $P\{X = x_i, Y = y_j\} = p_{ij}, i, j = 1, 2, \cdots$。则 X 与 Y 相互独立的充分必要条件为, 对于一切可能值 (x_i, y_j), 均有

$$P\{X = x_i, Y = y_j\} = P\{X = x_i\} \cdot P\{Y = y_j\}$$

即　　　　　　　　　$p_{ij} = p_{i\cdot} \cdot p_{\cdot j}, \quad i, j = 1, 2, \cdots$

(3) 设二维连续型随机变量 (X,Y) 的联合概率密度为 $f(x,y)$, 则 X 与 Y 相互独立的充分必要条件是 $f(x,y) = f_X(x) \cdot f_Y(y)$ 几乎处处成立。

两个随机变量的独立性概念可以推广到两个以上的随机变量的情况。

7. 随机变量函数的分布

(1) 设 X, Y 为两个相互独立的离散型随机变量, x_i, y_j 分别为 X, Y 的可能取值, 则 $Z = X + Y$ 也为离散型随机变量, 且 Z 的可能取值为 $x_i + y_j, i, j = 1, 2, \cdots$。$Z = X + Y$ 的分布律由下面的离散型随机变量的卷积公式给出

$$P\{Z = z\} = \sum_i P\{X = x_i\} \cdot P\{Y = z - x_i\}$$

或　　$$P\{Z = z\} = \sum_j P\{X = z - y_j\} \cdot P\{Y = y_j\}$$

特别地: 若 $X_1, X_2, \cdots, X_n$ 为相互独立的随机变量, 且 $X_i \sim P(\lambda_i), i = 1, 2, \cdots, n$,

则　　　　　　　　　$$\sum_{i=1}^{n} X_i \sim P\left(\sum_{i=1}^{n} \lambda_i\right)$$

即相互独立、服从泊松分布的随机变量之和仍服从泊松分布。

(2) 设 X, Y 为两个相互独立的连续型随机变量, 已知其概率密度分别为 $f_X(x), f_Y(y)$。则 $Z = X + Y$ 的概率密度由下面的连续型随机变量的卷积公式给出:

$$f_Z(z) = \int_{-\infty}^{+\infty} f_X(x) f_Y(z - x) \mathrm{d}x$$

或　　$$f_Z(z) = \int_{-\infty}^{+\infty} f_X(z - y) f_Y(y) \mathrm{d}y$$

特别地, 若 $X_1, X_2, \cdots, X_n$ 相互独立且 $X_i \sim N(u_i, \sigma_i^2), i = 1, 2, \cdots, n$, 则

$$\sum_{i=1}^{n} X_i \sim N\left(\sum_{i=1}^{n} u_i, \sum_{i=1}^{n} \sigma_i^2\right)$$

即相互独立的正态随机变量的线性函数仍为正态随机变量。

3.2　疑难解惑

问题 3.1　如何正确求出二维离散型随机变量的联合分布律

答　求二维离散型随机变量 (X,Y) 的联合分布律, 一般用联合分布律的定义, 先确定二维随机变量 (X,Y) 的所有取值, 再求出取每组的概率, 即得 (X,Y) 的联合分布律

$$p_{ij} = P\{X = x_i, Y = y_j\}, \quad i, j = 1, 2, \cdots$$

例,设随机变量 Z 服从参数为 $\lambda = 1$ 的指数分布,引入随机变量

$$X = \begin{cases} 0, & Z \leqslant 1 \\ 1, & Z > 1 \end{cases}, \quad Y = \begin{cases} 0, & Z \leqslant 2 \\ 1, & Z > 2 \end{cases}$$

求 (X,Y) 的联合分布律。

解 Z 的分布函数为 $F_Z(z) = \begin{cases} 1 - e^{-z}, & z > 0 \\ 0, & z \leqslant 0 \end{cases}$。

要求 (X,Y) 的联合分布律,先求出 (X,Y) 取每组值的概率,即

$p_{00} = P\{X = 0, Y = 0\} = P\{Z \leqslant 1, Z \leqslant 2\} = P\{Z \leqslant 1\} = 1 - e^{-1}$,

$p_{01} = P\{X = 0, Y = 0\} = P\{Z \leqslant 1, Z > 2\} = P\{\Phi\} = 0$,

$p_{10} = P\{X = 1, Y = 0\} = P\{Z > 1, Z \leqslant 2\} = P\{1 \leqslant Z \leqslant 2\} = F_Z(2) - F_Z(1)$
$\quad = e^{-1} - e^{-2}$,

$p_{11} = P\{X = 1, Y = 1\} = P\{Z > 1, Z > 2\} = P\{Z > 2\} = 1 - F_Z(2) = e^{-2}$。

于是 (X,Y) 的联合分布律为

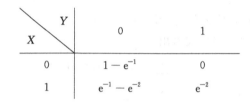

X \ Y	0	1
0	$1 - e^{-1}$	0
1	$e^{-1} - e^{-2}$	e^{-2}

问题 3.2 如何求二维随机变量的联合分布函数

答 求二维随机变量的联合分布函数一般要用定义。

(1) 若 (X,Y) 是离散型,联合分布律为 $p_{ij} = P\{X = x_i, Y = y_j\}$,$i, j = 1, 2, \cdots$。联合分布函数为

$$F(x,y) = P\{X \leqslant x, Y \leqslant y\} = \sum_{x_i \leqslant x} \sum_{y_j \leqslant y} p_{ij}$$

(2) 若 (X,Y) 是连续型,$f(x,y)$ 为联合概率密度,则联合分布函数 $F(x,y) = \int_{-\infty}^{x} \int_{-\infty}^{y} f(u,v) \mathrm{d}u \mathrm{d}v$。若联合概率密度是分段表达式,则求联合分布函数 $F(x,y)$ 时必须分区域分别讨论,正确定出积分限,算出结果,最后再汇总,写出统一的表达式。

例 已知平面区域 D 由 x 轴,y 轴及直线 $y = 2x + 1$ 围成,随机变量 (X,Y) 在 D 上服从均匀分布。求 (X,Y) 的联合概率密度及联合分布函数。

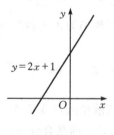

图 3-1

解　区域 D 如图 $3-1$ 所示,它的面积为 $\frac{1}{4}$,从而 (X,Y) 的联合概率密度为

$$f(x,y)=\begin{cases}4, & -\dfrac{1}{2}\leqslant x\leqslant 0,0\leqslant y\leqslant 2x+1 \\ 0, & \text{其他}\end{cases}$$

当 $x\leqslant-\dfrac{1}{2},y\leqslant 0$ 时,$f(x,y)=0$,从而 $F(x,y)=0$。

当 $-\dfrac{1}{2}<x\leqslant 0,0<y<2x+1$ 时,$F(x,y)=\displaystyle\int_{-\infty}^{x}\int_{-\infty}^{y}f(u,v)\mathrm{d}u\mathrm{d}v$

$$=\int_{0}^{y}\mathrm{d}v\int_{\frac{1}{2}(y-1)}^{x}4\mathrm{d}u=4xy+2y-2y^2$$

当 $x>0,0<y\leqslant 1$ 时:$F(x,y)=\displaystyle\int_{0}^{y}\mathrm{d}v\int_{\frac{1}{2}(y-1)}^{0}4\mathrm{d}u=2y-2y^2$

当 $-\dfrac{1}{2}<x<0,y\geqslant 2x+1$ 时:$F(x,y)=\displaystyle\int_{-\frac{1}{2}}^{x}\mathrm{d}u\int_{0}^{2x+1}4\mathrm{d}v=8x^2+8x+2$,

当 $x>0,y>1$ 时,$F(x,y)=1$。

综上所述

$$F(x,y)=\begin{cases}0, & x\leqslant-0.5 \text{ 或 } y\leqslant 0 \\ 4xy+2y-2y^2, & -0.5<x<0,0<y<2x+1 \\ 8x^2+8x+2, & -0.5<x<0,y\geqslant 2x+1 \\ 2y-2y^2, & x\geqslant 0,0<y\leqslant 1 \\ 1, & x>0,y>1\end{cases}$$

问题 3.3　如何判断一个二元函数为二维随机变量的联合分布函数?

答　要判断一个二元函数为某二维随机变量的联合分布函数,必须验证此函数满足联合分布函数的 4 条性质。若其中一条性质不满足,则此函数就不是分布函数。

例　判断二元函数 $F(x,y)=\begin{cases}1, & x+y\geqslant 0 \\ 0, & x+y<0\end{cases}$ 是否为某二维随机变量 (X,Y) 的联合分布函数?

解　显然 $0\leqslant F(x,y)\leqslant 1$,$F(-\infty,-\infty)=F(-\infty,y)=F(x,-\infty)=0$,$F(+\infty,+\infty)=1$。但 $P\{-1<X\leqslant 2,-1<Y\leqslant 2\}=F(2,2)-F(-1,2)-F(2,-1)+F(-1,-1)=1-1-1-0=-1<0$,这与概率非负矛盾。因此 $F(x,y)$ 不是某二维随机变量 (X,Y) 的联合分布函数。

问题 3.4　若随机变量 X,Y 独立,则函数 $f(X)$ 与 $g(Y)$ 也独立。若随机变量 X,Y 不独立,函数 $f(X)$ 与 $g(Y)$ 也不独立吗?

答　不一定,请看下面的例子。

例　设二维随机变量 (X,Y) 具有联合概率的密度

$$f(x,y)=\begin{cases}\dfrac{1+xy}{4}, & |x|<1,|y|<1 \\ 0, & \text{其他}\end{cases}$$

试验 X 与 Y 不独立,但 X^2 与 Y^2 独立。

证　随机变量 X 的边缘概率密度为

$$f_X(x) = \int_{-\infty}^{+\infty} f(x,y)\mathrm{d}y = \begin{cases} \int_{-1}^{1} \dfrac{1+xy}{4}\mathrm{d}y, & |x| < 1 \\ 0, & |x| \geqslant 1 \end{cases} = \begin{cases} \dfrac{1}{2}, & |x| < 1 \\ 0, & |x| \geqslant 1 \end{cases}$$

同理可得随机变量 Y 的边缘概率密度为

$$f_Y(y) = \begin{cases} \dfrac{1}{2}, & |y| < 1 \\ 0, & |y| \geqslant 1 \end{cases}$$

显然 $f(x,y) \neq f_X(x) \cdot f_Y(y)$，所以 X 和 Y 不独立。

令 $U = X^2$，$V = Y^2$，则 U 的分布函数为

$$F_U(u) = P\{U \leqslant u\} = P\{X^2 \leqslant u\} = \begin{cases} 0, & u \leqslant 0 \\ P\{-\sqrt{u} \leqslant X \leqslant \sqrt{u}\}, & u > 0 \end{cases}$$

$$= \begin{cases} 0, & u \leqslant 0 \\ \int_{-\sqrt{u}}^{\sqrt{u}} \dfrac{1}{2}\mathrm{d}x, & 0 < u \leqslant 1 \\ 1, & u > 1 \end{cases}$$

$$= \begin{cases} 0, & u \leqslant 0 \\ \sqrt{u}, & 0 < u \leqslant 1 \\ 1, & u > 1 \end{cases}$$

故 U 的概率密度为

$$f_U(u) = \begin{cases} \dfrac{1}{2\sqrt{u}}, & 0 < u \leqslant 1 \\ 0, & \text{其他} \end{cases}$$

同理可得 V 的概率密度为

$$f_V(v) = \begin{cases} \dfrac{1}{2\sqrt{v}}, & 0 < v \leqslant 1 \\ 0, & \text{其他} \end{cases}$$

(U,V) 的联合分布函数 $F(u,v) = P\{U \leqslant u, V \leqslant v\} = P\{X^2 \leqslant u, Y^2 \leqslant v\}$

$$= \iint_{\substack{x^2 \leqslant u \\ y^2 \leqslant v}} f(x,y)\mathrm{d}x\mathrm{d}y = \begin{cases} \int_{-\sqrt{u}}^{\sqrt{u}}\mathrm{d}x \int_{-\sqrt{v}}^{\sqrt{v}} \dfrac{1+xy}{4}\mathrm{d}y = \sqrt{uv}, & 0 \leqslant u \leqslant 1, 0 \leqslant v \leqslant 1 \\ 1, & u > 1, v > 1 \\ 0, & \text{其他} \end{cases}$$

因此 (U,V) 的联合概率密度为

$$f(u,v) = \dfrac{\partial^2 F(u,v)}{\partial U \partial V} = \begin{cases} \dfrac{1}{4\sqrt{u,v}}, & 0 < u < 1, 0 < v < 1 \\ 0, & \text{其他} \end{cases}$$

因为 $f(u,v) = f_U(u)f_V(v)$，所以 X^2 与 Y^2 相互独立。

问题 3.5 已知二维连续型随机变量 (X,Y) 的联合概率密度 $f(x,y)$，如何求 X,Y 的函数 $Z = g(X,Y)$ 的概率密度？

答 求 $Z = g(X,Y)$ 的概率密度通常有以下几种方法：

方法 1 分布函数法：先求出 Z 的分布函数

$$F_Z(z) = P\{Z \leqslant z\} = P\{g(X,Y) \leqslant z\} = \iint\limits_{g(x,y) \leqslant z} f(x,y)\mathrm{d}x\mathrm{d}y$$

再对分布函数求导数,得到 Z 的概率密度 $f_Z(z) = F_Z'(z)$。

方法 2　引入随机变量函数组,其一般步骤是

1）建立随机变量函数组 $\begin{cases} z = g(x,y) \\ w = x,\text{或 } y \text{ 或 } h(x,y) \end{cases}$ 求出逆变换 $\begin{cases} x = x(z,w) \\ y = y(z,w) \end{cases}$

2）求出 $J = \dfrac{\partial(x,y)}{\partial(z,w)}$；

3）写出 (Z,W) 的联合概率密度 $f_{Z,W}(z,w) = f(x(z,w),y(z,w)) \mid J \mid$；

4）求出边缘密度。

方法 3　对于以下一些特殊函数可以直接用公式计算。

1）$Z = X + Y$，$f_Z(z) = \displaystyle\int_{-\infty}^{+\infty} f(x,z-x)\mathrm{d}x$ 或 $f_Z(z) = \displaystyle\int_{-\infty}^{+\infty} f(z-y,y)\mathrm{d}y$。

若 X、Y 独立,则

$$f_Z(z) = \int_{-\infty}^{+\infty} f_X(x)f_Y(z-x)\mathrm{d}x \text{ 或 } f_Z(z) = \int_{-\infty}^{+\infty} f_X(z-y)f_Y(y)\mathrm{d}y。$$

2）随机变量 X、Y 独立。计算 $M = \max\{X,Y\}$，$N = \min\{X,Y\}$ 的分布,一般用以下公式:
M 的分布函数 $F_M(z) = F_X(z)F_Y(z)$，N 的分布函数 $F_N(z) = 1 - [1 - F_X(z)][1 - F_Y(z)]$。

例　设随机变量 (X,Y) 的联合概率密度为 $f(x,y) = \begin{cases} \mathrm{e}^{-x-y}, & x > 0, y > 0 \\ 0, & \text{其他} \end{cases}$。

求 $Z = \dfrac{1}{2}(X + Y)$ 的概率密度。

解法 1　分布函数法。先求 Z 的分布函数:当 $z > 0$ 时,

$$\begin{aligned} F_Z(z) &= P\{Z \leqslant z\} = P\left\{\frac{1}{2}(X+Y) \leqslant z\right\} \\ &= \iint\limits_{x+y \leqslant 2z} f(x,y)\mathrm{d}x\mathrm{d}y \\ &= \int_0^{2z}\mathrm{d}x\int_0^{2z-x} \mathrm{e}^{-x-y}\mathrm{d}y = 1 - \mathrm{e}^{-2z} - 2z\mathrm{e}^{-2z}, \end{aligned}$$

当 $z < 0$ 时,$F_Z(z) = 0$。故 Z 的概率密度为

$$f_Z(z) = F_Z'(z) = \begin{cases} 0, & z \leqslant 0 \\ 4z\mathrm{e}^{-2z}, & z > 0 \end{cases}$$

解法 2　引入随机变量函数组。

令　　$\begin{cases} Z = \dfrac{1}{2}(X+Y) \\ W = \dfrac{1}{2}(X-Y) \end{cases} \Rightarrow \begin{cases} X = Z + W \\ Y = Z - W \end{cases}$

则 $J = \dfrac{\partial(x,y)}{\partial(z,w)} = \begin{vmatrix} 1 & 1 \\ 1 & -1 \end{vmatrix} = -2$

当 $x > 0$，$y > 0$ 时,$\begin{cases} x = z + w > 0 \\ y = z - w > 0 \end{cases} \Rightarrow \begin{cases} z > 0 \\ -z < w < z \end{cases}$

(Z,W) 的联合概率密度为

$$f_{Z,W}(z,w) = \mathrm{e}^{-(z+w)-(z-w)} \mid -2 \mid = 2\mathrm{e}^{-2z} \ (z > 0)$$

$$f_Z(z) = \int_{-\infty}^{+\infty} f_{Z,W}(z,w)\mathrm{d}w = \int_{-z}^{z} 2\mathrm{e}^{-2z}\mathrm{d}w = 4z\mathrm{e}^{-2z}, z > 0$$

所以 $f_Z(z) = \begin{cases} 0, & z \leqslant 0, \\ 4z\mathrm{e}^{-2z}, & z > 0. \end{cases}$

解法 3 令 $U = 2Z = X + Y$,用公式计算

当 $u > 0$ 时,$f_U(u) = \int_{-\infty}^{+\infty} f(x,u-x)\mathrm{d}x = \int_0^u \mathrm{e}^{-u}\mathrm{d}x = u\mathrm{e}^{-u}$,

当 $u \leqslant 0$ 时,$f_U(u) = 0$。

当 $z > 0$ 时,Z 的概率密度 $f_Z(z) = f_U(2z) \mid (2z)' \mid = 4z\mathrm{e}^{-2z}$,所以

$$f_Z(z) = \begin{cases} 0, & z \leqslant 0 \\ 4z\mathrm{e}^{-2z}, & z > 0 \end{cases}$$

问题 3.6 已知离散型随机变量 X 和连续型随机变量 Y 的分布,如何求 $Z = X + Y$ 的分布?

答 求和函数 Z 的分布函数 $F_Z(z)$,一般用分布函数的定义,根据离散型随机变量的分布律,用全概率公式计算。

例 设随机变量 X 与 Y 独立,其中 X 的分布律为

X	1	2
P	0.3	0.7

,而 Y 的概率密度为 $f_Y(y)$,求随机变量 $Z = X + Y$ 的概率密度 $f_Z(z)$。

解 设随机变量 Y 的分布函数为 $F_Y(y)$,则由全概率公式知 $Z = X + Y$ 的分布函数为

$$F_Z(z) = P\{Z \leqslant z\} = P\{X + Y \leqslant z\}$$
$$= P\{X = 1\}P\{X + Y \leqslant z \mid x = 1\} + P\{X = 2\}P\{X + Y \leqslant z \mid X = 2\}$$
$$= 0.3P\{Y \leqslant z - 1 \mid X = 1\} + 0.7P\{Y \leqslant z - 2 \mid X = 2\}$$

由 X 于 Y 与独立,则

$$F_Z(z) = 0.3P\{Y \leqslant z - 1\} + 0.7P\{Y \leqslant z - 2\}$$
$$= 0.3F_Y(z - 1) + 0.7F_Y(z - 2)$$

由此,可得 Z 的概率密度

$$F_Z(z) = 0.3F_Y'(z-1) + 0.7F_Y'(z-2) = 0.3f_Y(z-1) + 0.7f_Y(z-2)。$$

问题 3.7 二维随机变量的边缘分布与一维随机变量的分布有什么联系与区别。

答 从某种意义上讲,可以认为二维随机变量的每个边缘分布是一维随机变量的分布。如二维正态分布 $(X,Y) \sim N(u_1, \sigma_1^2; u_2^1, \sigma_2^2; \rho)$ 的边缘分布 $X \sim N(u_1, \sigma_1^2)$,$Y \sim N(u_2, \sigma_2^2)$,具备一维分布的性质。所以说,边缘分布与一维分布有联系。

但是从严格的意义上讲,二维随机变量的边缘分布是定义在 R^2 平面上的,而一维随机变量的分布是定义在实轴上的,两者的定义域不同。如 (X,Y) 的边缘分布 $F_X(x) = P\{X \leqslant x, Y \leqslant +\infty\}$ 表示随机点落在区域 $\{-\infty < X \leqslant x, -\infty < Y < +\infty\}$ 内的概率,而 $F(x) = P\{X \leqslant x\}$ 表示随机点 X 落在区间 $[-\infty, x]$ 上的概率,这两者是有区别的。

问题 3.8 事件 $\{X \leqslant a, Y \leqslant b\}$ 与 $\{X > a, Y > b\}$ 是否为对立事件,为什么?

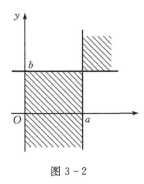

图 3 - 2

答　这两个事件不是对立事件。由图 3-2 可知，事件 $\{X \leqslant a, Y \leqslant b\}$ 发生，即随机点 (X, Y) 落在图中左下部阴影区域内；事件 $\{X > a, Y > b\}$ 发生，即随机点 (X, Y) 落在图中右上部阴影区域内，它们的和事件不能遮盖住全平面区域，所以不是对立事件。

3.3　典型例题解析

例 3.1　设二维随机变量 (X, Y) 的联合分布律为

X＼Y	1	2	3
−1	$\frac{1}{10}$	0	$\frac{4}{10}$
0	0	$\frac{3}{10}$	0
2	$\frac{2}{10}$	0	0

求：(1) $Z_1 = 2X - 3Y$ 的分布律；(2) $Z_2 = X + Y$ 的分布律。

解　先列表如下：

(X, Y)	$(-1, 1)$	$(-1, 2)$	$(-1, 3)$	$(0, 1)$	$(0, 2)$	$(0, 3)$	$(2, 1)$	$(2, 2)$	$(2, 3)$
$2X - 3Y$	−5	−8	−11	−3	−6	−9	1	−2	−5
$X + Y$	0	1	2	1	2	3	3	4	5
p_{ij}	$\frac{1}{10}$	0	$\frac{4}{10}$	0	$\frac{3}{10}$	0	$\frac{2}{10}$	0	0

根据上表，所求的分布律为
(1)

$2X - 3Y$	−11	−9	−8	−6	−5	−3	−2	1
P	$\frac{4}{10}$	0	0	$\frac{3}{10}$	$\frac{1}{10} + 0$	0	0	$\frac{2}{10}$

即

$2X-3Y$	-11	-6	-5	1
P	$\dfrac{4}{10}$	$\dfrac{3}{10}$	$\dfrac{1}{10}$	$\dfrac{2}{10}$

(2)

$X+Y$	0	1	2	3	4	5
P	$\dfrac{1}{10}$	$0+0$	$\dfrac{4}{10}+\dfrac{3}{10}$	$0+\dfrac{2}{10}$	0	0

即

$X+Y$	0	2	3
P	$\dfrac{1}{10}$	$\dfrac{7}{10}$	$\dfrac{2}{10}$

例 3.2　在整数 $0\sim 9$ 中先后按下列二种情况任取两数 X 和 Y：（1）第一个数 X 抽取后放回再抽第二个数 Y；（2）第一数 X 抽取后不放回再抽第二个数 Y。求在 $Y=k(0\leqslant k\leqslant 9)$ 的条件下 X 的分布律。

解　（1）

$$P\{X=i,Y=k\}=\frac{1}{10}\times\frac{1}{10}=\frac{1}{100},P\{Y=k\}=\frac{1}{10},$$

$$P\{X=i\mid Y=k\}=\frac{P\{X=i,Y=k\}}{P\{Y=k\}}=\frac{\dfrac{1}{100}}{\dfrac{1}{10}}=\frac{1}{10},\quad i=0,1,\cdots,9。$$

(2) 当 $i\neq k$ 时，$P\{X=i,Y=k\}=\dfrac{1}{10}\times\dfrac{1}{9}=\dfrac{1}{90}$。

　　当 $i=k$ 时，$P\{X=i,Y=k\}=0$，$P\{Y=k\}=\dfrac{1}{10}$。

从而有

$$P\{X=i\mid Y=k\}=\frac{P\{X=i,Y=k\}}{P\{Y=k\}}=\begin{cases}\dfrac{1}{9}, & i\neq k \\ 0, & i=k\end{cases},\quad i=0,1,\cdots,9。$$

例 3.3　设 (X,Y) 的联合概率密度为

$$f(x,y)=\begin{cases}3x, & 0\leqslant x<1,0\leqslant y<x \\ 0, & \text{其他}\end{cases}$$

求 $P\left\{Y\leqslant\dfrac{1}{8}\mid X=\dfrac{1}{4}\right\}$

解　　$$f_X(x)=\int_{-\infty}^{+\infty}f(x,y)\mathrm{d}y=\int_0^x 3x\mathrm{d}y=3x^2,\quad 0\leqslant x<1$$

即

$$f_X(x) = \begin{cases} 3x^2, & 0 \leqslant x < 1 \\ 0, & \text{其他} \end{cases}$$

从而当 $0 < x < 1$ 时，在 $X = x$ 的条件下，Y 的条件概率密度为

$$f_{Y|X}(y \mid x) = \frac{f(x,y)}{f_X(x)} = \begin{cases} \dfrac{1}{x}, & 0 \leqslant y < x \\ 0, & \text{其他} \end{cases}$$

于是

$$f_{Y|X}\left(y \mid x = \frac{1}{4}\right) = \begin{cases} 4, & 0 \leqslant y < \dfrac{1}{4} \\ 0, & \text{其他} \end{cases}$$

因此所求概率为

$$P\left\{Y \leqslant \frac{1}{8} \mid X = \frac{1}{4}\right\} = \int_{-\infty}^{\frac{1}{8}} f_{Y|X}\left(y \mid x = \frac{1}{4}\right) \mathrm{d}y = \int_0^{\frac{1}{8}} 4\mathrm{d}y = \frac{1}{2}。$$

例 3.4　设随机变量 X 与 Y 独立，其中 X 的分布律为

X	1	2
P	0.3	0.7

而随机变量 Y 服从参数为 λ 的指数分布，求随机变量 $Z = X + Y$ 的概率密度。

解　随机变量 Y 的概率密度为

$$f(y) = \begin{cases} \lambda \mathrm{e}^{-\lambda y}, & y > 0 \\ 0, & y \leqslant 0 \end{cases}$$

由全概率公式知，$Z = X + Y$ 的分布函数为

$$\begin{aligned}
F_Z(z) &= P\{X + Y \leqslant z\} \\
&= P\{X + Y \leqslant z, X = 1\} + P\{X + Y \leqslant z, X = 2\} \\
&= P\{X = 1\}P\{X + Y \leqslant z \mid X = 1\} + P\{X = 2\}P\{X + Y \leqslant z \mid X = 2\} \\
&= 0.3P\{Y \leqslant z - 1\} + 0.7P\{Y \leqslant z - 2\} \\
&= \begin{cases} 0, & z \leqslant 1 \\ 0.3\displaystyle\int_0^{z-1} \lambda \mathrm{e}^{-\lambda y}\mathrm{d}y + 0.7\int_0^{z-1} \lambda \mathrm{e}^{-\lambda y}\mathrm{d}y, & 1 < z \leqslant 2 \\ 0.3\displaystyle\int_0^{z-1} \lambda \mathrm{e}^{-\lambda y}\mathrm{d}y + 0.7\int_0^{z-2} \lambda \mathrm{e}^{-\lambda y}\mathrm{d}y, & z > 2 \end{cases} \\
&= \begin{cases} 0, & z \leqslant 1 \\ 1 - \mathrm{e}^{-\lambda(z-1)}, & 1 < z \leqslant 2 \\ 0.3(1 - \mathrm{e}^{-\lambda(z-1)}) + 0.7(1 - \mathrm{e}^{-\lambda(z-2)}), & z > 2 \end{cases}
\end{aligned}$$

于是 Z 的概率密度为

$$f_Z(z) = F_Z'(z) = \begin{cases} 0, & z \leqslant 1 \\ \lambda \mathrm{e}^{-\lambda(z-1)}, & 1 < z \leqslant 2 \\ 0.3\lambda \mathrm{e}^{-\lambda(z-1)} + 0.7\lambda \mathrm{e}^{-\lambda(z-2)} & z > 2 \end{cases}$$

例 3.5　X 表示随机在 $1 \sim 4$ 的 4 个整数中取出的一个整数，Y 表示在 $1 \sim X$ 中随机取出

的一个整数值,求(X,Y)的联合分布律。

解 X,Y的取值均为 1、2、3、4。则

$$P\{X=1,Y=1\} = P\{X=1\}P\{Y=1 \mid X=1\} = \frac{1}{4} \times 1 = \frac{1}{4}$$

$$P\{X=2,Y=1\} = P\{X=2\}P\{Y=1 \mid X=2\} = \frac{1}{4} \times \frac{1}{2} = \frac{1}{8}$$

$$P\{X=3,Y=1\} = P\{X=3\}P\{Y=1 \mid X=3\} = \frac{1}{4} \times \frac{1}{3} = \frac{1}{12}$$

依次方法,可求出其余的值。于是(X,Y)的联合分布律为

X＼Y	1	2	3	4
1	$\frac{1}{4}$	0	0	0
2	$\frac{1}{8}$	$\frac{1}{8}$	0	0
3	$\frac{1}{12}$	$\frac{1}{12}$	$\frac{1}{12}$	0
4	$\frac{1}{16}$	$\frac{1}{16}$	$\frac{1}{16}$	$\frac{1}{16}$

例 3.6 已知X服从参数为$p=0.6$的$0-1$分布。在$X=0$及$X=1$下,关于Y的条件分布分别为

Y	1	2	3
$P\{Y \mid X=0\}$	$\frac{1}{4}$	$\frac{1}{2}$	$\frac{1}{4}$

与

Y	1	2	3
$P\{Y \mid X=1\}$	$\frac{1}{2}$	$\frac{1}{6}$	$\frac{1}{3}$

求二维随机变量(X,Y)的联合分布律,以及在$Y \neq 1$时关于X的条件分布。

解 依题意,X的分布律为

X	0	1
P	0.4	0.6

且

$$P\{X=0,Y=1\} = P\{X=0\}P\{Y=1 \mid X=0\} = 0.4 \times \frac{1}{4} = \frac{1}{10}$$

$$P\{X=0,Y=2\} = P\{X=0\}P\{Y=2 \mid X=0\} = 0.4 \times \frac{1}{2} = \frac{1}{5}$$

用同样的方法可以求出其余的概率,因此(X,Y)的联合分布律为

X \ Y	1	2	3
0	$\dfrac{1}{10}$	$\dfrac{1}{5}$	$\dfrac{1}{10}$
1	$\dfrac{3}{10}$	$\dfrac{1}{10}$	$\dfrac{1}{5}$

又

$$P\{Y \neq 1\} = 1 - P\{Y = 1\} = 1 - \left(\frac{1}{10} + \frac{3}{10}\right) = \frac{3}{5}$$

所以

$$P\{X = 0 \mid Y \neq 1\} = \frac{P\{X = 0, Y \neq 1\}}{P\{Y \neq 1\}} = \frac{P\{X = 0, Y = 2\} + P\{X = 0, Y = 3\}}{P\{Y \neq 1\}}$$

$$= \frac{\frac{1}{5} + \frac{1}{10}}{\frac{3}{5}} = \frac{1}{2}$$

$$P\{X = 1 \mid Y \neq 1\} = \frac{P\{X = 1, Y \neq 1\}}{P\{Y \neq 1\}} = \frac{P\{X = 1, Y = 2\} + P\{X = 1, Y = 3\}}{P\{Y \neq 1\}}$$

$$= \frac{\frac{1}{5} + \frac{1}{10}}{\frac{3}{5}} = \frac{1}{2}$$

或 $P\{X = 1 \mid Y \neq 1\} = 1 - P\{X = 0 \mid Y \neq 1\} = 1 - \frac{1}{2} = \frac{1}{2}$

故 $Y \neq 1$ 时关于 X 的条件分布为

X	0	1
$P_{i \mid j}$	$\dfrac{1}{2}$	$\dfrac{1}{2}$

例 3.7　设某班车起点站上车人数 X 服从参数为 $\lambda(\lambda > 0)$ 的泊松分布。每位乘客在中途下车的概率为 $p(0 < p < 1)$，且中途下车与否相互独立，以 Y 表示在中途下车的人数，求：

(1) 在发车时有 n 个乘客的条件下，中途有 m 人下车的概率；

(2) 二维随机变量 (X, Y) 的联合分布律。

解　(1) 在发车时有 n 个乘客的条件下，中途有 m 个人下车的概率是一个条件概率。由题意可知，此时 Y 服从二项分布，即所求的概率为

$$P\{Y = m \mid X = n\} = C_n^m p^m (1-p)^{n-m}, \quad 0 \leqslant m \leqslant n, n = 0, 1, 2, \cdots$$

(2) 由于上车人数服从泊松分布，即

$$P\{X = n\} = \frac{\lambda^n \mathrm{e}^{-\lambda}}{n!}$$

于是有

$$P\{X = n, Y = m\} = P\{X = n\}P\{Y = m \mid X = n\} = \frac{\lambda^n e^{-\lambda}}{n!} \cdot C_n^m p^m (1-p)^{n-m}$$

$$= C_n^m p^m (1-p)^{n-m} \cdot \frac{\lambda^n e^{-\lambda}}{n!}, \quad 0 \leqslant m \leqslant n, n = 0, 1, 2, \cdots$$

例 3.8　设随机变量 X 以概率 1 取值 0，而 Y 是任意的随机变量，证明 X 与 Y 相互独立。

证　记 X 的分布函数为

$$F_1(x) = \begin{cases} 0, & x < 0 \\ 1, & x \geqslant 0 \end{cases}$$

设 Y 的分布函数为 $F_2(y)$。(X, Y) 的联合分布函数为 $F(x, y)$，

则当 $x < 0$ 时，对任意的 y 有

$$F(x, y) = P\{X \leqslant x, Y \leqslant y\} = P\{\Phi \bigcap \{Y \leqslant y\}\} = P(\varnothing) = 0$$
$$= F_1(x)F_2(y)$$

当 $x \geqslant 0$ 时，对任意 y 有

$$F(x, y) = P\{X \leqslant x, Y \leqslant y\} = P\{Y \leqslant y\} = F_2(y) = F_1(x)F_2(y)$$

因此，对任意的 x, y 均有

$$F(x, y) = F_1(x)F_2(y)$$

即 X 与 Y 相互独立。

例 3.9　设二维随机变量 (X, Y) 的联合概率密度为

$$f(x, y) = \begin{cases} 3x, & 0 < x < 1, 0 < y < x \\ 0, & \text{其他} \end{cases}$$

求 $Z = X - Y$ 的概率密度。

解　先求 Z 的分布函数

$$F_Z(z) = P\{Z \leqslant z\} = P\{X - Y \leqslant z\} = \iint\limits_{x-y \leqslant z} f(x, y)\mathrm{d}x\mathrm{d}y$$

当 $z < 0$ 时，积分区域 $D = \{(x, y) \mid x - y \leqslant z\}$ 与 $f(x, y)$ 的非零值部分的交集为空集，从而 $F_Z(z) = 0$

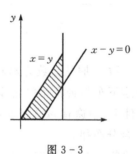

图 3-3

当 $0 \leqslant z < 1$ 时，积分区域 $D = \{(x, y) \mid x - y \leqslant z\}$ 与 $f(x, y)$ 的非零值部分的交集如图 3-3 所示的阴影部分，于是

$$F_Z(z) = \int_0^z \mathrm{d}x \int_0^x 3x\mathrm{d}y + \int_z^1 \mathrm{d}x \int_{x-z}^x 3x\mathrm{d}y$$

$$= \int_0^z 3x^2 \mathrm{d}x + \int_{x_1}^1 3xz\mathrm{d}x = \frac{3}{2}z - \frac{1}{2}z^3$$

当 $z \geqslant 1$ 时,积分区域 D 与 $f(x,y)$ 的非零值部分就是 $f(x,y)$ 的非零值部分,于是

$$F_Z(z) = \int_0^1 \mathrm{d}x \int_0^x 3x \mathrm{d}y = 1$$

从而有

$$F_Z(z) = \begin{cases} 0, & z < 0 \\ \dfrac{3}{2}z - \dfrac{1}{2}z^3, & 0 \leqslant z < 1 \\ 1, & z \geqslant 1 \end{cases}$$

故 Z 的概率密度函数为

$$f_Z(z) = F'_Z(z) = \begin{cases} \dfrac{3}{2}(1 - z^2), & 0 \leqslant z < 1 \\ 0, & \text{其他} \end{cases}$$

例 3.10　设 X 与 Y 相互独立,它们都服从参数为 λ 的指数分布,求 $Z = \dfrac{X}{Y}$ 的概率密度。

解　$f_Z(z) = \displaystyle\int_{-\infty}^{+\infty} |y| f_X(yz) f_Y(y) \mathrm{d}y = \int_0^{+\infty} |y| f_X(yz) \lambda \mathrm{e}^{-\lambda y} \mathrm{d}y$

$$= \begin{cases} 0, & z \leqslant 0 \\ \displaystyle\int_0^+ \lambda^2 y \mathrm{e}^{-\lambda yz} \cdot \mathrm{e}^{-\lambda y} \mathrm{d}y, & z > 0 \end{cases}$$

$$= \begin{cases} 0, & z \leqslant 0 \\ \lambda^2 \displaystyle\int_0^{+\infty} y \mathrm{e}^{-\lambda y(1+z)} \mathrm{d}y, & z > 0 \end{cases}$$

$$= \begin{cases} 0, & z \leqslant 0 \\ \dfrac{1}{(1+z)^2}, & z > 0 \end{cases}$$

例 3.11　设 X 与 Y 相互独立,它们都服从标准正态分布 $N(0,1)$。求 $Z = X^2 + Y^2$ 的密度函数。

解　当 $z > 0$ 时,

$$F_Z(z) = P\{Z \leqslant z\} = P\{X^2 + Y^2 \leqslant z\} = \iint\limits_{x^2+y^2 \leqslant z} \frac{1}{\sqrt{2\pi}} \mathrm{e}^{-\frac{x^2}{2}} \frac{1}{\sqrt{2\pi}} \mathrm{e}^{-\frac{y^2}{2}} \mathrm{d}x\mathrm{d}y$$

$$= \int_0^{2\pi} \mathrm{d}\theta \int_0^{\sqrt{z}} \frac{1}{2\pi} \mathrm{e}^{-\frac{r^2}{2}} r \mathrm{d}r = 1 - \mathrm{e}^{-\frac{z}{2}}$$

当 $z \leqslant 0$ 时,$F_Z(z) = P\{Z \leqslant z\} = P\{X^2 + Y^2 \leqslant z\} = 0$。于是

$$F_Z(z) = \begin{cases} 1 - \mathrm{e}^{-\frac{z}{2}}, & z > 0 \\ 0, & z \leqslant 0 \end{cases}$$

从而 Z 的概率密度为

$$f_Z(z) = F'_Z(z) = \begin{cases} \dfrac{1}{2} \mathrm{e}^{-\frac{z}{2}}, & z > 0 \\ 0, & z \leqslant 0 \end{cases}$$

例 3.12　在区间 $[0,1]$ 上随机地投掷两点,试求这两点间距离的概率密度。

解　设 X 与 Y 分别表示这两投点坐标,两点间的距离设为 Z,则 $Z = |X - Y|$。由题意,

X 与 Y 相互独立,且均服从 $[0,1]$ 区间上的均匀分布。于是 (X,Y) 的联合概率密度为

$$f(x,y) = \begin{cases} 1, & 0 \leqslant x \leqslant 1, 0 \leqslant y \leqslant 1 \\ 0, & \text{其他} \end{cases}$$

$$F_Z(z) = P\{Z \leqslant z\} = P\{|X-Y| \leqslant z\} = \iint\limits_{|x-y| \leqslant z} f(x,y) \mathrm{d}x \mathrm{d}y$$

显然 当 $z < 0$ 时,$F_Z(z) = 0$;

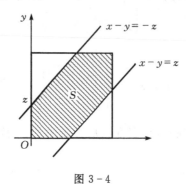

图 3-4

当 $0 \leqslant z < 1$ 时,积分区域 $D = \{(x,y) \mid |x-y| \leqslant z\}$ 与正方形区域 $\{(x,y) \mid 0 \leqslant x \leqslant 1, 0 \leqslant y \leqslant 1\}$ 的公共部分 S 如图 3-4 的阴影部分,则

$$F_Z(z) = \iint\limits_{S} \mathrm{d}x \mathrm{d}y = 1 - (1-z)^2 = 2z - z^2$$

当 $z \geqslant 1$ 时积分区域 D 包含整个正方形区域 $\{(x,y) \mid 0 \leqslant x \leqslant 1, 0 \leqslant y \leqslant 1\}$,则

$$F_Z(z) = \int_0^1 \int_0^1 \mathrm{d}x \mathrm{d}y = 1$$

从而有

$$F_Z(z) = \begin{cases} 0, & z < 0 \\ 2z - z^2, & 0 \leqslant z < 1 \\ 1, & z \geqslant 1 \end{cases}$$

故 $Z = |X-Y|$ 的概率密度为

$$f_Z(z) = F'_Z(z) = \begin{cases} 2(1-z), & 0 \leqslant z < 1 \\ 0, & \text{其他} \end{cases}$$

例 3.13 设二维随机变量 (X,Y) 的联合概率密度为

$$f(x,y) = \begin{cases} \dfrac{1}{2}\sin(x+y), & 0 \leqslant x \leqslant \dfrac{\pi}{2}, \quad 0 \leqslant y \leqslant \dfrac{\pi}{2} \\ 0, & \text{其他} \end{cases}$$

求 (X,Y) 的联合分布函数

解 由于联合概率密度 $f(x,y)$ 是分块定义的,因此求联合分布函数时应按 (x,y) 所在的不同区域分别进行计算。本题可分成五个区域:$x < 0$ 或 $y < 0$;$0 \leqslant x \leqslant \dfrac{\pi}{2}, 0 \leqslant y \leqslant \dfrac{\pi}{2}$;$0 \leqslant x \leqslant \dfrac{\pi}{2}, y > \dfrac{\pi}{2}$;$x > \dfrac{\pi}{2}, 0 \leqslant y \leqslant \dfrac{\pi}{2}$;$x > \dfrac{\pi}{2}, y > \dfrac{\pi}{2}$。

当 $x < 0$ 或 $y < 0$ 时,由于 $f(x,y) = 0$,因此 $F(x,y) = 0$。

当 $0 \leqslant x \leqslant \dfrac{\pi}{2}, 0 \leqslant y \leqslant \dfrac{\pi}{2}$ 时,

$$F(x,y) = \int_{-\infty}^{x}\int_{-\infty}^{y} f(x,y)\mathrm{d}x\mathrm{d}y = \frac{1}{2}\int_{0}^{x}\int_{0}^{y} \sin(x+y)\mathrm{d}x\mathrm{d}y$$

$$= \frac{1}{2}\int_{0}^{x}(\cos x - \cos(x+y))\mathrm{d}x = \frac{1}{2}(\sin x + \sin y - \sin(x+y))$$

当 $0 \leqslant x \leqslant \dfrac{\pi}{2}, y > \dfrac{\pi}{2}$ 时,

$$F(x,y) = \int_{-\infty}^{x}\int_{-\infty}^{y} f(x,y)\mathrm{d}x\mathrm{d}y = \frac{1}{2}\int_{0}^{x}\mathrm{d}x\int_{0}^{\frac{\pi}{2}} \sin(x+y)\mathrm{d}y$$

$$= \frac{1}{2}\int_{0}^{x}\left(\cos x - \cos\left(x+\frac{\pi}{2}\right)\right)\mathrm{d}x = \frac{1}{2}(1 + \sin x - \cos x)$$

当 $x > \dfrac{\pi}{2}, 0 \leqslant y \leqslant \dfrac{\pi}{2}$ 时,

$$F(x,y) = \int_{-\infty}^{x}\int_{-\infty}^{y} f(x,y)\mathrm{d}x\mathrm{d}y = \frac{1}{2}\int_{0}^{\frac{\pi}{2}}\mathrm{d}x\int_{0}^{y} \sin(x+y)\mathrm{d}y$$

$$= \frac{1}{2}\int_{0}^{\frac{\pi}{2}}(\cos x - \cos(x+y))\mathrm{d}x = \frac{1}{2}(1 + \sin y - \cos y)$$

当 $x > \dfrac{\pi}{2}, y > \dfrac{\pi}{2}$ 时,

$$F(x,y) = \int_{-\infty}^{x}\int_{-\infty}^{y} f(x,y)\mathrm{d}x\mathrm{d}y = \frac{1}{2}\int_{0}^{\frac{\pi}{2}}\mathrm{d}x\int_{0}^{\frac{\pi}{2}} \sin(x+y)\mathrm{d}y = 1$$

综上所述,(X,Y) 的联合分布函数为

$$F(x,y) = \begin{cases} 0, & x < 0 \text{ 或 } y < 0 \\[2mm] \dfrac{1}{2}\big[\sin x + \sin y - \sin(x+y)\big], & 0 \leqslant x \leqslant \dfrac{\pi}{2}, 0 \leqslant y \leqslant \dfrac{\pi}{2} \\[2mm] \dfrac{1}{2}(1 + \sin x - \cos x), & 0 \leqslant x \leqslant \dfrac{\pi}{2}, y > \dfrac{\pi}{2} \\[2mm] \dfrac{1}{2}(1 + \sin y - \cos y), & x > \dfrac{\pi}{2}, 0 \leqslant y \leqslant \dfrac{\pi}{2} \\[2mm] 1, & x > \dfrac{\pi}{2}, y > \dfrac{\pi}{2} \end{cases}$$

例 3.14　设连续型二维随机变量 (X,Y) 的联合概率密度为

$$f(x,y) = \begin{cases} 3x, & 0 < x < 1, 0 < y < 1 \\ 0, & \text{其他} \end{cases} \quad \text{求 } Z = X + Y \text{ 的概率}$$

解　$Z = X + Y$ 的概率密度为

$$f_Z(z) = \int_{-\infty}^{+\infty} f(x, z-x)\mathrm{d}x$$

由于 $0 < x < 1, 0 < y < 1$ 时,联合概率密度非零,因此当 $0 < z - x < x, 0 < x < 1$ 时 $f(x, z-x) > 0$,故有 $\dfrac{1}{2}z < x < z, 0 < x < 1$。

当 $z \leqslant 0$ 时,$f_Z(z) = 0$;

当 $0 < z < 1$ 时,$f_Z(z) = \displaystyle\int_{\frac{z}{2}}^{z} 3x\mathrm{d}x = \frac{3}{2}\left(z^2 - \frac{1}{4}z^2\right) = \frac{9}{8}z^2$;

当 $1 < z < 2$ 时,$f_Z(z) = \int_{\frac{1}{2}z}^{1} 3x\mathrm{d}x = \frac{3}{8}(4 - z^2)$;

当 $z \geqslant 2$ 时,$f_Z(z) = 0$。

故 $Z = X + Y$ 的概率密度为

$$f_Z(z) = \begin{cases} \dfrac{9}{8}z^2, & 0 < z < 1 \\[2mm] \dfrac{3}{8}(4 - z^2), & 1 \leqslant z < 2 \\[2mm] 0, & \text{其他} \end{cases}$$

例 3.15　设 X 和 Y 是两个相互独立的随机变量,X 在 $(0,1)$ 上服从均匀分布,Y 服从参数为 $\frac{1}{2}$ 的指数分布。设含 a 的二次方程为 $a^2 + 2Xa + Y = 0$。试求 a 有实根的概率。

解　要使 a 有实根,则方程 $a^2 + 2Xa + Y = 0$ 的判别式 $\Delta = 4X^2 - 4Y \geqslant 0$,即有 $X^2 - Y \geqslant 0$。故方程有实根的概率为 $P\{X^2 - Y \geqslant 0\}$。而 X 与 Y 相互独立,从而 (X,Y) 的联合概率密度为

$$f(x,y) = \begin{cases} \dfrac{1}{2}\mathrm{e}^{-\frac{y}{2}}, & 0 < x < 1, y > 0 \\[2mm] 0, & \text{其他} \end{cases}$$

从而所求概率为

$$\begin{aligned} P\{X^2 - Y \geqslant 0\} &= \iint\limits_{x^2 - y \geqslant 0} f(x,y)\mathrm{d}x\mathrm{d}y = \int_0^1 \mathrm{d}x \int_0^{x^2} \frac{1}{2}\mathrm{e}^{-\frac{y}{2}}\mathrm{d}y \\ &= \int_0^1 (1 - \mathrm{e}^{-\frac{x^2}{2}})\mathrm{d}x = 1 - \int_0^1 \mathrm{e}^{-\frac{x^2}{2}}\mathrm{d}x \\ &= 1 - \sqrt{2\pi}\left[\int_0^1 \frac{1}{\sqrt{2\pi}}\mathrm{e}^{-\frac{x^2}{2}}\mathrm{d}x\right] \\ &= 1 - \sqrt{2\pi}[\Phi(1) - \Phi(0)] \\ &= 0.1445 \end{aligned}$$

例 3.16　对于二维随机变量 (X,Y),已知其边缘分布密度

$$f_Y(y) = \begin{cases} 5y^4, & 0 < y < 1 \\ 0, & \text{其他} \end{cases}$$

及当 $0 < y < 1$ 时,X 的条件密度为

$$f_{X|Y}(x \mid y) = \begin{cases} \dfrac{3x^2}{y^2}, & 0 < x < y \\[2mm] 0, & \text{其他} \end{cases}$$

求边缘概率密度 $f_X(x)$ 及条件概率密度 $f_{X|Y}(x \mid y)$。

解　需首先求出联合密度 $f(x,y)$,因 $f_{X|Y}(x \mid y) = \dfrac{f(x,y)}{f_Y(y)}$,故

$$f(x,y) = f_{X|Y}(x \mid y)f_Y(y) = \begin{cases} \dfrac{3x^2}{y^3} \cdot 5y^4 = 15x^2 y, & 0 < x < y, 0 < y < 1 \\[2mm] 0, & \text{其他} \end{cases}$$

从而 X 的边缘概率密度为

$$f_X(x) = \int_{-\infty}^{+\infty} f(x,y)\mathrm{d}y = \begin{cases} \displaystyle\int_x^1 15x^2 y\mathrm{d}y, & 0 < x < 1 \\ 0, & \text{其他} \end{cases}$$

$$= \begin{cases} \dfrac{15x^2}{2}(1-x^2), & 0 < x < 1 \\ 0, & \text{其他} \end{cases}$$

当时 $0 < x < 1$, 在 $X = x$ 的条件下, Y 的条件密度为

$$f_{Y|X}(y \mid x) = \frac{f(x,y)}{f_X(x)} = \begin{cases} \dfrac{15x^2 y}{(15/2)x^2(1-x^2)} = \dfrac{2y}{1-x^2}, & x < y < 1 \\ 0, & \text{其他} \end{cases}$$

例 3.17　设随机变量 $X_1, X_2, \cdots, X_5$ 相互独立且同分布, 其概率密度为

$$f(x) = \frac{1}{\pi(1+x^2)}, \quad -\infty < x < +\infty$$

试求: $(1)M = \max(X_1, X_2, \cdots, X_5)$ 及 $N = \min(X_1, X_2, \cdots, X_5)$ 的概率密度。

(2) $P\{1 < M \leqslant 4\}$ 及 $P\{N > 2\}$。

解　(1) M 的分布函数为

$$\begin{aligned} F_M(x) &= P\{\max(X_1, X_2, \cdots, X_5) \leqslant x\} = P\{X_1 \leqslant x, X_2 \leqslant x, \cdots, X_5 \leqslant x\} \\ &= (P\{X_1 \leqslant x\})^5 = \left(\int_{-\infty}^x \frac{1}{\pi(1+t^2)}\mathrm{d}t\right)^5 \\ &= \left(\frac{1}{\pi}\arctan t \Big|_{-\infty}^x\right)^5 = \left(\frac{1}{2} + \frac{1}{\pi}\arctan x\right)^5 \end{aligned}$$

故 M 的概率密度为

$$\begin{aligned} f_M(z) &= 5\left(\frac{1}{2} + \frac{1}{\pi}\arctan x\right)^4 \cdot \frac{1}{\pi(1+x^2)} \\ &= \frac{5}{\pi(1+x^2)}\left(\frac{1}{2} + \frac{1}{\pi}\arctan x\right)^4, \quad -\infty < x < +\infty。 \end{aligned}$$

N 的分布函数为

$$\begin{aligned} F_N(x) &= P\{\min(X_1, X_2, \cdots, X_5) \leqslant x\} = 1 - P\{\min(X_1, X_2, \cdots, X_5) > x\} \\ &= 1 - P\{X_1 > x, X_2 > x, \cdots, X_5 > x\} \\ &= 1 - (P\{X_1 > x\})^5 \\ &= 1 - \left(\int_x^{+\infty} \frac{1}{\pi(1+t^2)}\mathrm{d}t\right)^5 = 1 - \left(\frac{1}{2} - \frac{1}{\pi}\arctan x\right)^5 \end{aligned}$$

故 N 的概率密度为

$$\begin{aligned} f_N(z) &= 5\left(\frac{1}{2} - \frac{1}{\pi}\arctan x\right)^4 \cdot \frac{1}{\pi(1+x^2)} \\ &= \frac{5}{\pi(1+x^2)}\left(\frac{1}{2} - \frac{1}{\pi}\arctan x\right)^4 \end{aligned}$$

(2)　$P\{1 < M \leqslant 4\} = F_M(4) - F_M(1) = \left(\dfrac{1}{2} + \dfrac{1}{\pi}\arctan 4\right)^5 - \left(\dfrac{1}{2} + \dfrac{1}{\pi}\arctan 1\right)^5$

$$= \left(\frac{1}{2} + \frac{1}{\pi}\arctan 4\right)^5 - \left(\frac{3}{4}\right)^5。$$

$$P\{N > 2\} = 1 - P\{N \leqslant 2\} = 1 - F_N(2)$$

$$= 1 - \left[1 - \left(\frac{1}{2} - \frac{1}{\pi}\arctan 2 \right)^5 \right]$$

$$= \left(\frac{1}{2} - \frac{1}{\pi}\arctan 2 \right)^5$$

例 3.18　设随机变量 X 在 $[0,1]$ 上服从均匀分布，试求方程组

$$\begin{cases} Z + Y = 2X + 1 \\ Z - Y = X \end{cases}$$

的解 Y, Z 各自落在 $[0,1]$ 内的概率。

解　由上述方程组得 Y、Z 的解为

$$\begin{cases} Y = \frac{1}{2}(X+1) \\ Z = \frac{1}{2}(3X+1) \end{cases}$$

由于 X 在 $[0,1]$ 上服从均匀分布，故所求概率分别为

$$P\{0 < Y < 1\} = P\{0 < \frac{1}{2}(X+1) < 1\} = P\{-1 < X < 1\} = \int_0^1 1\mathrm{d}x = 1$$

$$P\{0 < Z < 1\} = P\left\{0 < \frac{1}{2}(3X+1) < 1\right\} = P\left\{-\frac{1}{3} < X < \frac{1}{3}\right\} = \int_0^{\frac{1}{3}} 1\mathrm{d}x = \frac{1}{3}$$

3.4　应用题

例 3.19　设 X 和 Y 分别表示两个不同电子元件的寿命。并设 X 与 Y 相互独立，且服从同一分布，其概率密度为

$$f(x) = \begin{cases} \dfrac{1000}{x^2}, & x > 1000 \\ 0, & x \leqslant 1000 \end{cases}$$

试求 $Z = \dfrac{X}{Y}$ 的概率密度。

解　$$f_Z(z) = \int_{-\infty}^{+\infty} |y| f_X(yz) f_Y(y)\mathrm{d}y = \int_{1000}^{+\infty} y f_X(yz) \cdot \frac{1000}{y^2}\mathrm{d}y$$

$$= \begin{cases} 0, & z \leqslant 0 \\ \displaystyle\int_{1000z}^{+\infty} \frac{1000}{\dfrac{t}{z}} f_X(t) \cdot \frac{\mathrm{d}t}{z}, & z > 0 \end{cases}$$

$$= \begin{cases} 0, & z \leqslant 0 \\ \displaystyle\int_{1000z}^{+\infty} \frac{1000}{t} f_X(t)\mathrm{d}t, & z > 0 \end{cases}$$

$$= \begin{cases} 0, & z \leqslant 0 \\ \displaystyle\int_{1000}^{+\infty} \frac{1000}{t} \cdot \frac{1000}{t^2}\mathrm{d}t, & 0 < t \leqslant 1 \\ \displaystyle\int_{1000t}^{+\infty} \frac{1000}{t} \cdot \frac{1000}{t^2}\mathrm{d}t, & t > 1 \end{cases}$$

$$= \begin{cases} 0, & t \leqslant 0 \\ \dfrac{1}{2}, & 0 < t \leqslant 1 \\ \dfrac{1}{2z^2}, & t > 1 \end{cases}$$

例 3.20 假设一电路装有 3 个同种电子元件,其工作状态相互独立,且无故障工作时间都服从参数为 $\lambda > 0$ 的指数分布,当 3 个元件都无故障时,电路正常工作,否则整个电路不能正常工作。试求电路正常工作的时间 T 的概率分布。

解 以 X_i 表示第 i 个元件无故障的时间,$i = 1, 2, 3, \cdots$,则 $T = \min(X_1, X_2, X_3)$,且 X_i 的概率密度为

$$f(x) = \begin{cases} \lambda e^{-\lambda x}, & x > 0 \\ 0, & x \leqslant 0 \end{cases}$$

下面求 T 的分布函数 $F_T(t)$。当 $t \leqslant 0$ 时,显然 $F_T(t) = 0$;

当 $t > 0$ 时

$$\begin{aligned} F_T(t) &= P\{T \leqslant t\} = 1 - P\{T > t\} = 1 - P\{X_1 > t, X_2 > t, X_3 > t\} \\ &= 1 - [P\{X_1 > t\}]^3 \\ &= 1 - \left[\int_x^{+\infty} \lambda e^{-\lambda x} dx \right]^3 = 1 - e^{-3\lambda x} \end{aligned}$$

故,T 的概率密度为

$$F_T(t) = \begin{cases} 3\lambda e^{-3\lambda x}, & x > 0 \\ 0, & x \leqslant 0 \end{cases}$$

即 T 服从参数为 3λ 的指数分布。

例 3.21 假设一设备开机后无故障工作的时间 X 服从指数分布,平均无故障工作的时间为 5 小时,设备定时开机,出现故障时自动关机,而在无故障的情况下工作 2 小时便关机。试求该设备每次开机无故障工作的时间 Y 的分布函数 $F(y)$。

解 由于 X 服从指数分布,且 $EX = 5$,故 X 服从参数为 $\dfrac{1}{5}$ 的指数分布,即 X 的概率密度为

$$f_X(x) = \begin{cases} \dfrac{1}{5} e^{-\frac{x}{5}}, & x > 0 \\ 0, & x \leqslant 0 \end{cases}$$

由题意,$Y = \min\{X, 2\}$。

对于 $y < 0$,$F_Y(y) = 0$,对于 $y \geqslant 2$,$F_Y(y) = 1$。

设 $0 \leqslant y \leqslant 2$,有

$$\begin{aligned} F_Y(y) &= P\{Y \leqslant y\} = P\{\min\{X, 2\} \leqslant y\} \\ &= P\{X \leqslant y\} = \int_0^y \dfrac{1}{5} e^{-\frac{x}{5}} dx = 1 - e^{-\frac{y}{5}} \end{aligned}$$

于是,Y 的分布函数为

$$F_Y(y) = \begin{cases} 0, & y < 0 \\ 1 - e^{-\frac{y}{5}}, & 0 \leqslant y < 2 \\ 1, & y \geqslant 2 \end{cases}$$

例 3.22   某银行有两个窗口对顾客服务。现有甲乙丙三人同时进入该银行,甲乙首先开始办理业务,当其中一人办理完业务后立即开始给第三人丙办理业务。假设各人办理业务所需的时间是相互独立且都服从参数为 λ 的指数分布。

(1) 求第三个人丙在银行等待服务时间 T 的概率密度;

(2) 求第三个人丙在银行渡过服务时间 W 的概率密度。

解   假设第 i 个人办理业务所需时间为 $X_i, i = 1, 2, 3$,则 X_i 独立同分布且概率密度为

$$f(x) = \begin{cases} \lambda e^{-\lambda x}, & x > 0 \\ 0, & x \leqslant 0 \end{cases}$$

依题意,第三个人丙在银行等待服务时间 $T = \min\{X_1, X_2\}$,渡过服务时间 $W =$ 等待时间 ＋ 服务时间,即 $W = T + X_3 = \min\{X_1, X_2\} + X_3$。

(1) 由于 $T = \min\{X_1, X_2\}$,其中 X_1 与 X_2 独立,所以 T 的分布函数为

$$F_T(t) = P\{\min(X_1, X_2) \leqslant t\} = 1 - P\{\min(X_1, X_2) > t\}$$

$$= 1 - P\{X_1 > t, X_2 > t\} = 1 - (P\{X_1 > t\})^2$$

$$= \begin{cases} 1 - \left(\int_t^{+\infty} \lambda e^{-\lambda y} dy \right)^2, & t > 0 \\ 0, & t \leqslant 0 \end{cases}$$

$$= \begin{cases} 1 - e^{-2\lambda t}, & t > 0 \\ 0, & t \leqslant 0 \end{cases}$$

故 T 的概率密度为

$$f_T(t) = F'_T(t) = \begin{cases} 2\lambda e^{-2\lambda t}, & t > 0 \\ 0, & t \leqslant 0 \end{cases}$$

即 T 服从参数为 2λ 的指数分布。

(2) $W = T + X_3$,T 与 X_3 独立且已知其概率密度,由卷积公式,W 的概率密度为

$$f_W(w) = \int_{-\infty}^{+\infty} f_T(t) f_{X_3}(w-t) dt = \int_0^{+\infty} 2\lambda e^{-2\lambda t} f_{X_3}(w-t) dt$$

$$\xrightarrow{\diamondsuit \ w-t=u} - \int_w^{-\infty} 2\lambda e^{-2\lambda(w-u)} f_{X_3}(u) du = \int_{-\infty}^{w} 2\lambda e^{-2\lambda(w-u)} f_{X_3}(u) du$$

$$= \begin{cases} \int_0^w 2\lambda e^{-2\lambda(w-u)} \lambda e^{-\lambda u} du, & w > 0 \\ 0, & w \leqslant 0 \end{cases}$$

$$= \begin{cases} 2\lambda (e^{-\lambda w} - e^{-2\lambda w}), & w > 0 \\ 0, & w \leqslant 0 \end{cases}$$

3.5   证明题

例 3.23   设随机变量 $X_1, X_2, \cdots, X_n$ 独立同分布,且具有共同概率密度,证明:

$$P\{X_n > \max\{X_1, X_2, \cdots, X_{n-1}\}\} = \frac{1}{n}$$

证   假设 X_i 的概率密度为 $f(x)$,分布函数为 $F(x)$,其联合概率密度为 $f(x_1, x_2, \cdots, x_n) = f(x_1) f(x_2) \cdots f(x_n)$,依题意,所求的概率为

$$P\{X_n > X_1, X_n > X_2, \cdots, X_n > X_{n-1}\} = \underset{\substack{x < x_{n_i} \\ i=1,2,\cdots,n-1}}{\int \cdots \int} f(x_1, x_2, \cdots, x_x) dx_1 \cdots dx_n$$

$$= \int_{-\infty}^{+\infty} f(x_n) dx_n \int_{-\infty}^{x_n} f(x_1) dx_1 \cdots \int_{-\infty}^{x_n} f(x_{n-1}) dx_{n-1}$$

$$= \int_{-\infty}^{+\infty} F^{n-1}(x_n) f(x_n) dx_n = \int_{-\infty}^{+\infty} F^{n-1}(x_n) dF(x_n)$$

$$= \frac{1}{n} F^n(x_n) \Big|_{-\infty}^{+\infty} = \frac{1}{n}$$

例 3.24　设随机变量 X 与 Y 相互独立，分别服从参数为 λ_1 与 λ_2 的泊松分布，试证明：

$$P\{X = k \mid X + Y = n\} = \binom{n}{k} \left(\frac{\lambda_1}{\lambda_1 + \lambda_2}\right)^k \left(\frac{\lambda_2}{\lambda_1 + \lambda_2}\right)^{n-k}$$

证　$P\{X = k \mid X + Y = n\} = \dfrac{P\{X = k, X + Y = n\}}{P\{X + Y = n\}} = \dfrac{P\{X = k, Y = n - k\}}{P\{X + Y = n\}}$,

由泊松分布的可加性，知 $X + Y$ 服从参数为 $\lambda_1 + \lambda_2$ 的泊松分布，所以

$$P\{X = k \mid X + Y = n\} = \frac{\dfrac{\lambda_1^k}{k!} e^{-\lambda_1} \dfrac{\lambda_2^{n-k}}{(n-k)!} e^{-\lambda_2}}{\dfrac{(\lambda_1 + \lambda_2)n}{n!} e^{-(\lambda_1 + \lambda_2)}}$$

$$= \binom{n}{k} \left(\frac{\lambda_1}{\lambda_1 + \lambda_2}\right)^k \left(\frac{\lambda_2}{\lambda_1 + \lambda_2}\right)^{n-k}$$

例 3.25　设随机变量 $X_1, X_2, \cdots, X_n$ 独立同分布，且具有共同概率密度，

$$f(x) = \begin{cases} 2x, & 0 < x < 1 \\ 0, & \text{其他} \end{cases}$$

记 $Z_n = n(1 - \max\{X_1, X_2, \cdots, X_n\})$ 的分布函数为 $G_n(x)$，证明

$$\lim_{n \to \infty} G_n(x) = G(x), \quad -\infty < x < +\infty,$$

其中 $G(x)$ 是参数为 2 的指数分布的分布函数。

证　令 $Y_n = \max(X_1, X_2, \cdots, X_n)$，则 Y_n 的概率密度为

$$f_{Y_n}(y) = \begin{cases} 2ny^{2n-1}, & 0 < y < 1 \\ 0, & \text{其他} \end{cases}$$

于是 Z_n 的概率密度为

$$f_{Z_n}(x) = f_{Y_n}\left(1 - \frac{x}{n}\right) \cdot \frac{1}{n} = \begin{cases} 2(1-)^{2n-1}, & 0 < x < n \\ 0, & \text{其他} \end{cases}$$

故，Z_n 的分布函数 $G_n(x)$ 为

$$G_n(x) = \begin{cases} 0, & x < 0 \\ 1 - \left(1 - \dfrac{x}{n}\right)^{2n}, & 0 \leqslant x < n \\ 1, & x \geqslant n \end{cases}$$

从而

$$\lim_{n \to +\infty} G_n(x) = \begin{cases} 0, & x \leqslant 0 \\ 1 - e^{-2x}, & x > 0 \end{cases}$$

此极限即为参数为 2 的指数分布的分布函数。

3.6　自测题

一、填空题

1. 设随机变量 X,Y 相互独立 $X \sim N(-1,4), Y \sim N(2,9)$，则 $P\{-4 < 2X \sim Y + 5 \leqslant 6\} = $ _____。

2. 设二维随机变量 (X,Y) 的联合概率密度为

$$f(x,y) = \begin{cases} Ax^2 y, & x^2 < y < 1, 0 < y < 1 \\ 0, & \text{其他} \end{cases}$$

则常数 $A = $ _____。

3. 设区域 D 由曲线 $y = \dfrac{1}{x}$，直线 $y = 0, x = 1, x = e^2$ 所围成，二维随机变量 (X,Y) 在区域 D 上服从均匀分布，则 (X,Y) 关于 X 的边缘概率密度 $f_X(x) = $ _____。

4. 设随机变量 X,Y 独立同分布，且 X 的分布律为

X	0	1
P	0.4	0.6

则随机变量 $Z = \max\{X,Y\}$ 的分布律为_____。

5. 设连续型随机变量 X 与 Y 相互独立，均服从同一分布，则 $P\{X \leqslant Y\} = $ _____。

二、单项选择题

1. 设随机变量 X 与 Y 相互独立，且分别服从正态分布 $N(0,1)$ 和 $N(1,1)$，则下式哪个正确（　）。

A. $P\{X + Y \leqslant 0\} = \dfrac{1}{2}$ 　　　　B. $P\{X + Y \leqslant 1\} = \dfrac{1}{2}$

C. $P\{X + Y \geqslant 0\} = \dfrac{1}{2}$ 　　　　D. $P\{X - Y \leqslant 1\} = \dfrac{1}{2}$

2. 对于随机变量 X 和 Y，已知 $P\{X \geqslant 0, Y \geqslant 0\} = \dfrac{3}{7}$，$P\{X \geqslant 0\} = P\{Y \geqslant 0\} = \dfrac{4}{7}$，则 $P\{\max(X,Y) \geqslant 0\} = $（　）。

A. $\dfrac{3}{7}$ 　　　　B. $\dfrac{4}{7}$ 　　　　C. $\dfrac{5}{7}$ 　　　　D. $\dfrac{16}{49}$

3. 设 X,Y 是相互独立的随机变量，其分布函数分别为 $F_X(x), F_Y(y)$，则 $Z = \min(X,Y)$ 的分布函数为（　）。

A. $F_Z(z) = F_X(z)$ 　　　　B. $F_Z(z) = F_Y(z)$

C. $F_Z(z) = \min\{F_X(z), F_Y(z)\}$ 　　D. $F_Z(z) = 1 - [1 - F_X(z)][1 - F_Y(z)]$

4. 设二维随机变量 (X,Y) 的联合分布律为

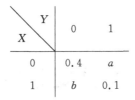

已知事件 $\{X=0\}$ 与 $\{X+Y=1\}$ 相互独立,则(   )。

A. $a=0.2,b=0.3$ B. $a=0.4,b=0.1$

C. $a=0.3,b=0.2$ D. $a=0.1,b=0.4$

5. 如下四个联合概率密度可得出 X 与 Y 独立性的是(   )。

(A) $f(x,y)=\begin{cases}3x, & 0\leqslant x\leqslant 1,0\leqslant y\leqslant x \\ 0, & \text{其他}\end{cases}$

(B) $f(x,y)=\begin{cases}\dfrac{15}{2}xy^2, & 0<x<1,\,|y|<x \\ 0, & \text{其他}\end{cases}$

(C) $f(x,y)=\begin{cases}15\mathrm{e}^{-3x-5y}, & x>0,y>0 \\ 0, & \text{其他}\end{cases}$

(D) $f(x,y)=\begin{cases}\mathrm{e}^{-y}, & 0<x<y \\ 0, & \text{其他}\end{cases}$

三、计算题

1. 设一口袋中装有编号为 1、2、2、3 的四个球,随机地从中不放回地一次抽取一只球,X 表示第一次抽取球上的编号数,Y 表示第二次抽取的球的编号数。

(1) 写出 (X,Y) 的联合分布律;(2) 写出 (X,Y) 的边缘分布律;(3) 求 $P\{X>Y\}$。

2. 随机变量 X 与 Y 相互独立,X 在区间 $[0,2]$ 上服从均匀分布,Y 服从参数为 5 的指数分布,求 $Z=X+Y$ 的概率密度及 $P\{2X<Y\}$。

3. 设二维随机变量 (X,Y) 的联合概率密度为

$$f(x,y)=\begin{cases}1, & |y|<x,0<x<1 \\ 0, & \text{其他}\end{cases}$$

(1) 求条件概率密度 $f_{X|Y}(x\mid y)$ 及 $f_{Y|X}(y\mid x)$;

(2) X 与 Y 是否独立。

4. 设随机变量 X 与 Y 相互独立,且 $P\{X=1\}=P\{Y=1\}=p>0$,$P\{X=0\}=P\{Y=0\}=1-p>0$,定义

$$Z=\begin{cases}1, & X+Y \text{ 为偶数} \\ 0, & X+Y \text{ 为奇数}\end{cases}$$

问 p 为何值时,X 与 Z 相互独立?

四、证明题

设随机变量 X 与 Y 独立,且 $P\{X=\pm 1\}=P\{Y=\pm 1\}=\dfrac{1}{2}$,定义 $Z=XY$,证明:X、Y、Z 两两独立,但不互相独立。

第4章　随机变量的数字特征

4.1　内容提要

1. 数学期望

表征随机变量取值的平均水平,"中心"位置或"集中"位置。

1) 数学期望的定义

(1) 定义　　离散型和连续型随机变量 ξ 的数学期望定义为

$$
E\xi = \begin{cases} \sum_k x_k P\{\xi = x_k\} & （离散型） \\[2mm] \int_{-\infty}^{\infty} x f(x)\mathrm{d}x & （连续型） \end{cases}
$$

对于离散型随机变量,若随机变量的可能值个数无限,则要求级数绝对收敛;对于连续型随机变量,要求定义中的积分绝对收敛;否则认为数学期望不存在。

(2) 随机变量函数的数学期望　　设 $y = g(x)$ 为连续(或分段)连续函数,而 ξ 是任一随机变量,则随机变量 $\eta = g(\xi)$ 的数学期望可以通过随机变量 ξ 的概率分布直接来求,而不必先求出 η 的概率分布再求其数学期望;对于二元随机变量函数 $\zeta = g(\xi, \eta)$,有类似的公式:

$$
E\eta = Eg(\xi) = \begin{cases} \sum_k g(x_k) P\{\xi = x_k\} & （离散型） \\[2mm] \int_{-\infty}^{\infty} g(x) f(x)\mathrm{d}x & （连续型） \end{cases}
$$

$$
E\zeta = Eg(\xi, \eta) = \begin{cases} \sum_i \sum_j g(x_i, y_j) P\{\xi = x_i, \eta = y_j\} & （离散型） \\[2mm] \int_{-\infty}^{\infty} \int_{-\infty}^{\infty} g(x, y) f(x, y)\mathrm{d}x\mathrm{d}y & （连续型） \end{cases}
$$

2) 数学期望的性质

(1) 对于任意常数 C,有 $EC = C$;

(2) 对于任意常数 C,有 $E(\xi) = CE(\xi)$;

(3) 对于任意 $\xi_1, \xi_2, \cdots, \xi_n$,有
$$
E(\xi_1 + \xi_2 + \cdots + \xi_n) = E(\xi)_1 + E(\xi_2) + \cdots + E(\xi_n);
$$

(4) 如果 $\xi_1, \xi_2, \cdots, \xi_n$ 相互独立,则
$$
E(\xi_1 \xi_2 \cdots \xi_n) = E(\xi_1) E(\xi_2) \cdots E(\xi_n)。
$$

2. 方差和标准差

表征随机变量取值分散或集中程度的数字特征。

1) 方差的定义　　称

$$D(\xi) = E(\xi - E(\xi))^2 = E(\xi^2) - E^2(\xi)$$

为随机变量 ξ 的方差,称 $\sigma = \sqrt{D\xi}$ 为随机变量 ξ 的标准差。随机变量 ξ 的方差有如下计算公式:

$$D(\xi) = \begin{cases} \sum_k (x_k - E(\xi))^2 P\{\xi = x_k\} & \text{(离散型)} \\ \int_{-\infty}^{\infty} (x - E(\xi))^2 f(x) \mathrm{d}x & \text{(连续型)} \end{cases} \tag{4.3}$$

2) 方差的性质

(1) $D\xi \geqslant 0$,并且 $D\xi = 0$ 当且仅当 ξ(以概率 1) 为常数;

(2) 对于任意实数 C,有 $D(\xi) = C^2 D(\xi)$;

(3) 若 $\xi_1, \xi_2, \cdots, \xi_n$ 两两独立或两两不相关,则

$$D(\xi_1 + \xi_2 + \cdots + \xi_n) = D\xi_1 + D\xi_2 + \cdots + D\xi_n。$$

3 协方差和相关系数

考虑二维随机向量 (ξ, η),其数字特征包括每个随机变量的数学期望和方差,以及 ξ 和 η 的联合数字特征 —— 协方差和相关系数。

1) 协方差和相关系数的定义

(1) 协方差　　随机变量 ξ 和 η 的协方差定义为

$$\mathrm{Cov}(\xi, \eta) = E[\xi - E(\xi)][\eta - E(\eta)] = E(\xi\eta) - E(\xi)E(\eta)$$

其中

$$E\xi\eta = \begin{cases} \sum_i \sum_j x_i y_j P\{\xi = x_i, \eta = y_j\} & \text{(离散型)} \\ \int_{-\infty}^{\infty} \int_{-\infty}^{\infty} xy f(x,y) \mathrm{d}x\mathrm{d}y & \text{(连续型)} \end{cases}$$

(2) 相关系数　　随机变量 ξ 和 η 的相关系数定义为

$$\rho = \frac{\mathrm{Cov}(\xi, \eta)}{\sqrt{D\xi \quad D\eta}} = \frac{E(\xi\eta) - E(\xi)E(\eta)}{\sigma_x \sigma_y}$$

2) 协方差的性质　　设随机变量 ξ 和 η 的方差存在,则它们的协方差也存在。

(1) 若 ξ 和 η 独立,则 $\mathrm{Cov}(\xi, \eta) = 0$;对于任意常数 C,有 $\mathrm{Cov}(\xi, C) = 0$;

(2) $\mathrm{Cov}(\xi, \eta) = \mathrm{Cov}(\eta, \xi)$;

(3) 对于任意实数 a 和 b,有 $\mathrm{Cov}(a\xi, b\eta) = ab\mathrm{Cov}(\xi, \eta)$;

(4) 对于任意随机变量 ξ, η, ζ,有

$$\mathrm{Cov}(\xi + \eta, \zeta) = \mathrm{Cov}(\xi, \zeta) + \mathrm{Cov}(\eta, \zeta)$$
$$\mathrm{Cov}(\xi, \eta + \zeta) = \mathrm{Cov}(\xi, \eta) + \mathrm{Cov}(\xi, \eta)$$

(5) 对于任意 ξ 和 η,有 $|\mathrm{Cov}(\xi, \eta)| \leqslant \sqrt{D\xi} \sqrt{D\eta}$;

(6) 对于任意 ξ 和 η,有 $D(\xi \pm \eta) = D\xi + D\eta \pm 2\mathrm{Cov}(\xi, \eta)$。

3) 相关系数的性质　相关系数的三条基本性质,决定了它的重要应用。设 ρ 是 ξ 和 η 的相关系数,$\mu_1 = E(\xi)$,$\mu_2 = E(\eta)$,$\sigma_1^2 = D(\xi)$,$\sigma_2^2 = D(\eta)$

(1) $-1 \leqslant \rho \leqslant 1$;

(2) 若 ξ 和 η 相互独立,则 $\rho = 0$;但是,当 $\rho = 0$ 时 ξ 和 η 却未必独立;

(3) $|\rho| = 1$ 的充分必要条件是 ξ 和 η(以概率 1) 互为线性函数。

三条性质说明,随着变量 ξ 和 η 之间的关系由相互独立到互为线性函数,它们的相关系数的绝对值 $|\rho|$ 从 0 增加到 1,说明相关系数可以做两个随机统计相依程度的度量。

4) 随机变量的相关性　　假设随机变量 ξ 和 η 的相关系数 ρ 存在,若 $\rho = 0$,则称 ξ 和 η 不相关,否则称 ξ 和 η 相关。

(1) 若两个随机变量独立,则它们一定不相关,而反之未必;

(2) 若 ξ 和 η 的联合分布是二维正态分布,则它们“不相关”与“独立”等价。

4. 矩

在力学和物理学中用矩描绘质量的分布。

概率统计中用矩描绘概率分布,常用的矩有两大类:原点矩和中心矩。数学期望是一阶原点矩,而方差是二阶中心矩。

1) 原点矩　　对任意实数 $k \geqslant 0$,称 $\alpha_k = E(\xi^k)$ 为随机变量 ξ 的 k 阶原点矩,简称 k 阶矩,$\alpha_1 = E(\xi)$。原点矩的计算公式为:

$$\alpha_k = E(\xi^k) = \begin{cases} \sum_i x_i^k P\{\xi = x_i\} & \text{(离散型)} \\ \int_{-\infty}^{\infty} x^k f(x) \mathrm{d}x & \text{(连续型)} \end{cases}$$

2) 中心矩　　称 $\mu_k = E(\xi - E\xi)^k$ 为随机变量 ξ 的 k 阶中心矩,$\mu_2 = D(\xi)$。

4.2　疑难解惑

问题 4.1　引入数字特征的意义是什么?

答　研究随机变量的数字特征可以总体上掌握随机变量某一侧面的性质,如期望表征随机变量的取值水平即平均数,方差表征随机变量取值的分散或集中程度。

问题 4.2　计算数字特征的一般方法是什么?

答　计算随机变量函数的数字特征原则上有两种方法:一种是先求出随机变量的概率分布或概率密度,再按相关特征值的定义计算;一种是利用特征值的性质所满足的公式求解。通常用后一种方法较简便。

问题 4.3　如何求离散型随机变量的数字特征?

答　有两种方法:一种是先求出离散型随机变量的概率分布,再按特征值的定义计算;一种是利用特征值的性质所满足的公式求解。

问题 4.4　如何求连续型随机变量的数字特征?

答　有两种方法:一种是先求出连续型随机变量的概率密度,再按特征值的定义计算;一种是利用特征值的性质所满足的公式求解。

问题 4.5　如何求离散型随机变量函数的数字特征?

答　有两种方法:一种是先求出离散型随机变量函数的概率密度,再按特征值的定义计算;一种是利用特征值的性质所满足的公式求解。

问题 4.6　如何求连续型随机变量函数的数字特征?

答　有两种方法:一种是先求出连续型随机变量函数的概率密度,再按特征值的定义计算;一种是利用特征值的性质所满足的公式。

4.3　典型例题解析

一维随机变量数学期望和方差

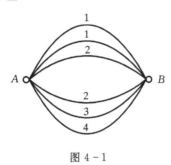

图 4-1

例 4.1　如图 4-1, A、B 两点之间有 6 条网线并联,它们能通过的最大信息量分别为 1,1,2,2,3,4,现从中任取三条网线且使每条网线通过最大的信息量。

(1) 设选取的三条网线由 A 到 B 可通过的信息总量为 ξ,当 $\xi \geqslant 6$ 时,则保证信息畅通,求线路信息畅通的概率;

(2) 求选取的三条网线可通过信息总量的数学期望。

解　(1) $\because 1+1+4=1+2+3=6, \therefore P(\xi=6)=\dfrac{1+C_2^1 \cdot C_2^1}{C_6^3}=\dfrac{1}{4}$

$\because 1+2+4=2+2+3=7, \quad \therefore P(\xi=7)=\dfrac{5}{20}=\dfrac{1}{4}$

$\because 1+3+4=2+2+4=8, \quad \therefore P(\xi=8)=\dfrac{3}{20}$

$\because 2+3+4=9, \quad \therefore P(\xi=9)=\dfrac{2}{20}=\dfrac{1}{10}$

$\therefore P(\xi \geqslant 6)=\dfrac{1}{4}+\dfrac{1}{4}+\dfrac{3}{20}+\dfrac{1}{10}=\dfrac{3}{4}$

(2) $\because 1+1+2=4, P(\xi=4)=\dfrac{1}{10}, \because 1+1+3=1+2+2=5, P(\xi=5)=\dfrac{3}{20}$,依次类推可求其余 ξ 取值的概率。

ξ 的分布律为

ξ	4	5	6	7	8	9
p_i	$\dfrac{1}{10}$	$\dfrac{3}{20}$	$\dfrac{1}{4}$	$\dfrac{1}{4}$	$\dfrac{3}{20}$	$\dfrac{1}{10}$

$$E(\xi)=4 \times \dfrac{1}{10}+5 \times \dfrac{3}{20}+6 \times \dfrac{1}{4}+7 \times \dfrac{1}{4}+8 \times \dfrac{3}{20}+9 \times \dfrac{1}{10}=6.5。$$

点拨　离散型随机变量数学期望的求解关键是得到分布律,所以难点转化为怎么得到分布律。

例 4.2　甲乙两队进行某种比赛,采用七局制,若有一队先胜四场,则比赛结束。假定甲队在每场比赛中获胜的概率为 0.6,乙队为 0.4,求比赛场数的数学期望。

思路 ξ 可能取值为 $4,5,6,7$,按古典概型计算 ξ 取各值的概率得到 ξ 的概率分布,由此算出 $E(\xi)$。

解 $P\{\xi = 4\} = 0.6^4 + 0.4^4 = 0.1552$

$P\{\xi = 5\} = C_4^1 \times 0.6^4 \times 0.4 + C_4^1 \times 0.6 \times 0.4^4 = 0.2688$

$P\{\xi = 6\} = C_5^2 \times 0.6^4 \times 0.4^2 + C_5^2 \times 0.6^2 \times 0.4^4 = 0.2995$

$P\{\xi = 7\} = C_6^3 \times 0.6^4 \times 0.4^3 + C_6^3 \times 0.6^3 \times 0.4^4 = 0.2765$

$\therefore E(\xi) = 4 \times 0.1552 + 5 \times 0.2688 + 6 \times 0.2995 + 7 \times 0.2765 = 5.7$

例 4.3 已知随机变量 ξ 的概率分布为

ξ	-2	0	1
p_i	0.3	0.4	0.3

求 $E(4\xi^2 + 6)$。

解
$$E(4X^2 + 6) = \sum_{i=1}^{3} (4x_i^2 + 6) p_i$$
$$= 22 \times 0.3 + 6 \times 0.4 + 10 \times 0.3 = 12$$

例 4.4 已知连续型随机变量 ξ 的密度函数为

$$f(x) = \frac{1}{\sqrt{\pi}} e^{-x^2 + 2x - 1}, \quad -\infty < x < +\infty$$

求 $E\xi$ 与 $D\xi$。

解 方法 1 直接法

由数学期望与方差的定义知

$$E\xi = \int_{-\infty}^{+\infty} x f(x) \mathrm{d}x = \frac{1}{\sqrt{\pi}} \int_{-\infty}^{+\infty} x e^{-(x-1)^2} \mathrm{d}x = \frac{1}{\sqrt{\pi}} \int_{-\infty}^{+\infty} e^{-(x-1)^2} \mathrm{d}x + \frac{1}{\sqrt{\pi}} \int_{-\infty}^{+\infty} (x-1) e^{-(x-1)^2} \mathrm{d}x$$

$$= \frac{1}{\sqrt{\pi}} \int_{-\infty}^{+\infty} e^{-(x-1)^2} \mathrm{d}x = 1。$$

$$D\xi = E(\xi - E\xi)^2 = \int_{-\infty}^{+\infty} (x-1)^2 f(x) \mathrm{d}x = \int_{-\infty}^{+\infty} (x-1)^2 \frac{1}{\sqrt{\pi}} e^{-(x-1)^2} \mathrm{d}x$$

$$= \frac{1}{\sqrt{\pi}} \int_{-\infty}^{+\infty} t^2 e^{-t^2} \mathrm{d}t \; \frac{1}{2\sqrt{\pi}} \int_{-\infty}^{+\infty} e^{-t^2} \mathrm{d}t = \frac{1}{2}。$$

方法 2 利用正态分布定义(间接法)

由于期望为 μ,方差为 σ^2 的正态分布的概率密度为,所以把 $f(x)$ 变形为

$$f(x) = \frac{1}{\sqrt{2\pi} \cdot \sqrt{\frac{1}{2}}} e^{-\frac{(x-1)^2}{2 \times \left(\sqrt{\frac{1}{2}}\right)^2}}$$

易知,$f(x)$ 为 $N\left(1, \frac{1}{2}\right)$ 的概率密度,因此有

$$E\xi = 1, \quad D\xi = \frac{1}{2}$$

例 4.5 设 ξ 表示 10 次独立重复射击中命中目标的次数,每次射中目标的概率为 0.4,求

$E\xi^2$。

解　由题意知　$\xi \sim B(10,0.4)$　于是

$$E\xi = 10 \times 0.4 = 4$$
$$D\xi = 10 \times 0.4 \times (1-0.4) = 2.4$$

由 $D\xi = E\xi^2 - E^2\xi$ 可知

$$E\xi^2 = D\xi + (E\xi)^2 = 2.4 + 4^2 = 18.4$$

总结　本题考查了两个内容,一是由题意归结出随机变量 ξ 的分布;二是灵活应用方差计算公式,如果直接求解,而按定义

$$E\xi^2 = \sum_{K=0}^{10} k^2 C_{10}^k 0.4^k (1-0.4)^{10-k}$$

的计算是繁琐的。

例 4.6　设 ξ 服从参数 $\lambda = 1$ 的指数分布,求 $E(\xi + e^{-2\xi})$。

解　由题设知,ξ 的密度函数为:

$$f(x) = \begin{cases} e^{-x}, & x > 0 \\ 0, & x \leqslant 0 \end{cases}$$

且 $E\xi = 1$,又因为

$$Ee^{-2\xi} = \int_{-\infty}^{+\infty} e^{-2x} f(x) dx = \int_{0}^{+\infty} e^{-2x} \cdot e^{-x} dx = \frac{1}{3}$$

从而

$$E(\xi + e^{-2\xi}) = E\xi + Ee^{-2\xi} = 1 + \frac{1}{3} = \frac{4}{3}$$

例 4.7　设 ξ 是一随机变量,其概率密度为

$$f(x) = \begin{cases} 1+x, & -1 \leqslant x \leqslant 0 \\ 1-x, & 0 < x \leqslant 1 \\ 0, & 其他 \end{cases}$$

求 $D\xi$。

解　$E\xi = \int_{-\infty}^{+\infty} xf(x)dx = \int_{-1}^{0} x(1+x)dx + \int_{0}^{1} x(1-x)dx = 0$

$E\xi^2 = \int_{-\infty}^{+\infty} x^2 f(x)dx = \int_{-1}^{0} x^2(1+x)dx + \int_{0}^{1} x^2(1-x)dx = 2\int_{0}^{1} x^2(1-x)dx$

$\quad = \dfrac{1}{6}$

于是

$$D\xi = E\xi^2 - (E\xi)^2 = \frac{1}{6}$$

总结　在计算数学期望和方差时,若积分区间是对称的,应先检验一下 $f(x)$ 的奇偶性,这样可利用对称区间上被积函数的奇偶性来简化积分的求解,比如本题中 $f(x)$ 为偶函数,故 $E\xi = \int_{-\infty}^{+\infty} xf(x)dx = 0$。同理 $D\xi$ 的计算也可直接简化。

例 4.8　设二维随机变量 (ξ, η) 在区域 $G = \{(x,y): 0 < x < 1, |y| < x\}$ 内服从均匀分布,求随机变量 $\zeta = 2\eta + 1$ 的方差 $D\zeta$。

解　由方差的性质得知:

$$D\zeta = D(2\eta + 1) = 4D\eta$$

又由于 ξ 的边缘密度为:

$$f_\xi(x) = \int_{-\infty}^{+\infty} f(x,y)\mathrm{d}y = \begin{cases} \int_{-x}^{x} 1\mathrm{d}y, & 0 < x < 1 \\ 0, & \text{其他} \end{cases}$$

$$= \begin{cases} 2x, & 0 < x < 1 \\ 0, & \text{其他} \end{cases}$$

于是

$$E\xi = \int_0^1 x \cdot 2x\mathrm{d}x = \frac{2}{3}, \quad E\xi^2 = \int_0^1 x^2 \cdot 2x\mathrm{d}x = \frac{1}{2}$$

$$D\xi = E\xi^2 - (E\xi)^2 = \frac{1}{2} - \left(\frac{2}{3}\right)^2 = \frac{1}{18}$$

因此,
$$D\zeta = 4D\xi = 4 \times \frac{1}{18} = \frac{2}{9}$$

例 4.9 设随机变量 ξ 服从 Γ 分布,其概率密度 $f(x) = \begin{cases} \dfrac{\beta^\alpha}{\Gamma(\alpha)} x^{\alpha-1} \mathrm{e}^{-\beta x}, & x > 0 \\ 0 & x \leqslant 0 \end{cases}$,其中 $\alpha > 0, \beta > 0$ 是常数,求 $E(\xi), D(\xi)$。

分析 按定义求 $E(\xi)$,又 $D(\xi) = E(\xi^2) - [E(\xi)]^2$,计算中涉及 Γ 函数,$\Gamma(s) = \int_0^{+\infty} x^{s-1} \mathrm{e}^{-x} \mathrm{d}x, (s > 0), \Gamma(\alpha+1) = \alpha\Gamma(\alpha)$。

解
$$E(\xi) = \int_0^{+\infty} \frac{\beta^\alpha}{\Gamma(\alpha)} x^\alpha \mathrm{e}^{-\beta x} \mathrm{d}x$$

$$= \frac{\beta^{\alpha-1}}{\beta^\alpha \Gamma(\alpha)} \int_0^{+\infty} (\beta x)^{\alpha+1-1} \mathrm{e}^{-\beta x} \mathrm{d}(\beta x) \quad (\text{令 } t = \beta x)$$

$$= \frac{\Gamma(\alpha+1)}{\beta\Gamma(\alpha)} = \frac{\alpha\Gamma(\alpha)}{\beta\Gamma(\alpha)} = \frac{\alpha}{\beta}$$

又
$$E(\xi^2) = \int_0^{+\infty} \frac{\beta^\alpha}{\Gamma(\alpha)} x^{\alpha+1} \mathrm{e}^{-\beta x} \mathrm{d}x$$

$$= \frac{\beta^{\alpha-1}}{\beta^{\alpha+1} \Gamma(\alpha)} \int_0^{+\infty} (\beta x)^{\alpha+2-1} \mathrm{e}^{-\beta x} \mathrm{d}(\beta x) \quad (\text{令 } t = \beta x)$$

$$= \frac{\Gamma(\alpha+2)}{\beta^2 \Gamma(\alpha)} = \frac{\alpha(\alpha+1)\Gamma(\alpha)}{\beta^2 \Gamma(\alpha)} = \frac{\alpha(\alpha+1)}{\beta^2}$$

故

$$D(\xi) = \frac{\alpha(\alpha+1)}{\beta^2} - \frac{\alpha^2}{\beta^2} = \frac{\alpha}{\beta}$$

例 4.10 袋中装有 N 只球,但其中白球数为随机变量,只知道其数学期望为 A,试求从该袋中摸一球得到白球的概率。

解 记 ξ 为袋中的白球数,则由题设知

$$A = E\xi = \sum_{k=0}^{N} kP(\xi = k)$$

由此,若令 $D = \{摸一球为白球\}$,利用全概率公式知

$$P(D) = \sum_{k=0}^{N} P(D \mid \xi = k)P(\xi = k)$$

$$= \sum_{k=0}^{N} \frac{k}{N} \cdot P(\xi = k)$$
$$= \frac{A}{N}$$

例 4.11　设随机变量 ξ 的概率密度为

$$f(x) = \begin{cases} ax, & 0 < x < 2 \\ cx + b, & 2 \leqslant x \leqslant 4 \\ 0, & 其他 \end{cases}$$

已知 $E\xi = 2$，$P(1 < \xi < 3) = \dfrac{3}{4}$，求：(1) 常数 a, b, c；(2) Ee^{ξ}。

分析　通常确定三个常数 a, b, c 需三个条件，题设中已有两个条件，另一条件为 $\int_{-\infty}^{+\infty} f(x)\mathrm{d}x = 1$，而 Ee^{ξ} 只需利用随机变量函数的期望计算即可。

解　(1) 由概率密度的性质知：

$$1 = \int_{-\infty}^{+\infty} f(x)\mathrm{d}x = \int_0^2 ax\,\mathrm{d}x + \int_2^4 (cx + b)\mathrm{d}x = 2a + 6c + 2b$$

又因为

$$2 = E\xi = \int_{-\infty}^{+\infty} xf(x)\mathrm{d}x = \int_0^2 x \cdot ax\,\mathrm{d}x + \int_2^4 x(cx + b)\mathrm{d}x$$
$$= \frac{3}{8}a + \frac{56}{3}c + 6b$$

而

$$\frac{3}{4} = P(1 < \xi < 3) = \int_1^3 f(x)\mathrm{d}x = \int_1^2 ax\,\mathrm{d}x + \int_2^3 (cx + b)\mathrm{d}x$$
$$= \frac{3}{2}a + \frac{5}{2}c + b$$

解方程

$$\begin{cases} 2a + 6c + 2b = 1 \\ \dfrac{8}{3}a + \dfrac{56}{3}c + 6b = 2 \\ \dfrac{3}{2}a + \dfrac{5}{2}c + b = \dfrac{3}{4} \end{cases}$$

得

$$a = \frac{1}{4}, \quad b = 1, \quad c = -\frac{1}{4}$$

(2)

$$Ee^{\xi} = \int_{-\infty}^{+\infty} e^x f(x)\mathrm{d}x = \int_0^2 e^x \cdot \frac{x}{4}\mathrm{d}x + \int_2^4 e^x \left(1 - \frac{x}{4}\right)\mathrm{d}x$$
$$= \frac{1}{4}e^4 - \frac{1}{2}e^2 + \frac{1}{4}$$

二维随机变量协方差和相关系数

例 4.12　设 φ, ψ 是独立同分布的两个随机变量，已知 ξ 的分布律为：

$$P(\varphi = i) = \frac{1}{3}, \quad i = 1, 2, 3$$

又设 $\xi = \max(\varphi, \psi), \eta = \min(\varphi, \psi)$，

(1) 求二维随机变量 (ξ,η) 的分布律;

(2) 求随机变量 ξ 的数学期望 $E\xi$;

(3) 求 ξ 与 η 的相关系数 $\rho_{\xi\eta}$。

分析 先利用 ξ,η 的独立性求出 ξ 与 η 的联合分布,然后利用期望与相关系数的公式求解。

解 (1) 显然 ξ 与 η 的可能取值均为 1、2、3,且 η 的取值不可能超过 ξ 的取值。故:

当 $i < j$ 时　$P(\xi=i,\eta=j)=0$

当 $i=j$ 时　$P(\xi=i,\eta=j)=P(\xi=i,\eta=j)=P(\xi=i)\cdot P(\eta=j)=\dfrac{1}{3}\times\dfrac{1}{3}=\dfrac{1}{9}$

当 $i>j$ 时　$P(\xi=i,\mu=j)=P(\xi=i,\eta=j)+P(\xi=j,\eta=i)=\dfrac{1}{3}\times\dfrac{1}{3}+\dfrac{1}{3}\times\dfrac{1}{3}$

$=\dfrac{2}{9}$

于是 ξ 与 η 的联合分布律与边缘分布律为:

ξ \\ η	1	2	3	$P(\xi=i)$
1	$\dfrac{1}{9}$	0	0	$\dfrac{1}{9}$
2	$\dfrac{2}{9}$	$\dfrac{1}{9}$	0	$\dfrac{3}{9}$
3	$\dfrac{2}{9}$	$\dfrac{2}{9}$	$\dfrac{1}{9}$	$\dfrac{5}{9}$
$P(\eta=j)$	$\dfrac{5}{9}$	$\dfrac{3}{9}$	$\dfrac{1}{9}$	1

(2) $E\xi=1\times\dfrac{1}{9}+2\times\dfrac{3}{9}+3\times\dfrac{5}{9}=\dfrac{22}{9}$

(3) 由于,$E\xi=\dfrac{22}{9}$

$$E\eta=1\times\dfrac{5}{9}+2\times\dfrac{3}{9}+3\times\dfrac{1}{9}=\dfrac{14}{9}$$

$$E\xi^2=1^2\times\dfrac{1}{9}+2^2\times\dfrac{3}{9}+3^2\times\dfrac{5}{9}=\dfrac{58}{9}$$

$$E\eta^2=1^2\times\dfrac{5}{9}+2^2\times\dfrac{3}{9}+3^2\times\dfrac{1}{9}=\dfrac{26}{9}$$

从而　$D\xi=E\xi^2-(E\xi)^2=\dfrac{58}{9}-\left(\dfrac{22}{9}\right)^2=\dfrac{38}{81}$

$$D\eta=E\eta^2-(E\eta)^2=\dfrac{26}{9}-\left(\dfrac{14}{9}\right)^2=\dfrac{38}{81}$$

又

$E\xi\eta=\sum\limits_{i}\sum\limits_{j}x_iy_jp_{ij}$

$=1\times1\times\dfrac{1}{9}+2\times1\times\dfrac{2}{9}+2\times2\times\dfrac{1}{9}+3\times1\times\dfrac{2}{9}+3\times2\times\dfrac{2}{9}+3\times3\times\dfrac{1}{9}=\dfrac{32}{9}$

故　$\text{Cov}(\xi,\eta) = E\xi\eta - E\xi \cdot E\eta = \dfrac{32}{9} - \dfrac{22}{9} \times \dfrac{14}{9} = -\dfrac{20}{81}$

于是

$$\rho_{\xi\eta} = \frac{\text{Cov}(\xi,\eta)}{\sqrt{D\xi} \cdot \sqrt{D\eta}} = \frac{-\dfrac{20}{81}}{\dfrac{38}{81}} = -\frac{10}{19}$$

例 4.13　假设二维随机变量 (ξ,η) 在矩形 $G = \{(x,y): 0 \leqslant x \leqslant 2, 0 \leqslant y \leqslant 1\}$ 上服从均匀分布,记

$$M = \begin{cases} 0, & \xi \leqslant \eta \\ 1, & \xi > \eta \end{cases}, \quad N = \begin{cases} 0, & \xi \leqslant 2\eta \\ 1, & \xi > 2\eta \end{cases}$$

求:(1)M 和 N 的联合分布;(2)M 和 N 的相关系数 ρ。

分析　由于 M,N 均为 (ξ,η) 的函数,在计算 M,N 的联合分布时,需利用二维随机变量的概率计算公式:$P\{(\xi,\eta) \in B\} = \displaystyle\iint_B f(x,y)\mathrm{d}x\mathrm{d}y$。

解　由题设知,(ξ,η) 的联合密度函数为

$$f(x,y) = \begin{cases} \dfrac{1}{2}, & 0 \leqslant x \leqslant 2, 0 \leqslant y \leqslant 2 \\ 0, & \text{其他} \end{cases}$$

(1) (M,N) 有四个可能取值 $(0,0),(0,1),(1,0),(1,1)$ 且

$$P(M=0,N=0) = P(\xi \leqslant \eta, \xi \leqslant 2\eta) = P(\xi \leqslant \eta)$$
$$= \iint\limits_{x \leqslant y} f(x,y)\mathrm{d}x\mathrm{d}y = \int_0^1 \mathrm{d}y \int_0^y \frac{1}{2}\mathrm{d}x = \frac{1}{4}$$

$$P(M=0,N=1) = P(\xi \leqslant \eta, \xi > 2\eta) = 0$$

$$P(M=1,N=0) = P(\xi > \eta, \xi \leqslant 2\eta) = P(\eta < \xi \leqslant 2\eta)$$
$$= \iint\limits_{y < x \leqslant 2y} f(x,y)\mathrm{d}x\mathrm{d}y = \int_0^1 \mathrm{d}y \int_0^{2y} \frac{1}{2}\mathrm{d}x = \frac{1}{4}$$

$$P(M=1,N=1) = P(\xi > \eta, \xi > 2\eta) = P(\xi > 2\eta)$$
$$= \iint\limits_{x > 2y} f(x,y)\mathrm{d}x\mathrm{d}y = \int_0^2 \mathrm{d}x \int_0^{\frac{x}{2}} \frac{1}{2}\mathrm{d}y = \frac{1}{2}$$

从而 (M,N) 的联合分布律及相应的边缘分布律为:

M ＼ N	0	1	$P(M=i)$
0	$\dfrac{1}{4}$	0	$\dfrac{1}{4}$
1	$\dfrac{1}{4}$	$\dfrac{1}{2}$	$\dfrac{3}{4}$
$P(N=j)$	$\dfrac{1}{2}$	$\dfrac{1}{2}$	1

(1) 由于 MN 只能取 $0,1$ 两个值,且其分布律为:

MN	0	1
P	$\frac{1}{2}$	$\frac{1}{2}$

故
$$E(MN) = 0 \times \frac{1}{2} + 1 \times \frac{1}{2} = \frac{1}{2}$$

又由联合分布律知：

$$EM = \frac{3}{4}, \quad DM = \frac{3}{16}, \quad EN = \frac{1}{2}, \quad DN = \frac{1}{4}$$

故 M, N 的相关系数为：

$$\rho = \frac{\text{Cov}(\xi, \eta)}{\sqrt{D\xi} \cdot \sqrt{D\eta}} = \frac{E(UV) - EU \cdot EV}{\sqrt{D\xi} \cdot \sqrt{D\eta}} = \frac{\frac{1}{2} - \frac{3}{4} \times \frac{1}{2}}{\sqrt{\frac{3}{4}} \times \sqrt{\frac{1}{4}}} = \frac{\sqrt{3}}{3}$$

例 4.14 设随机变量 ξ 与 η 相互独立，且都服从正态分布 $N(\mu, \sigma^2)$，试证明：$E[\max(\xi, \eta)]$ $= \mu + \dfrac{\sigma}{\sqrt{\pi}}$。

证 令 $\xi_1 = \dfrac{\xi - \mu}{\sigma}, \eta_1 = \dfrac{\eta - \mu}{\sigma}$，则 ξ_1 与 η_1 独立同分布，且 $\xi_1 \sim N(0, 1)$，从而有

$$\max(\xi, \eta) = \max(\mu + \sigma\xi_1, \mu + \sigma\eta_1) = \mu + \sigma\max(\xi_1, \eta_1)$$

下面证明 $E[\max(\xi_1, \eta_1)] = \dfrac{1}{\sqrt{\pi}}$ 即可。用两种方法来证明。

方法 1 因为 $\max(x_1, y_1) = \begin{cases} x_1, & x_1 > y_1 \\ y_1, & x_1 \leqslant y_1 \end{cases}$，所以

$$
\begin{aligned}
E[\max(\xi_1, \eta_1)] &= \int_{-\infty}^{+\infty} \int_{-\infty}^{+\infty} \max(x_1, y_1) f(x_1, y_1) \, dx_1 \, dy_1 \\
&= \int_{-\infty}^{+\infty} \int_{-\infty}^{+\infty} \max(x_1, y_1) f_{X_1}(x_1) f_{Y_1}(y_1) \, dx_1 \, dy_1 \\
&= \int_{-\infty}^{+\infty} \int_{-\infty}^{+\infty} \max(x_1, y_1) \frac{1}{2\pi} e^{-\frac{1}{2}(x_1^2 + y_1^2)} \, dx_1 \, dy_1 \\
&= \iint_{x_1 > y_1} x_1 \times \frac{1}{2\pi} e^{-\frac{1}{2}(x_1^2 + y_1^2)} \, dx_1 \, dy_1 + \iint_{x_1 \leqslant y_1} x_1 \times \frac{1}{2\pi} e^{-\frac{1}{2}(x_1^2 + y_1^2)} \, dx_1 \, dy_1 \\
&\xlongequal[y = r\sin\theta]{x = r\cos\theta} \int_0^\infty \int_{\frac{5}{4}\pi}^{\frac{\pi}{4}} r\cos\theta \times \frac{1}{2\pi} e^{-\frac{r^2}{2}} \times r \, d\theta \, dr + \int_0^\infty \int_{\frac{\pi}{4}}^{\frac{5}{4}\pi} r\sin\theta \times \frac{1}{2\pi} e^{-\frac{r^2}{2}} \times r \, d\theta \, dr \\
&= \frac{1}{\sqrt{2\pi}} \left(\int_0^\infty r^2 \times \frac{1}{\sqrt{2\pi}} e^{-\frac{r^2}{2}} \, dr \right) \left(\int_{\frac{5}{4}\pi}^{\frac{\pi}{4}} \cos\theta \, d\theta + \int_{\frac{\pi}{4}}^{\frac{5}{4}\pi} \sin\theta \, d\theta \right) \\
&= \frac{1}{\sqrt{2\pi}} \times \frac{1}{2} \times \left[\left(\frac{\sqrt{2}}{2} + \frac{\sqrt{2}}{2} \right) + \left(\frac{\sqrt{2}}{2} + \frac{\sqrt{2}}{2} \right) \right] = \frac{1}{\sqrt{\pi}}
\end{aligned}
$$

从而

$$E[\max(\xi, \eta)] = \mu + \sigma E[\max(\xi_1, \eta_1)] = \mu + \frac{\sigma}{\sqrt{\pi}}$$

方法 2　利用

$$\max(\xi_1, \eta_1) = \frac{1}{2}(\xi_1 + \eta_1 + |\xi_1 - \eta_1|), 所以$$

$$E\max(\xi_1, \eta_1) = \frac{1}{2}[E\xi_1 + E\eta_1 + E|\xi_1 - \eta_1|]$$

$$= \frac{1}{2}E|\xi_1 - \eta_1|,$$

由 ξ_1, η_1 的独立性且均服从 $N(0,1)$，故 $\xi_1 - \eta_1 \sim N(0,2)$，从而

$$E|\xi_1 - \eta_1| = \int_{-\infty}^{+\infty} |x| \cdot \frac{1}{\sqrt{2\pi} \cdot \sqrt{2}} e^{-\frac{x^2}{2 \times 2}} dx = \frac{1}{\sqrt{2\pi} \cdot \sqrt{2}} \cdot \int_0^{+\infty} x e^{-\frac{x^2}{4}} dx$$

$$= -\frac{2}{\sqrt{\pi}} \int_0^{+\infty} de^{-\frac{x^2}{4}} = \frac{2}{\sqrt{\pi}}$$

故　　$E[\max(\xi, \eta)] = \frac{1}{2} \cdot \frac{2}{\sqrt{\pi}} = \frac{1}{\sqrt{\pi}}$

从而　　$E[\max(\xi, \eta)] = \mu + \sigma E[\max(\xi_1, \eta_1)] = \mu + \frac{\sigma}{\sqrt{\pi}}$。

思路　本题是正态变量 ξ 与 η 的函数 $\max(\xi, \eta)$ 的期望问题，在证明过程中采用了两种技巧：

(1) 将正态变量 ξ 与 η "标准化"，$\xi_1 = \frac{\xi - \mu}{\sigma}$，$\eta_1 = \frac{\eta - \mu}{\sigma}$，从而将问题转化成计算 $E[\max(\xi_1, \eta_1)]$ 的问题。而 $\xi_1 \sim N(0,1)$ 与 $\eta_1 \sim N(0,1)$。

(2) 方法 1 是利用二维随机向量 (ξ_1, η_1) 的函数 $\max(\xi_1, \eta_1)$ 的期望计算得到，计算时要用到二重积分技巧，根据被积函数含有 $x_1^2 + y_1^2$ 的特点及区域又是全平面（或半平面等）选择极坐标，以简化运算。方法 2 是利用 $\max(\xi_1, \eta_1)$ 的解析表达式

$$\max(\xi_1, \eta_1) = \frac{1}{2}(\xi_1 + \eta_1 + |\xi_1 - \eta_1|)$$

将所求问题转化为随机变量函数 $|\xi_1 - \eta_1|$ 的期望，用定积分很容易得到 $E|\xi_1 - \eta_1|$，方法 2 比方法 1 要简单得多。同理由

$$\min(\xi_1, \eta_1) = \frac{1}{2}(\xi_1 + \eta_1 - |\xi_1 - \eta_1|)$$

也可以证明

$$E[\min(\xi_1, \eta_1)] = \mu - \frac{\sigma}{\sqrt{\pi}}$$

例 4.15　设随机变量 ξ 和 η 独立，且 ξ 服从均值为 1，标准差为 $\sqrt{2}$ 的正态分布，而 η 服从标准正态分布，试求随机变量 $\zeta = 2\xi - \eta + 3$ 的概率密度函数。

分析　此题看上去好像与数字特征无多大联系，但由于 ξ 和 η 相互独立且都服从正态分布，所以 ζ 作为 ξ, η 的线性组合也服从正态分布，只需求 $E\zeta$ 和 $D\zeta$，则 ζ 的概率密度函数就唯一确定了。

解　由题设知，$\xi \sim N(1,2)$，$\eta \sim N(0,1)$。从而由期望和方差的性质得：

$$E\zeta = 2E\xi - E\eta + 3 = 5$$

$$D\zeta = 2^2 D\xi + D\eta = 9$$

又因 ζ 是相互独立的正态随机变量 ξ,η 的线性组合,故 ζ 也为正态随机变量,又因正态分布完全由它期望和方差确定,故知 $\zeta \sim N(5,9)$,于是 ζ 的概率密度为

$$f_\zeta(z) = \frac{1}{3\sqrt{2\pi}}e^{-\frac{(z-5)^2}{2\times 9}}, \quad -\infty < z < +\infty$$

例 4.16　假设随机变量 η 服从参数为 $\lambda = 1$ 的指数分布,随机变量

$$\xi_k = \begin{cases} 0, & \eta \leqslant k \\ 1, & \eta > k \end{cases} \quad (k = 1,2)$$

(1) 求 ξ_1 和 ξ_2 的联合概率分布;

(2) 求 $E(\xi_1 + \xi_2)$。

解　显然,η 的分布函数为

$$F(y) = \begin{cases} 1-e^{-y}, & y > 0 \\ 0, & y \leqslant 0 \end{cases}$$

$$\xi_1 = \begin{cases} 0, & \eta \leqslant 1 \\ 1, & \eta > 1 \end{cases} \qquad \xi_2 = \begin{cases} 0, & \eta \leqslant 2 \\ 1, & \eta > 2 \end{cases}$$

(1) $\xi_1 + \xi_2$ 有四个可能取值:$(0,0),(0,1),(1,0),(1,1)$,且

$$P(\xi_1 = 0, \xi_2 = 0) = P(\eta \leqslant 1, \eta \leqslant 2) = P(\eta \leqslant 1)$$
$$= F(1) = 1-e^1$$
$$P(\xi_1 = 0, \xi_2 = 1) = P(\eta \leqslant 1, \eta > 2) = 0$$
$$P(\xi_1 = 1, \xi_2 = 0) = P(\eta > 1, \eta \leqslant 2) = P(1 < \eta \leqslant 2)$$
$$= F(2) - F(1) = e^{-1} - e^{-2}$$
$$P(\xi_1 = 1, \xi_2 = 1) = P(\eta > 1, \eta > 2) = P(\eta > 2)$$
$$= 1 - F(2) = e^{-2}$$

于是得到 ξ_1 和 ξ_2 的联合分布律为

ξ_1 \ ξ_2	0	1
0	$1-e^{-1}$	0
1	$e^{-1}-e^{-2}$	e^{-2}

(2) **方法 1**　显然,ξ_1,ξ_2 的分布律分别为

ξ_1	0	1
P	$1-e^{-1}$	e^{-1}

ξ_2	0	1
P	$1-e^{-2}$	e^{-2}

因此　　　　　　　　　　　$E\xi_1 = e^{-1}, \quad E\xi_2 = e^{-2}$。

故　　　　　　　　$E(\xi_1 + \xi_2) = E\xi_1 + E\xi_2 = e^{-1} + e^{-2}$。

方法 2　本题中也可用间接法求出 $E(\xi_1 + \xi_2)$,这是因为

$$E\xi_1 = 1 \times P(\eta > 1) + 0 \times P(\mu \leqslant 1) = P(\eta > 1) = e^{-1}$$

而　　　　　　　　　　　$E\xi_2 = P\eta > 2 = e^{-2}$

故 $$E(\xi_1 + \xi_2) = E\xi_1 + E\xi_2 = \mathrm{e}^{-1} + \mathrm{e}^{-2}$$

同理可求 ξ_1,ξ_2 其他函数的期望。如求 $E(\xi_1\xi_2)$，此时

$$\xi_1\xi_2 = \begin{cases} 1, & \eta > 2 \\ 0, & \eta \leqslant 2 \end{cases}$$

故　$E(\xi_1\xi_2) = 1 \times P(\eta > 2) + 0 \times P(\eta \leqslant 2) = P(\eta > 2) = \mathrm{e}^{-2}$。

例 4.17　设随机变量 (ξ,η) 服从二维正态分布，其密度函数为

$$f(x,y) = \frac{1}{2\pi}\mathrm{e}^{-\frac{1}{2}(x^2+y^2)}$$

求随机变量 $\zeta = \sqrt{\xi^2 + \eta^2}$ 的期望和方差。

解　由于 $\zeta = \sqrt{\xi^2 + \eta^2}$，故

$$E\zeta = E(\sqrt{\xi^2 + \eta^2}) = \int_{-\infty}^{+\infty}\int_{-\infty}^{+\infty} \sqrt{x^2 + y^2} \cdot f(x,y)\mathrm{d}x\mathrm{d}y$$

$$= \frac{1}{2\pi}\int_{-\infty}^{+\infty}\int_{-\infty}^{+\infty} \sqrt{x^2 + y^2}\,\mathrm{e}^{-\frac{x^2+y^2}{2}}\mathrm{d}x\mathrm{d}y$$

令 $\begin{cases} x = r\cos\theta \\ y = r\sin\theta \end{cases}$，则

$$E\zeta = \frac{1}{2\pi}\int_0^{2\pi}\mathrm{d}\theta\int_0^{+\infty} r\mathrm{e}^{-\frac{r^2}{2}}r\mathrm{d}r$$

$$= \frac{1}{2\pi} \cdot 2\pi\left[-r\mathrm{e}^{-\frac{r^2}{2}}\Big|_0^{+\infty} + \int_0^{+\infty}\mathrm{e}^{-\frac{r^2}{2}}\mathrm{d}r\right]$$

$$= \int_0^{+\infty}\mathrm{e}^{-\frac{r^2}{2}}\mathrm{d}r = \sqrt{\frac{\pi}{2}}$$

而

$$E\zeta^2 = E(\xi^2 + \eta^2) = \frac{1}{2\pi}\int_{-\infty}^{+\infty}\int_{-\infty}^{+\infty}(x^2 + y^2)\mathrm{e}^{-\frac{x^2+y^2}{2}}\mathrm{d}x\mathrm{d}y$$

$$= \frac{1}{2\pi}\int_0^{2\pi}\mathrm{d}\theta\int_0^{+\infty} r^2\mathrm{e}^{-\frac{r^2}{2}} \cdot r\mathrm{d}r = 2\int_0^{+\infty} r\mathrm{e}^{-\frac{r^2}{2}}\mathrm{d}r$$

$$= 2$$

故　$$D\zeta = E\zeta^2 - (E\zeta)^2 = 2 - \frac{\pi}{2}。$$

例 4.18　设二维离散随机变量 (ξ,η) 的分布列为：

ξ \ η	-1	0	1
-1	$\frac{1}{8}$	$\frac{1}{8}$	$\frac{1}{8}$
0	$\frac{1}{8}$	0	$\frac{1}{8}$

求：ρ_{XY}，并问 ξ 与 η 是否独立，为什么？

解　ξ 与 η 的边缘分布列分别为：

ξ	-1	0	1
P	$\dfrac{3}{8}$	$\dfrac{2}{8}$	$\dfrac{3}{8}$

和

η	-1	0	1
P	$\dfrac{3}{8}$	$\dfrac{2}{8}$	$\dfrac{3}{8}$

从而
$$E\xi = E\eta = 0$$
$$E\xi^2 = E\eta^2 = (-1)^2 \times \frac{3}{8} + 0^2 \times \frac{2}{8} + 1^2 \times \frac{3}{8} = \frac{3}{4}$$

从而
$$D\xi = D\eta = \frac{3}{4}$$

又由于
$$E\xi\eta = \sum_{i=1}^{3} \sum_{j=1}^{3} x_i y_j p_{ij} = \sum_{i=1}^{3} x_i \sum_{j=1}^{3} y_j p_{ij}$$
$$= (-1) \times \left[(-1) \times \frac{1}{8} + 0 \times \frac{1}{8} + 1 \times \frac{1}{8} \right] + 0 + 1 \times \left[(-1) \times \frac{1}{8} + 0 \times \frac{1}{8} + 1 \times \frac{1}{8} \right]$$
$$= 0$$

所以
$$\mathrm{Cov}(\xi, \eta) = E\xi\eta - E\xi \cdot E\eta = 0$$

从而
$$\rho_{XY} = \frac{\mathrm{Cov}(\xi, \eta)}{\sqrt{D\xi} \cdot \sqrt{D\eta}} = 0$$

因为 $P(\xi=-1, \eta=-1) = \dfrac{1}{8} \neq P(\xi=-1)P(\eta=-1) = \dfrac{3}{8} \times \dfrac{3}{8}$，所以 ξ 与 η 不独立。

例 4.19 设 A, B 是两随机事件，随机变量
$$\xi = \begin{cases} 1, & \text{若 } A \text{ 出现} \\ -1, & \text{若 } A \text{ 不出现} \end{cases} \qquad \eta = \begin{cases} 1, & \text{若 } B \text{ 出现} \\ -1, & \text{若 } B \text{ 不出现} \end{cases}$$
试证明随机变量 ξ 和 η 不相关的充分必要条件是 A 与 B 独立。

证 记 $P(A) = p_1, P(B) = p_2, P(AB) = p_{12}$，则 ξ, η 的分布律分别为：

ξ	-1	1
P	$1 - P(A)$	$P(A)$

η	-1	1
P	$1 - P(B)$	$P(B)$

可见
$$E\xi = P(A) - (1 - P(A)) = 2P(A) - 1 = 2p_1 - 1$$
$$E\eta = P(B) - (1 - P(B)) = 2P(B) - 1 = 2p_2 - 1$$

现在求 $E(\xi\eta)$，由于 $\xi\eta$ 只有两个可能值 1 和 -1，故
$$P(\xi\eta = 1) = P(\xi=1, \eta=1) + P(\xi=-1, \eta=-1)$$
$$= P(AB) + P(\overline{AB}) = p_{12} + P(\overline{A \cup B})$$
$$= p_{12} + 1 - P(A \cup B) = p_{12} + 1 - P(A) - P(B) + P(AB)$$
$$= 2p_{12} - p_1 - p_2 + 1$$
$$P(\xi\eta = -1) = 1 - P(\xi\eta = 1) = p_1 + p_2 - 2p_{12}$$

从而
$$E\xi\eta = P(\xi\eta = 1) - P(\xi\eta = -1) = 4p_{12} - 2p_1 - 2p_2 + 1$$
$$\mathrm{Cov}(\xi, \eta) = E\xi\eta - E\xi \cdot E\eta = 4p_{12} - 4p_1 \cdot p_2$$

因此，$\text{Cov}(\xi,\eta) = 0$ 当且仅当 $p_{12} = p_1 \cdot p_2$，即 ξ 与 η 不相关当且仅当 A 与 B 相互独立。

总结　本题是二维离散随机变量协方差的综合题，在这个问题中不相关恰好与独立是等价的，一般情形下这个结论不成立。本题的关键是计算 $E(\xi\eta)$，采用先求 $\xi\eta$ 的分布律，而后再求 $E(\xi\eta)$ 的方法，当随机变量是离散型时这样的计算是较为简单的。当然也可以先求出 (ξ,η) 的联合分布律，进而用联合分布律计算 $E(\xi\eta)$ 和 $\text{Cov}(\xi,\eta)$，这里

ξ ＼ η	-1	1	$p_{i \cdot}$
-1	$1 - p_1 - p_2 + p_{12}$	$p_2 - p_{12}$	$1 - p_1$
1	$p_1 - p_{12}$	p_{12}	p_1
$p_{\cdot j}$	$1 - p_2$	p_2	1

那么，用随机变量函数的期望公式，仍可算出 $E(\xi\eta)$ 和 $\text{Cov}(\xi,\eta)$。

例 4.20　假设随机变量 ξ 和 η 在圆域 $x^2 + y^2 \leqslant r^2$ 上服从均匀分布。

(1) 求 ξ 和 η 的相关系数 $\rho_{\xi\eta}$；

(2) 问 ξ 和 η 是否独立？

思路　欲求相关系数，先求出协方差；判断随机变量独立性，需求出其的联合密度和边缘密度

解　(1) 由假设知，ξ 和 η 的联合密度为

$$f(x,y) = \begin{cases} \dfrac{1}{\pi r^2}, & x^2 + y^2 \leqslant r^2 \\ 0, & x^2 + y^2 > r^2 \end{cases}$$

根据联合密度与边缘密度的关系，有

$$f_X(x) = \int_{-\infty}^{+\infty} f(x,y)\mathrm{d}y = \begin{cases} \int_{-\sqrt{r^2-x^2}}^{\sqrt{r^2-x^2}} \dfrac{1}{\pi r^2}\mathrm{d}y, & |x| \leqslant r \\ 0, & \text{其他} \end{cases}$$

$$= \begin{cases} \dfrac{2}{\pi r^2}\sqrt{r^2 - x^2}, & |x| \leqslant r \\ 0, & \text{其他} \end{cases}$$

$$f_Y(y) = \int_{-\infty}^{+\infty} f(x,y)\mathrm{d}x = \begin{cases} \dfrac{2}{\pi r^2}\sqrt{r^2 - y^2}, & |y| \leqslant r \\ 0, & \text{其他} \end{cases}$$

注意到 $f_\xi(x)$，$f_\eta(y)$ 均为偶函数，可得

$$E\xi = \int_{-r}^{r} x\,\frac{2}{\pi r^2}\sqrt{r^2 - x^2}\,\mathrm{d}x = 0$$

$$E\eta = \int_{-r}^{r} y\,\frac{2}{\pi r^2}\sqrt{r^2 - y^2}\,\mathrm{d}y = 0$$

从而，有

$$\text{Cov}(\xi,\eta) = E\xi\eta - E\xi \cdot E\eta = E\xi\eta$$

$$= \int_{-\infty}^{+\infty} \int_{-\infty}^{+\infty} xy f(x,y) \mathrm{d}x \mathrm{d}y = \iint\limits_{x^2+y^2 \leqslant r^2} \frac{xy}{\pi r^2} \mathrm{d}x \mathrm{d}y = 0$$

于是

$$\rho_{\xi\eta} = \frac{\mathrm{Cov}(\xi,\eta)}{\sqrt{D\xi \cdot D\eta}} = 0$$

（2）因为在 $x^2 + y^2 \leqslant r^2$ 上，

$$f(x,y) \neq f_\xi(x) \cdot f_\eta(y)$$

所以随机变量 ξ 和 η 不独立。

总结 从此可见，随机变量的"独立性"与"不相关"是两个不同的概念，需要注意，但在二维正态随机变量中，"独立性"与"不相关"具有同一性。

例 4.21 已知随机变量 ξ 与 η 分别服从正态分布 $N(1,3^2)$ 和 $N(0,4^2)$，且 ξ 与 η 的相关系数 $\rho_{\xi\eta} = -\frac{1}{2}$，设 $\zeta = \frac{\xi}{3} + \frac{\eta}{2}$，求：

（1）ζ 的数学期望 $E\zeta$ 和方差 $D\zeta$；

（2）ξ 与 ζ 的相关系数 $\rho_{\xi\zeta}$；

（3）问 ξ 与 ζ 是否相互独立？为什么？

解 （1）由数学期望的运算性质有

$$E\zeta = E\left(\frac{\xi}{3} + \frac{\eta}{2}\right) = \frac{1}{3}E\xi + \frac{1}{2}E\eta = \frac{1}{3}$$

由 $D(\xi+\eta) = D\xi + D\eta + 2\mathrm{Cov}(\xi,\eta)$ 有

$$D\zeta = D\left(\frac{\xi}{3} + \frac{\eta}{2}\right) = D\left(\frac{1}{3}\xi\right) + D\left(\frac{1}{2}\eta\right) + 2\mathrm{Cov}\left(\frac{1}{3}\xi, \frac{1}{2}\eta\right)$$

$$= \frac{1}{3^2}D\xi + \frac{1}{2^2}D\eta + 2 \times \frac{1}{3} \times \frac{1}{2}\mathrm{Cov}(\xi,\eta)$$

$$= \frac{1}{9}D\xi + \frac{1}{4}D\eta + \frac{1}{3}\rho_{\xi\eta} \cdot \sqrt{D\xi} \cdot \sqrt{D\eta}$$

$$= 1 + 4 - 2 = 3$$

（2）因为

$$\mathrm{Cov}(\xi,\zeta) = \mathrm{Cov}\left(\xi, \frac{\xi}{3} + \frac{\eta}{2}\right)$$

$$= \frac{1}{3}\mathrm{Cov}(\xi,\xi) + \frac{1}{2}\mathrm{Cov}(\xi,\eta)$$

$$= \frac{1}{3}D\xi + \frac{1}{2}\rho_{\xi\eta}\sqrt{D\xi} \cdot \sqrt{D\eta}$$

$$= \frac{1}{3} \times 3^2 + \frac{1}{2} \times \left(-\frac{1}{2}\right) \times 3 \times 4 = 0$$

所以

$$\rho_{\xi\zeta} = \frac{\mathrm{Cov}(\xi,\zeta)}{\sqrt{D\xi} \cdot \sqrt{D\zeta}} = 0$$

（3）因 ξ,η 均为正态随机变量，故 ξ,η 的线性组合 ζ 也是正态随机变量，由于二维正态分布的独立性与相关性是等价的，所以由 $\rho_{\xi\zeta} = 0$ 知，ξ 与 ζ 相互独立。

4.4 应用题

例 4.22 一民航班车上共有 20 名旅客，自机场开出后有 10 个车站可下车，若到达一个车

站没有旅客下车就不停车,以 ξ 表示停车的次数,求 $E\xi$(设每位旅客在各车站下车是等可能的)。

解　引入随机变量

$$\xi_i = \begin{cases} 0, & \text{第 } i \text{ 站无人下车} \\ 1, & \text{第 } i \text{ 站有人下车} \end{cases} \quad i = 1, 2, \cdots, 10$$

易见　$\xi = \xi_1 + \xi_2 + \cdots + \xi_{10}$。

由题意,任一旅客在第 i 站不下车的概率是 $\dfrac{9}{10}$,20 位旅客都不在第 i 站下车的概率为 $\left(\dfrac{9}{10}\right)^{20}$,于是在第 i 站有人下车的概率为 $1 - \left(\dfrac{9}{10}\right)^{20}$,则 $\xi_i(i = 1, 2, \cdots, 10)$ 的分布律为

ξ_i	0	1
P	$\left(\dfrac{9}{10}\right)^{20}$	$1 - \left(\dfrac{9}{10}\right)^{20}$

于是

$$E\xi_i = 1 - \left(\frac{9}{10}\right)^{20}, \quad i = 1, 2, \cdots, 10$$

故

$$E\xi = E\left(\sum_{i=1}^{10} \xi_i\right) = \sum_{i=1}^{10} E\xi_i = 10\left[1 - \left(\frac{9}{10}\right)^{20}\right] = 8.784$$

也就是说,平均停 8.784 次。

总结　本题中不是先求 ξ 的分布,再求 ξ 的数学期望,而是将 ξ 表示成若干个随机变量之和 $\xi = \sum\limits_{i=1}^{10} \xi_i$,再通过 $E\xi_i$ 算出 $E\xi$,此方法具有一定的普遍意义,称之为随机变量的分解法。这类通过分解手法能将复杂的问题简单化,是处理概率论问题中常采用的一种方法。这种分解法的关键是引入合适的 ξ_i,使 $\xi = \sum\limits_{i=1}^{10} \xi_i$。

例 4.23　对目标进行射击,每次击发一颗子弹,至击中 n 次为止,设各次射击相互独立,每次射击时击中目标的概率为 p,试求子弹的消耗量 ξ 的数学期望和方差。

解　设 ξ_i 表示第 $i-1$ 次击中到第 i 次击中目标所消耗的子弹数,$i = 1, 2, \cdots, n$,则有 $\xi = \sum\limits_{i=1}^{n} \xi_i$。

依题设知 ξ_i 独立同分布,皆服从几何分布,即

$$P(\xi_i = k) = (1-p)^{k-1}p, \quad k = 1, 2, \cdots$$

于是

$$E\xi_i = \frac{1}{p}, \quad D\xi_i = \frac{1-p}{p^2}, \quad i = 1, 2, \cdots, n$$

因此

$$E\xi = E\left(\sum_{i=1}^{n} \xi_i\right) = \sum_{i=1}^{n} E\xi_i = \frac{n}{p}$$

由 $\xi_1, \cdots, \xi_n$ 的独立性得:

$$D\xi = D\left(\sum_{i=1}^{n} \xi_i\right) = \sum_{i=1}^{n} D\xi_i = \frac{n(1-p)}{p^2}$$

例 4.24 一公司由三大部门构成,在公司运转中各部门需要调节的概率相应为 0.10, 0.20 和 0.30,假设各部门的状态相互独立,以 ξ 表示同时需要调节的部门数,试求 ξ 的数学期望 $E\xi$ 和方差 $D\xi$。

解 引入事件:
$$A_i = \{\text{第 } i \text{ 个部门需要调整}\}, \quad i = 1,2,3。$$
根据题设,三部门需要调整的概率分别为:
$$P(A_1) = 0.10, \quad P(A_2) = 0.20, \quad P(A_3) = 0.30$$

由题设部门的状态相互独立,于是有
$$P(\xi = 0) = P(\overline{A_1}\,\overline{A_2}\,\overline{A_3}) = P(\overline{A_1})P(\overline{A_2})P(\overline{A_3})$$
$$= 0.9 \times 0.8 \times 0.7 = 0.504$$
$$P(\xi = 1) = P(A_1\,\overline{A_2}\,\overline{A_3} \bigcup \overline{A_1}A_2\,\overline{A_3} \bigcup \overline{A_1}\,\overline{A_2}A_3)$$
$$= 0.1 \times 0.8 \times 0.7 + 0.9 \times 0.2 \times 0.7 + 0.9 \times 0.8 \times 0.3$$
$$= 0.398$$
$$P(\xi = 2) = P(A_1 A_2\,\overline{A_3} \bigcup A_1\,\overline{A_2}A_3 \bigcup \overline{A_1}A_2 A_3)$$
$$= 0.1 \times 0.2 \times 0.7 + 0.1 \times 0.8 \times 0.3 + 0.9 \times 0.2 \times 0.3$$
$$= 0.092$$

于是 ξ 的分布律为

ξ	0	1	2	3
P	0.504	0.398	0.092	0.006

从而
$$E\xi = \sum_i x_i p_i = 0 \times 0.504 + 1 \times 0.398 + 2 \times 0.092 + 3 \times 0.006$$
$$= 0.6$$
$$E\xi^2 = \sum_i x_i^2 p_i = 0^2 \times 0.504 + 1^2 \times 0.398 + 2^2 \times 0.092 + 3^2 \times 0.006$$
$$= 0.820$$
故
$$D\xi = E\xi^2 - (E\xi)^2 = 0.820 - 0.6^2 = 0.46$$

例 4.25 对目标进行射击,直到击中目标为止,如果每次射击的命中率为 p,求射击次数 ξ 的数学期望和方差。

解 由题意可求得 ξ 的分布律为
$$P(\xi = k) = pq^{k-1}, \quad k = 1,2,\cdots,q = 1-p$$
于是

$$E\xi = \sum_{k=1}^{\infty} kpq^{k-1} = p \sum_{k=1}^{\infty} kq^k$$
$$= p \sum_{k=1}^{\infty} \frac{\mathrm{d}}{\mathrm{d}q}(q^k) = p \frac{\mathrm{d}}{\mathrm{d}q} \sum_{k=1}^{\infty} q^k = p \frac{\mathrm{d}}{\mathrm{d}q}\left(\frac{1}{1-q}\right) = \frac{1}{p}, \quad 0 < q < 1$$

为了求 $D\xi$,我们先求 $E\xi^2$。由于

$$E\xi^2 = \sum_{K=1}^{\infty} k(k-1)pq^{k-1} + \frac{1}{p} = pq \sum_{k=2}^{\infty} k(k-1)q^{k-2} + \frac{1}{p}$$

$$= pq \frac{\mathrm{d}^2}{\mathrm{d}q^2} \Big(\sum_{k=1}^{\infty} q^k\Big) + \frac{1}{p} = pq \frac{\mathrm{d}}{\mathrm{d}q}\Big(\frac{1}{(1-q)^2}\Big) + \frac{1}{p} = pq \frac{2}{(1-q)^3} + \frac{1}{p}$$

$$= \frac{2q}{p^2} + \frac{1}{p}$$

因此
$$D\xi = E\xi^2 - (E\xi)^2 = \frac{1-p}{p^2} = \frac{q}{p^2}$$

例 4.26　某人用 n 把钥匙去开门，其中只有一把能打开门上的锁，今逐个任取一把试开，求打开此门所需开门次数 ξ 的均值及方差，假设

（1）打不开的钥匙不放回；

（2）打不开的钥匙仍放回。

解　（1）打不开的钥匙不放回的情况下，所需开门的次数 ξ 的可能取值为 $1,2,\cdots,n$，注意到 $\xi = i$ 意味着从第 1 次到第 $i-1$ 次均未能打开门，第 i 次才打开，故由古典概型计算知

$$P(\xi = i) = \frac{P_{n-1}^{i-1}}{P_n^i} = \frac{1}{n}, \quad i = 1,2,\cdots,n$$

从而
$$E\xi = \sum_{i=1}^{n} iP(\xi = i) = \frac{1}{n}\sum_{i=1}^{n} i = \frac{n+1}{2}$$

又
$$E\xi^2 = \sum_{i=1}^{n} i^2 P(\xi = i) = \frac{1}{n}\sum_{i=1}^{n} i^2 = \frac{1}{6}(n+1)(2n+1)$$

故
$$D\xi = E\xi^2 - (E\xi)^2$$
$$= \frac{1}{6}(n+1)(2n+1) - \Big(\frac{n+1}{2}\Big)^2 = \frac{1}{12}(n^2-1)$$

（2）由于试开不成功，钥匙仍放回，故 X 的可能取值为 $1,2,\cdots,n,\cdots$，其分布律为：

$$P(\xi = i) = \Big(1 - \frac{1}{n}\Big)^{i-1} \frac{1}{n}, \quad i = 1,2,\cdots$$

即 ξ 服从几何分布，$E\xi = \dfrac{1}{\dfrac{1}{n}} = n$

$$D\xi = \frac{1 - \dfrac{1}{n}}{\Big(\dfrac{1}{n}\Big)^2} = n(n-1)$$

例 4.27　某射手有 5 发子弹，射击一次的命中率为 0.9，如果他击中目标就停止射击，否则一直射击到用完 5 发子弹为止。求：

（1）所用子弹数 ξ 的数字期望；

（2）子弹剩余数 η 的数学期望。

解　（1）显然，ξ 的可能取值为 $1,2,3,4,5$，由题意知 ξ 服从几何分布，
$$P(\xi = k) = 0.1^{k-1} \times 0.9, \quad k = 1,2,3,4$$

而
$$P(\xi = 5) = 1 - P(\xi = 1) - P(\xi = 2) - P(\xi = 3)\xi = 4$$
$$= 1 - 0.9 - 0.09 - 0.009 - 0.0009$$
$$= 0.0001$$

从而 $E\xi = \sum\limits_{k=1}^{5} kP(\xi = k) = 1 \times 0.9 + 2 \times 0.09 + 3 \times 0.009 + 4 \times 0.0009 + 5 \times 0.0001$
$$= 1.1111$$

（2）由题意知，$\eta = 5 - \xi$。故
$$E\eta = 5 - E\xi = 5 - 1.1111 = 3.8889$$

总结   本题是一有截止的几何分布，与几何分布不同是试验直到击中目标为止或第 5 次射击为止，故 $P(\xi = 5)$ 的计算也可通过下列方式计算
$$P(\xi = 5) = (1 - 0.9)^4 \times 0.9 + (1 - 0.9)^5 = (1 - 0.9)^4 = 0.0001$$

例 4.28   假设由自动线加工的某种零件的内径 ξ(mm) 服从正态分布 $N(\mu, 1)$，内径小于 10 或大于 12 的为不合格品，其余为合格品，销售每件合格品获利，销售每件不合格品亏损，已知销售利润 T（单位：元）与销售零件的内径 ξ 由如下关系：
$$T = \begin{cases} -1, & \text{若 } \xi < 10 \\ 20, & \text{若 } 10 \leqslant \xi \leqslant 12 \\ -5, & \text{若 } \xi > 12 \end{cases}$$

问平均内径 μ 取何值时，销售一个零件的平均利润最大？

解   由于 $\xi \sim N(\mu, 1)$，故 $\xi - \mu \sim N(0, 1)$，从而由题设条件知，平均利润为
$$ET = 20 \times P(10 \leqslant \xi \leqslant 12) - P(\xi < 10) - 5 \times P(\xi > 12)$$
$$= 20 \times [\Phi(12 - \mu) - \Phi(10 - \mu)] - \Phi(10 - \mu) - 5[1 - \Phi(12 - \mu)]$$
$$= 25\Phi(12 - \mu) - 21\Phi(10 - \mu) - 5$$

其中 $\Phi(x)$ 为标准正态分布函数，设 $\varphi(x)$ 为标准正态密度函数，则有
$$\frac{\mathrm{d}ET}{\mathrm{d}\mu} = -25\varphi(12 - \mu) + 21\varphi(10 - \mu)$$
$$= -\frac{25}{\sqrt{2\pi}}\mathrm{e}^{-\frac{(12-\mu)^2}{2}} + \frac{21}{\sqrt{2\pi}}\mathrm{e}^{-\frac{(10-\mu)^2}{2}}$$

令其等于 0，得
$$\mu = \mu_0 = 11 - \frac{1}{2}\ln\frac{25}{21} \approx 10.9$$

由题意知（此时 $\left.\dfrac{\mathrm{d}^2 ET}{\mathrm{d}\mu^2}\right|_{\mu=\mu_0} < 0$），当 $\mu = \mu_0 \approx 10.9$ mm 时，平均利润最大。

例 4.29   设某种商品每周的需求量 ξ 服从区间 $[10, 30]$ 上均匀分布的随机变量，而经销商店进货数量为区间 $[10, 30]$ 中的某一整数，商店每销售一单位可获利 500 元；若供大于求则削价处理，每处理一单位商品亏损 100 元；若供不应求，则可从外部调剂供应，此时每一单位仅获利 300 元，为使商品所获利润的期望值不少于 9280 元，试确定最小进货量。

解   根据题设，随机变量 ξ 的概率分布密度为
$$f_\xi(x) = \begin{cases} \dfrac{1}{20}, & 10 \leqslant x \leqslant 30 \\ 0, & \text{其他} \end{cases}$$

设进货数量为 a，则利润应为
$$Z = \begin{cases} 500\xi - (a - \xi)100, & 10 \leqslant \xi \leqslant a \\ 500a + (\xi - a)300, & a < \xi \leqslant 30 \end{cases}$$

$$= \begin{cases} 600\xi - 100a, & 10 \leqslant \xi \leqslant a \\ 300\xi + 200a, & a < \xi \leqslant 30 \end{cases}$$

利用随机变量函数的期望公式知,期望利润

$$E\zeta = \int_{-\infty}^{+\infty} \zeta \cdot f_\xi(x) dx$$

$$= \int_{10}^{a} (600x - 100a) \cdot \frac{1}{20} dx + \int_{a}^{30} (300x + 200a) \cdot \frac{1}{20} dx$$

$$= -7.5a^2 + 350a + 5250$$

依题意,要 $-7.5a^2 + 350a + 5250 \geqslant 9280$

即 $(3a - 62)(2.5a - 65) \leqslant 0$

于是 $3a - 62 \geqslant 0, \quad 2.5a - 65 \leqslant 0$

即 $20\frac{2}{3} \leqslant a \leqslant 26$。故要利润期望值不少于 9280 元的最小进货量为 21 单位。

例 4.30 一商店经销某种商品,每周进货的数量 ξ 与顾客对该种商品的需求量 η 是相互独立的随机变量,且均服从区间 $[10, 20]$ 上的均匀分布,商店每售出一单位商品可得利润 1000元;若需求量超过进货量,商店可从其他商店调剂供应,这时每单位商品获利润为 500 元,试计算此商店经销该种商品每周利润的期望值。

解 设 ζ 表示商店每周所得的利润,则由题意:

$$\zeta = \begin{cases} 1000\eta, & \eta \leqslant \xi \\ 1000\xi + 500(\eta - \xi), & \eta > \xi \end{cases}$$

$$= \begin{cases} 1000\eta, & \eta \leqslant \xi \\ 500(\xi + \eta), & \eta > \xi \end{cases}$$

由题设知,(ξ, η) 的联合密度函数为:

$$f(x, y) = f_\xi(x) \cdot f_\eta(y) = \begin{cases} \dfrac{1}{100}, & 10 \leqslant x \leqslant 20, 10 \leqslant y \leqslant 20 \\ 0, & \text{其他} \end{cases}$$

因此,由 ζ 是 ξ, η 的函数可知

$$E\zeta = \int_{-\infty}^{+\infty} \int_{-\infty}^{+\infty} \zeta \cdot f(x, y) dx dy$$

$$= \iint\limits_{y \leqslant x} 1000y \cdot \frac{1}{100} dx dy + \iint\limits_{y > x} 500(x + y) \frac{1}{1000} dx dy$$

$$= 10 \int_{10}^{20} dy \int_{y}^{20} y dx + 5 \int_{10}^{20} dy \int_{10}^{y} (x + y) dx$$

$$= 10 \int_{10}^{20} y(20 - y) dy + 5 \int_{10}^{20} \left(\frac{3}{2} y^2 - 10y - 50 \right) dy$$

$$= 14166.67 (\text{元})$$

总结 本题为一综合应用题,关键是找出利润 ζ 与进货量 ξ 和需求量 η 之间的函数关系,再利用 ξ, η 的独立性计算出 ζ 的期望,值得注意的是,由于 ζ 是 ξ 与 η 的分区域函数,故在计算时需分区域积分,否则计算过程会出错。

例 4.31 某班共有 n 名新生,班长从系里领来他们所有的学生证,随机地发给每一同学,试求恰好拿到自己的学生证的人数 ξ 的数学期望与方差。

解 设

$$X_i = \begin{cases} 1, & \text{第 } i \text{ 个学生拿到自己的学生证} \\ 0, & \text{第 } i \text{ 个学生没拿到自己的学生证} \end{cases}$$

$(i = 1, 2, \cdots, n)$，则显然有 $\xi = \sum_{i=1}^{n} \xi_i$，且 $P(\xi_i = 1) = \dfrac{1}{n}, P(\xi_i = 0) = 1 - \dfrac{1}{n}(i = 1, 2, \cdots, n)$

故有

$$E\xi = E\Big(\sum_{i=1}^{n} \xi_i\Big) = \sum_{i=1}^{n} E\xi_i = \sum_{i=1}^{n} P(\xi_i = 1) = n \times \frac{1}{n} = 1$$

又由于 $\xi_1, \xi_2, \cdots, \xi_n$ 不相互独立，故

$$D\xi = D\Big(\sum_{i=1}^{n} \xi_i\Big) = \sum_{i=1}^{n} D\xi_i + 2\sum\sum_{1 \leqslant i < j \leqslant n} \text{Cov}(\xi_i, \xi_j),$$

而

$$D\xi_i = E\xi_i^2 - (E\xi_i)^2 = P(\xi_i = 1) - \Big(\frac{1}{n}\Big)^2 = \frac{1}{n}\Big(1 - \frac{1}{n}\Big)$$

又 $\text{Cov}(\xi_i, \xi_j) = E(\xi_i\xi_j) - E\xi_i \cdot E\xi_j$，但

$$\xi_i\xi_j = \begin{cases} 1, & \text{若第 } i \text{ 及第 } j \text{ 个学生拿到自己的学生证} \\ 0, & \text{其他} \end{cases}$$

于是，由期望的定义及概率的乘法公式知，有

$$E(\xi_i\xi_j) = P(\xi_i = 1, \xi_j = 1) = P(\xi_i = 1)P(\xi_j = 1 \mid \xi_i = 1)$$
$$= \frac{1}{n} \cdot \frac{1}{n-1}$$

因而

$$\text{Cov}(\xi_i, \xi_j) = \frac{1}{n}\frac{1}{n-1} - \frac{1}{n}\frac{1}{n} = \frac{1}{n^2(n-1)}$$

所以

$$D\xi = n \cdot \frac{1}{n}\Big(1 - \frac{1}{n}\Big) + 2C_n^2 \frac{1}{n^2(n-1)} = \frac{n-1}{n} + \frac{1}{n} = 1$$

总结 本题是随机变量分解法的典型例题。在应用该方法求期望和方差时，应根据题意，搞清楚 ξ_i 之间是否相互独立。特别是求方差时，若遇到 ξ_i 之间不独立的情形，应利用和的方差计算公式：$D\Big(\sum_{i=1}^{n} \xi_i\Big) = \sum_{i=1}^{n} D\xi_i + 2\sum\sum_{1 \leqslant i < j \leqslant n} \text{Cov}(\xi_i, \xi_j)$，但在计算和的期望时，却不需要考虑其独立与否。

例 4.32 设随机变量 ξ 的概率密度为

$$f(x) = \frac{1}{2}\text{e}^{-|x|}, \quad -\infty < x < +\infty$$

(1) 求 $E\xi$ 和 $D\xi$；

(2) 求 ξ 与 $|\xi|$ 的协方差，并问 ξ 与 $|\xi|$ 是否不相关？

(3) 问 ξ 与 $|\xi|$ 是否独立？为什么？

解 由于 ξ 的密度函数 $f(x) = \dfrac{1}{2}\text{e}^{-|x|}, -\infty < x < +\infty$ 是一偶函数，从而有

(1) $E\xi = \displaystyle\int_{-\infty}^{+\infty} xf(x)\text{d}x = 0,$

$$D\xi = E\xi^2 - (E\xi)^2 = E\xi^2$$
$$= \int_{-\infty}^{+\infty} x^2 f(x) \mathrm{d}x = 2\int_{-\infty}^{+\infty} x^2 \times \frac{1}{2}\mathrm{e}^{-x}\mathrm{d}x$$
$$= 2$$

（2）由于 $\mathrm{Cov}(\xi, |\xi|) = E(\xi|\xi|) - E\xi \cdot E(|\xi|)$，而

$$E(\xi|\xi|) = \int_{-\infty}^{+\infty} x|x|f(x)\mathrm{d}x = \int_{-\infty}^{+\infty} x|x|\frac{1}{2}\mathrm{e}^{-|x|}\mathrm{d}x = 0$$

故　　$\mathrm{Cov}(\xi, |\xi|) = 0$，可见 ξ 与 $|\xi|$ 不相关。

（3）给定的 $0 < a < +\infty$，显然事件 $\{|\xi| \leqslant a\}$ 包含在事件 $\{\xi \leqslant a\}$ 内，且

$$P(\xi \leqslant a) < 1, P(|\xi| \leqslant a) > 0$$

故　　　　　　　　　　$P(\xi \leqslant a, |\xi| \leqslant a) = P(|\xi| \leqslant a)$

但　　　　　　　　　　$P(\xi \leqslant a)P(|\xi| \leqslant a) < P(|\xi| \leqslant a)$

从而　　　　　　$P(\xi \leqslant a, |\xi| \leqslant a) \neq P(\xi \leqslant a)P(|\xi| \leqslant a)$

因此，ξ 与 $|\xi|$ 不独立。

例 4.33　设二维随机变量 (ξ, η) 的密度函数为

$$f(x, y) = \frac{1}{2}[\varphi_1(x, y) + \varphi_2(x, y)]$$

其中 $\varphi_1(x, y)$ 和 $\varphi_2(x, y)$ 都是二维正态密度函数，且它们对应的二维随机变量的相关系数分别为 $1/3$ 和 $-1/3$，他们的边缘密度函数对应的随机变量的数学期望均为 0，方差均为 1。

（1）求随机变量 ξ 和 η 的密度函数 $f_1(x)$ 和 $f_2(y)$，及 ξ 和 η 的相关系数 ρ（可以直接利用二维正态密度的性质）；

（2）问 ξ 和 η 是否独立？为什么？

解　（1）由于二维正态密度函数的两个边缘密度都是正态密度函数，因此，$\varphi_1(x, y)$ 和 $\varphi_2(x, y)$ 的两个边缘密度为标准正态密度函数。故

$$f_1(x) = \int_{-\infty}^{+\infty} f(x, y)\mathrm{d}y = \frac{1}{2}\left[\int_{-\infty}^{+\infty} \varphi_1(x, y)\mathrm{d}y + \int_{-\infty}^{+\infty} \varphi_2(x, y)\mathrm{d}y\right]$$
$$= \frac{1}{2}\left[\frac{1}{\sqrt{2\pi}}\mathrm{e}^{-\frac{x^2}{2}} + \frac{1}{\sqrt{2\pi}}\mathrm{e}^{-\frac{x^2}{2}}\right]$$
$$= \frac{1}{\sqrt{2\pi}}\mathrm{e}^{-\frac{x^2}{2}}$$

同理，$f_2(y) = \dfrac{1}{\sqrt{2\pi}}\mathrm{e}^{-\frac{y^2}{2}}$。

由于 $\xi \sim N(0, 1)$，$\eta \sim N(0, 1)$，可见 $E\xi = E\eta = 0$，$D\xi = D\eta = 1$，故 X 与 Y 的相关系数为

$$\rho = \frac{\mathrm{Cov}(\xi, \eta)}{\sqrt{D\xi} \cdot \sqrt{D\eta}} = E(\xi\eta) = \int_{-\infty}^{+\infty}\int_{-\infty}^{+\infty} xyf(x, y)\mathrm{d}x\mathrm{d}y$$
$$= \frac{1}{2}\left[\int_{-\infty}^{+\infty}\int_{-\infty}^{+\infty} xy\varphi_1(x, y)\mathrm{d}x\mathrm{d}y + \int_{-\infty}^{+\infty}\int_{-\infty}^{+\infty} xy\varphi_2(x, y)\mathrm{d}x\mathrm{d}y\right]$$
$$= \frac{1}{2}\left(\frac{1}{3} - \frac{1}{3}\right)$$
$$= 0$$

(2) 由题设

$$f(x,y) = \frac{1}{2}\left[\varphi_1(x,y) + \varphi_2(x,y)\right],$$

$$= \frac{3}{8\pi\sqrt{2}}\left[e^{-\frac{9}{16}(x^2-\frac{2}{3}xy+y^2)} + e^{-\frac{9}{16}(x^2+\frac{2}{3}xy+y^2)}\right]$$

而 $f_1(x) \cdot f_2(y) = \frac{1}{2\pi}e^{-\frac{x^2+y^2}{2}}$，故

$$f(x,y) \neq f_1(x) \cdot f_2(y)$$

故 ξ 与 η 不独立。

4.5　自测题

一、填空题

1. 设随机变量 $\sim N(\mu,\sigma^2)$，且关于 η 的二次方程 $4\eta^2 - 4\eta + \xi = 0$ 有实根的概率为 $\frac{1}{2}$，则 $\mu =$ _____。

2. 设二维随机向量 $(\xi,\eta) \sim N(\mu_1,\mu_2,\sigma_1^2,\sigma_2^2,\rho)$，则 $E(\xi\eta) =$ _____。

3. 设随机变量 ξ 服从参数为 λ 的指数分布，则对任意实数 $a(a \neq 0)$，$\dfrac{E(a\xi)}{D(a\xi)} =$ _____。

4. 设二维随机向量 (ξ,η) 服从区域 $D\{x,y\}|0 \leqslant x \leqslant 1,1 \leqslant y \leqslant 3$ 内的均匀分布，则 (ξ,η) 的协方差矩阵为_____。

5. 设 ξ,η 相互独立，且 $\xi \sim U[0,6]$，η 服从参数为1的指数分布，则 $D(\xi-2\eta) =$ _____。

二、单项选择题

1. 随机变量 ξ 的分布列为 $P\{\xi = k\} = \dfrac{1}{k!}e^{-1}$，$k = 0,1,2,\cdots$，则 $E(\xi) = $（　　）。

A. 1　　　　　　B. $\dfrac{1}{2}$　　　　　　C. e　　　　　　D. 不存在

2. 设随机变量的可能取值为 $x_1 = -1,x_2 = 0,x_3 = 2$，且 $E(\xi) = 0.1,D(\xi) = 1.69$，则 ξ 的分布列为（　　）。

A.

ξ	-1	0	2
P	0.5	0.2	0.3

C.

ξ	-1	0	2
P	0.3	0.2	0.5

B.

ξ	-1	0	2
P	0.2	0.5	0.3

D.

ξ	-1	0	2
P	0.5	0.3	0.2

3. 设随机变量 ξ 与 η 的方差分别为 4 和 6，且 $\rho(\xi,\eta) = 0$，则 $D(\xi-2\eta) = $（　　）。

A. 10　　　　　　B. 16　　　　　　C. 20　　　　　　D. 28

4. 设随机变量 ξ 与 η 相互独立,且 $\xi \sim U[0,2]$,$\eta \sim N[4,9]$,则 $E\lfloor (\xi - \eta)^2 \rfloor = ($　$)$。

A. 16　　　　　　B. $18\frac{1}{3}$　　　　　　C. $14\frac{1}{3}$　　　　　　D. $22\frac{1}{3}$

5. 下列说法中与其他三项不等价的是(　)。

A. ξ 与 η 相互独立　　　　　　　　B. $\rho(\xi,\eta) = 0$

C. $E(\xi\eta) = E(\xi)E(\eta)$　　　　　　　D. $D(\xi - \eta) = D(\xi) + D(\eta)$

6. 设随机变量 $\xi_{ij}(i,j = 1,2,\cdots,n$,且 $n \geqslant 2)$ 相互独立,同分布且 $E(\xi_{ij}) = 2$,令

$$\xi = \begin{vmatrix} \xi_{11} & \xi_{12} & \cdots & \xi_{1n} \\ \xi_{21} & \xi_{22} & \cdots & \xi_{2n} \\ \vdots & \vdots & & \vdots \\ \xi_{n1} & \xi_{n2} & \cdots & \xi_{nn} \end{vmatrix}$$

则 $E(\xi) = ($　$)$。

A. 1　　　　　　B. 0　　　　　　C. 2　　　　　　D. 2^n

三、计算下列各题

1. 设 (ξ,η) 的密度函数为

$$f(x,y) = \begin{cases} x + y, & 0 \leqslant x \leqslant 1, 0 \leqslant y \leqslant 1 \\ 0, & \text{其他} \end{cases}$$

试求 $\xi + \eta$,$\xi\eta$ 的数学期望。

2. 假定国际市场上每年对我国某种出口商品的需求量是随即变量 ξ(单位:千吨),其密度函数为

$$f(x) = \begin{cases} \dfrac{1}{2000}, & 2000 \leqslant x \leqslant 4000 \\ 0, & \text{其他} \end{cases}$$

设每售出这种商品 1 千吨,可为国家挣得外汇 3 千万元;但假如销售不了而囤积于仓库,则每吨须花保管费 1 千元,问需要组织多少货源,才能使国家收益最大?

四、证明题

1. 设 x_i 和 x_k 为随机变量的两个任意可取值,$E(\xi)$、$E(\eta)$ 分别为期望和方差,则

$$E\left(\xi - \frac{x_i + x_k}{2}\right) \geqslant D(\xi)$$

2. 对于两个随机变量 ξ,η,若 $E(\xi^2)$,$E(\eta^2)$ 均存在,证明:

$$E(\xi\eta)^2 \leqslant E(\xi^2)E(\eta^2) \text{ 及} [\text{Cov}(\xi,\eta)]^2 \leqslant D\xi \cdot D\eta$$

3. 设随机变量 $\xi_1,\xi_2\cdots,\xi_n$ 中任意两个的相关系数都是 ρ,试证 $\rho \geqslant -\dfrac{1}{n-1}$。

第 5 章 大数定律及中心极限定理

5.1 内容提要

1. 切比雪夫不等式

设随机变量 X,且数学期望 $E(X)=\mu$ 方差 $D(X)=\sigma^2$,则对于任意正数 ε 有不等式
$$P\{\mid X-\mu\mid\geqslant\varepsilon\}\leqslant\sigma^2/\varepsilon^2$$

或

$$P\{\mid X-\mu\mid<\varepsilon\}\geqslant 1-\sigma^2/\varepsilon^2$$

2. 大数定律

随机变量序列 $\{X_n\}(n=1,2,\cdots)$ 服从大数定律,$\{X_n\}(n=1,2,\cdots)$ 服从大数定律$\Leftrightarrow$对于任意正数 $\varepsilon>0$,$\lim\limits_{n\to\infty}P\{\mid\frac{1}{n}\sum\limits_{i=1}^{n}X_i-\mu\mid<\varepsilon\}=1$。

切比雪夫大数定律 设 $\{X_n\}$ 是相互独立的随机变量序列,且具有相同的数学期望 $E(X_n)=\mu$,方差 $D(X_n)=\sigma^2$,则 $\{X_n\}$ 满足大数定律,即 $\frac{1}{n}\sum\limits_{i=1}^{n}X_i\xrightarrow{p}\mu$,或对任意正数 $\varepsilon>0$,有 $\lim\limits_{n\to\infty}P\{\mid\frac{1}{n}\sum\limits_{i=1}^{n}X_i-\mu\mid<\varepsilon\}=1$。

伯努利大数定律 设随机变量 μ_n 表示 n 次独立重复试验中事件 A 发生的次数,p 是事件 A 在每次试验中发生的概率,则对任意的 $\varepsilon>0$,有 $\lim\limits_{n\to\infty}P\{\mid\frac{\mu_n}{n}-p\mid<\varepsilon\}=1$。

辛钦大数定律 设 $\{X_n\}$ 为一独立同分布的随机变量序列,若 X_i 的数学期望存在,则 $\{X_n\}$ 服从大数定律,即对任意的 $\varepsilon>0$,有 $\lim\limits_{n\to\infty}P\{\mid\frac{1}{n}\sum\limits_{i=1}^{n}X_i-\frac{1}{n}\sum\limits_{i=1}^{n}E(X_i)\mid<\varepsilon\}=1$。

3. 中心极限定理

独立同分布中心极限定理

列维-林德伯格中心极限定理 设 $\{X_n\}(n=1,2,\cdots)$ 是独立同分布的随机变量序列,且 $E(X)=\mu,D(X)=\sigma^2\neq0$,则对于任意的 x 有

$$\lim_{n\to\infty}P\left\{\frac{\sum\limits_{i}^{n}X_i-n\mu}{\sigma\sqrt{\mu}}\leqslant x\right\}=\frac{1}{\sqrt{2\pi}}\int_{-\infty}^{x}e^{-\frac{t^2}{2}}dt$$

二项分布的正态近似

棣莫弗-拉普拉斯极限定理 设随机变量 μ_n 服从参数为 $n,p(0<p<1)$ 的二项分布,则

对于任意实数 x，有

$$\lim_{n \to \infty} P\left\{ \frac{\mu_n - np}{\sqrt{np(1-p)}} \leqslant x \right\} = \frac{1}{\sqrt{2\pi}} \int_{-\infty}^{x} e^{-\frac{t^2}{2}} dt$$

独立不同分布下的中心极限定理

李雅普诺夫中心极限定理　设 $\{X_n\}$ 为独立随机变量序列，$E(X_i)$，$D(X_i)$ 存在，若存在 $\delta > 0$，满足

$$\lim_{n \to \infty} \frac{1}{B_n^{2+\delta}} \sum_{i=1}^{n} E(|X_i - E(X_i)|^{2+\delta}) = 0$$

则对任意的 x，有

$$\lim_{n \to \infty} P\left\{ \frac{1}{B_n} \sum_{i=1}^{n} (X_i - E(X_i)) \leqslant x \right\} = \frac{1}{\sqrt{2\pi}} \int_{-\infty}^{x} e^{-\frac{t^2}{2}} dt$$

其中 $B_n^2 = \sum_{i=1}^{n} D(X_i)$。

5.2　疑难解惑

问题 5.1　大数定律在概率论中有何意义？

答　大数定律给出了在试验次数很大时频率和平均值的稳定性。从理论上肯定了用算术平均值代替均值，用频率代替概率的合理性。它既验证了概率论中一些假设的合理性，又为数理统计中用样本推断总体提供了理论依据。所以说大数定律是概率论中最重要的基本定律。

问题 5.2　中心极限定理有何实际意义？

答　正态分布是现实生活中使用最多也是最广泛的一种变量分布形式，但是有许多随机变量本身并不是正态分布，然而它们的极限分布是正态分布。中心极限定理阐明了在什么条件下原来不属于正态分布的一些随机变量其总和分布渐近地服从正态分布。

问题 5.3　大数定律与中心极限定理有何异同？

答　它们的相同点是，都是用极限理论来研究概率问题，研究对象都是随机变量序列，都是解决概率论中的基本问题。不同点是，大数定理研究概率或者平均值的极限，而中心极限定理研究随机变量总和的分布的极限。

5.3　典型例题解析

例 5.1　设随机变量 X 和 Y 的数学期望分别是 -2 和 2，方差分别为 1 和 4，相关系数为 -0.5，则根据切比雪夫不等式，$P\{|X+Y| \geqslant 6\} \leqslant$ _____。

解　$E(X+Y) = E(X) + E(Y) = 0$，

$$\begin{aligned}
D(X+Y) &= D(X) + D(Y) + 2\text{Cov}(X,Y) \\
&= D(X) + D(Y) + 2\rho_{X,Y} \sqrt{D(X)} \sqrt{D(Y)} \\
&= 1 + 4 + 2 \times (-0.5) \times 1 \times 2 = 3
\end{aligned}$$

所以，$P\{|X+Y| \geqslant 6\} = P\{|(X+Y) - E(X+Y)| \geqslant 6\} \leqslant \dfrac{D(X+Y)}{6^2} = \dfrac{1}{12}$

例5.2 设总体 X 服从参数为 2 的指数分布,$X_1,X_2,\cdots,X_n$ 为来自总体的简单随机样本,则当 $n \to \infty$ 时,$Y = \dfrac{1}{n}\sum_{i=1}^{n}X_i^2$ 依概率收敛于_____。

解 因为 $X_1,X_2,\cdots,X_n$ 独立同分布,所以 $Y_1,Y_2,\cdots,Y_n$ 也独立同分布,有 $EY_i = EX_i^2 = DX_i + (EX_i)^2 = \dfrac{1}{2}$,故由辛钦大数定律得,当 $n \to \infty$ 时,$Y = \dfrac{1}{n}\sum_{i=1}^{n}X_i^2$ 依概率收敛于 $EY_i = \dfrac{1}{2}$。

例5.3 将 n 个分别标有数字 $1,2,\cdots,n$ 的球放入编有 $1,2,\cdots,n$ 号的 n 个盒子中,以 X 记球上数字与盒子号数相同的个数,证明 $\dfrac{X - E(X)}{n}$ 依概率 $\to 0$。

解 设 $X_k = \begin{cases} 1, & k \text{ 号球进入 } k \text{ 号盒子} \\ 0, & \text{其他} \end{cases}$,$k = 1,2,\cdots,n$,则 $X = X_1 + X_2 + \cdots + X_n$,且 $P\{X_i = 1\} = \dfrac{1}{n}$。因为 $P\{X_i = 1, X_j = 1\} = \dfrac{1}{n(n-1)}$,所以 $E(X_i) = \dfrac{1}{n}$,

$$D(X_i) = \dfrac{1}{n} - \left(\dfrac{1}{n}\right)^2 = \dfrac{n-1}{n^2},$$

$$\text{Cov}(X_i,X_j) = E(X_iX_j) - E(X_i)E(X_j) = \dfrac{1}{n(n-1)} - \dfrac{1}{n^2}$$

$$= \dfrac{1}{n^2(n-1)}$$

由切比雪夫不等式得:

$$P\{|\dfrac{X - E(X)}{n}| \geqslant \varepsilon\} = P\{|X - E(X)| \geqslant n\varepsilon\} \leqslant \dfrac{D(X)}{\varepsilon^2 n^2}$$

$$= \left[\sum_{i=1}^{n}D(X_i) + 2\sum_{1\leqslant i<j\leqslant n}\text{Cov}(X_i,X_j)\right]/\varepsilon^2 n^2$$

$$= \dfrac{\dfrac{n(n-1)}{n^2} + 2 \cdot \dfrac{n(n-1)/2}{n^2(n-1)}}{\varepsilon^2 n^2}$$

$$= \dfrac{1}{\varepsilon^2 n^2} \to 0 (n \to \infty)$$

所以 $[X - E(X)]/n \xrightarrow{p} 0$。

例5.4 已知独立随机变量序列 $X_1,X_2,\cdots,X_n\cdots$,具有同一分布

$$F(x) = \dfrac{1}{2} + \dfrac{1}{\pi} \cdot \arctan\left(\dfrac{x}{a}\right)$$

问是否可以用辛钦大数定理?

解 除 X_n 相互独立且同分布外,辛钦大数定理还要求具有数学期望 $E(X_k) = \mu$,但本题

$$E(X) = \int_{-\infty}^{+\infty}|x|\,dF(x) = \dfrac{2a}{\pi} \cdot \int_0^{\infty}\dfrac{x}{x^2+a^2}dx$$

$$= \lim_{b\to\infty}\dfrac{2a}{\pi}\int_0^b\dfrac{x dx}{x^2+a^2} = \dfrac{a}{\pi} \cdot \lim_{b\to\infty}\ln\left(1 + \dfrac{b^2}{a^2}\right) = \infty$$

即 $E(X)$ 不存在,所以不能使用辛钦大数定理。

例 5.5　证明:(马尔科夫定理) 如果随机变量序列 $X_1, X_2, \cdots, X_n \cdots$,满足

$$\lim_{n \to \infty} \frac{1}{n^2} \cdot D\left(\sum_{k=1}^{n} X_k\right) = 0$$

则对任意 $\varepsilon > 0$,有

$$\lim_{n \to \infty} P\left\{\left| \frac{1}{n} \cdot \sum_{k=1}^{n} X_k - \frac{1}{n} \sum_{k=1}^{n} E(X_k) \right| < \varepsilon\right\} = 1$$

证　因为 $E\left(\sum_{k=1}^{n} \frac{X_k}{n}\right) = \frac{1}{n} \cdot \sum_{k=1}^{n} E(X_k)$,故 $D\left(\sum_{k=1}^{n} \frac{X_k}{n}\right) = \frac{1}{n^2} \cdot D\left(\sum_{k=1}^{n} X_k\right)$。

由切比雪夫不等式得,

$$P\left\{\left| \sum_{k=1}^{n} \frac{X_k}{n} - \sum_{k=1}^{n} \frac{E(X_k)}{n} \right| < \varepsilon\right\} \geqslant 1 - \frac{D\left(\sum_{k=1}^{n} X_k\right)}{\varepsilon^2 n^2}$$

根据条件,当 $n \to \infty$ 时

$$\lim_{n \to \infty} P\left\{\left| \frac{1}{n} \sum_{k=1}^{n} X_k - \frac{1}{n} \sum_{k=1}^{n} E(X_k) \right| < \varepsilon\right\} \geqslant 1$$

但概率 $\leqslant 1$,故马尔科夫定理成立。

例 5.6　设 $X_1, X_2, \cdots, X_n \cdots$ 为独立同分布的随机变量序列,$E(X_n) = \mu, D(X_n) = \sigma^2$,证明

$$2/[n(n+1)] \cdot \sum_{k=1}^{n} k X_k \xrightarrow{p} \mu, \quad (n \to \infty)$$

证　令 $Y_n = 2/[n(n+1)] \cdot \sum_{k=1}^{n} k X_k$,则

$$E(Y_n) = 2/[n(n+1)] \cdot \sum_{k=1}^{n} k E(X_k) = \mu,$$

$$D(Y_n) = 4/[n^2(n+1)^2] \cdot \sum_{k=1}^{n} k^2 D(X_k)$$

$$= 4/[n^2(n+1)^2] \cdot \sum_{k=1}^{n} k^2 \sigma^2$$

$$= 4\sigma^2/(n+1)^2 \cdot \sum_{k=1}^{n} (k/n)^2$$

$$\leqslant 4\sigma^2/(n+1) \to 0$$

对任意给定 $\varepsilon > 0$,有

$$P\{| Y_n - \mu | < \varepsilon\} > 1 - D(Y_n)/\varepsilon^2 \to 1$$

因此证得　$Y_n \xrightarrow{p} \mu$。

例 5.7　一生产线生产的产品成箱包装,每箱的重量都是随机的,假设每箱的平均重量为 50 kg,标准差为 5 kg,若用最大载重量为 5 吨的汽车承载,试利用中心极限定理说明每辆车最多可以装多少箱,才能保证不超载的概率大于 0.997。($\Phi(2) = 0.977$)

解　设能装 n 箱,装运的第 i 箱的重量为 X_i(单位:kg),$i = 1, 2, \cdots, n$,则 $X_1, X_2, \cdots, X_n$ 独立同分布,$E(X_i) = 50, \sqrt{D(X_i)} = 5$,由独立同分布中心极限定理得

$$P\left\{\sum_{i=1}^{n} X_i \leqslant 5000\right\} = P\left\{\frac{\sum_{i=1}^{n} X_i - 50n}{5\sqrt{n}} \leqslant \frac{5000 - 50n}{5\sqrt{n}}\right\} \approx \Phi\left(\frac{1000 - 10n}{\sqrt{n}}\right) > 0.977 = \Phi(2)$$

由分布函数的不减性得 $\dfrac{1000 - 10n}{\sqrt{n}} > 2$,

得 $n < 98.02$,故最多可以装 98 箱。

例 5.8 假设 $X_1, X_2, \cdots, X_n$ 是来自总体的简单随机样本;已知 $E(X^k) = \alpha_k, (k = 1, 2, 3, 4)$。证明当 n 充分大时,随机变量 $Z_n = \dfrac{1}{n}\sum_{i=1}^{n} X_i$ 近似服从正态分布,并指出其分布参数。

证 依题意 $X_1, X_2, \cdots, X_n$ 独立同分布,可知 $X_1^2, X_2^2, \cdots, X_n^2$ 也独立同分布,且有 $E(X_i^2) = \alpha_2, D(X_i^2) = E(X_i^4) - (E(X_i^2))^2 = \alpha_4 - \alpha_2^2$,由中心极限定理知

$$Y_n = \frac{\sum_{i=1}^{n} X_i^2 - n\alpha_2}{\sqrt{n(\alpha_4 - \alpha_2^2)}} = \frac{\frac{1}{n}\sum_{i=1}^{n} X_i^2 - \alpha_2}{\sqrt{(\alpha_4 - \alpha_2^2)/n}} = \frac{Z_n - \alpha_2}{\sqrt{(\alpha_4 - \alpha_2^2)/n}}$$

的极限分布为标准正态分布,所以当 n 充分大时 Y_n 近似服从正态分布,从而 $Z_n = \sqrt{\dfrac{\alpha_4 - \alpha_2^2}{n}} Y_n + \alpha_2$ 近似服从参数为 $\mu = \alpha_2, \sigma^2 = \dfrac{\alpha_4 - \alpha_2^2}{n}$ 的正态分布。

例 5.9 设随机变量 $X_1, X_2, \cdots, X_n$ 相互独立,$S_n = X_1 + X_2 + \cdots + X_n$,则根据列维-林德伯格(Levy-Lindberg)中心极限定理,当 n 充分大时,S_n 近似服从正态分布,只要 $X_1, X_2, \cdots, X_n$( )。

A. 有相同数学期望 B. 有相同方差 C. 服从同一指数分布 D. 服从同一离散型分布

解 应选(C)。因为定理除了要求 $X_1, X_2, \cdots, X_n$ 独立外,还要求他们同分布,而且 $E(X_i) = \mu, D(X_i) = \sigma^2$ 存在,服从参数为 λ 的指数分布的 X_i 有 $E(X_i) = \dfrac{1}{\lambda}, D(X_i) = \dfrac{1}{\lambda^2}$ 都存在。(A),(B) 显然不能选。(D) 为什么不能选呢?因为离散型分布的随机变量的 $E(X_i)$,$D(X_i)$ 不一定存在,例如如果 $\sum_{i=1}^{\infty} x_i p_i$ 不绝对收敛,则 $E(X_i)$ 就不存在。

例 5.10 某电视机厂每周生产 10000 台电视机。但它的显像管车间的正品率为 0.8,为了能以 0.977 的概率保证出厂的电视机都装上正品显像管,该车间每周应生产多少只显像管?

解 设随机变量

$$X_n = \begin{cases} 1, & \text{第 } n \text{ 只显像管是正品} \\ 0, & \text{其他} \end{cases}$$

则 $X_n, n \geqslant 1$ 是独立同分布随机变量序列,$p = P\{X_n = 1\} = 0.8$,作 $Y_n = X_1 + X_2 + \cdots + X_n$。现应求出 n,使

$$P\{Y_n \geqslant 10000\} \geqslant 0.997$$

或

$$P\{(Y_n - np)/\sqrt{npq} < (10000 - np)/\sqrt{npq}\} \leqslant 0.003 \approx \Phi(-2.75)$$

由棣莫佛-拉普拉斯定理得

$$(10000 - np) / \sqrt{npq} \leqslant -2.75$$

即 $n - 1.375 \sqrt{n} - 12500 \geqslant 0$

解上式得 $n \geqslant 12654.677$。所以工厂每周至少应生产出 12655 只显像管。

例 5.11　某工厂有 200 台设备,设每台设备的开动与停用时相互独立的,且每台设备的开工率均为 0.6,开工时消耗电能均为 E(千瓦)。问至少要供给该厂多少电能才能以 99.9% 的概率保证工厂不因供电不足而影响生产?

解　设某时刻工作的设备数为 X 服从 $b(200, 0.6)$,求 m,使

$$P\{X \leqslant m\} = \sum_{i=0}^{m} C_{200}^{i} (0.6)^i (0.4)^{200-i} \geqslant 0.999,$$

利用中心极限定理,有

$$\sum_{i=0}^{m} C_{200}^{i} (0.6)^i (0.4)^{200-i} \approx \Phi \left(\frac{m - 200 \times 0.6}{\sqrt{200 \times 0.6 \times 0.4}} \right) - \Phi \left(\frac{-200 \times 0.6}{\sqrt{200 \times 0.6 \times 0.4}} \right)$$

$$= \Phi \left(\frac{m - 120}{\sqrt{48}} \right) - \Phi(-17.32) \approx \Phi \left(\frac{m - 120}{\sqrt{48}} \right) \geqslant 0.999$$

故应有 $\dfrac{m - 120}{\sqrt{48}} = 3.1$,即 $m = 141$。

所以,我们至少要供给该厂 $141E$(千瓦)电能,才能满足生产需要。

例 5.12　随机变量 X 表示做 n 次独立重复试验时,概率为 p 的事件 A 出现的次数。试分别用切比雪夫不等式及中心极限定理估计满足下式的 n

$$P\{ | X/n - p | < \sqrt{D(X)/2} \} > 0.99$$

解　(1) 记 $Y = X/n$,因为 $E(X) = np$,所以 $E(Y) = p$,且 $D(Y) = D(X)/n^2$,根据切比雪夫不等式

$$P\{ | X/n - p | < \sqrt{D(X)/2} \} = P\{ | Y - E(Y) | < \sqrt{D(X)/2} \}$$
$$\geqslant 1 - D(Y) / [\sqrt{D(Y)}]^2 = 1 - 4/n^2$$

要使 $1 - 4/n^2 > 0.99$,应有 $n \geqslant \sqrt{400} = 20$。

(2) 以 X_i 表示每次试验 A 出现的次数,即

$$X_i = \begin{cases} 0, & \text{试验中 } A \text{ 不出现} \\ 1, & \text{试验中 } A \text{ 出现} \end{cases}$$

则 $E(X_i) = p, D(X_i) = pq \leqslant 1/4$。变量 $Y = X/n = \sum_{i=1}^{n} X_i/n$,由独立同分布的中心极限定理,$[Y - E(Y)] / \sqrt{D(Y)}$ 近似服从 $N(0, 1)$,

所以

$$P\{ | X/n - p | < \sqrt{D(X)/2} \} = P \left\{ \left| \frac{Y - E(Y)}{\sqrt{D(Y)}} \right| < \frac{\sqrt{D(X)}}{2\sqrt{D(Y)}} \right\}$$

$$\approx 2\Phi \left(\frac{\sqrt{D(X)}}{2\sqrt{D(Y)}} \right) - 1 \geqslant 0.99$$

即 $\Phi(2.58) = 0.995$。于是,$\dfrac{\sqrt{D(X)}}{2\sqrt{D(Y)}} \geqslant 2.58$,

代入 $D(Y) = D(X)/n^2$，解得 $n = 5.16$。所以 $n \geqslant 6$。

例 5.13　证明：当 $n \to \infty$ 时，有

$$(1 + n + n^2/2 + \cdots + n^n/n!)\mathrm{e}^{-n} \to 1/2。$$

证　设 $X_n, n \geqslant 1$ 是独立同分布的随机变量序列，X_n 服从 $\pi(n)$。则对每个 n，S_n 服从参数为 n 的泊松分布 $\pi(n)$，由中心极限定理，$(S_n - n)/\sqrt{n}$ 近似服从 $N(0,1)$，

所以

$$1/2 = \lim_{n \to \infty} P\{(S_n - n)/\sqrt{n} \leqslant 0\} = \lim_{n \to \infty} P\{S_n \leqslant n\}$$
$$= \lim_{n \to \infty}((1 + n + n^2/2 + \cdots + n^n/n!)\mathrm{e}^{-n})$$

例 5.14　某机器生产的产品中有 20% 的二等品，现从中随机的独立抽取 n 件产品。问 n 多大时，才使二等品出现的概率（即二等品数 X 与 n 之比）在 0.18 到 0.22 之间的概率为 0.95？

解　X 服从 $b(n,p)$，$p = 0.2$，以 X_i 记第 i 次取产品时二等品出现的次数，则

$$X_i = \begin{cases} 0, & \text{第 } i \text{ 次没取到二等品} \\ 1, & \text{第 } i \text{ 次取到二等品} \end{cases}$$

$E(X_i) = p, D(X_i) = pq \leqslant 1/4$，记 $Y = X/n = \sum_{i=1}^{n} X_i/n$，则 Y 表示 n 个产品中二等品出现的概率，

$$E(Y) = \frac{1}{n}\sum_{i=1}^{n} E(X_i) = p, D(Y) = pq/n, \frac{Y - E(Y)}{\sqrt{D(Y)}} \text{ 近似服从 } N(0,1)，$$

于是

$$P\{0.18 < Y < 0.22\} = P\{|Y - 2| < 0.02\}$$
$$= P\left\{\frac{|Y - p|}{\sqrt{D(Y)}} < \frac{0.02}{\sqrt{D(Y)}}\right\} = P\left\{\left|\frac{Y - E(Y)}{\sqrt{D(Y)}}\right| < \frac{0.02}{\sqrt{0.2 \times 0.8/n}}\right\}$$
$$\approx 2\Phi(0.05\sqrt{n}) - 1 = 0.95$$

即 $\Phi(1.96) = 0.975$，令 $0.05\sqrt{n} = 1.96$，得 $n = 1536.64$，故取 $n = 1537$。

例 5.15　设随机变量序列 $\{X_n\}$ 相互独立，在 $[-n, n]$ 上，X_n 服从均匀分布，问对 X_n 能否用中心极限定理？

解　能。因 X_n 服从 $U(-n, n)$，所以

$$E(X_n) = \frac{1}{2n}\int_{-n}^{n} x \mathrm{d}x = 0, D(X_n) = \frac{1}{2n}\int_{-n}^{n} x^2 \mathrm{d}x = n^2/3。$$

$B_n^2 = \sum_{i=1}^{n} D(X_i) = \frac{1}{3}\sum_{i=1}^{n} i^2 \geqslant n^3/9$，故对任给 $\varepsilon > 0$，存在 $N > 0$，使当 $n > N$ 时，$\tau B_n > n$，且

$$\int_{|x| > \tau B_n} x^2 \mathrm{d}F_i(x) = D(X_i) - \int_{-\tau B_n}^{\tau B_n} x^2 \mathrm{d}F_i(x)$$
$$= D(X_i) - \int_{-k}^{k} x^2 \mathrm{d}F_i(x) = D(X_i) - D(X_i) = 0$$

其中 $n > N, k = 1, 2, \cdots, n$，故

$$\frac{1}{B_n^2}\sum_{i=1}^{n} \int_{|x| > \tau B_n} x^2 \mathrm{d}F_i(x) = 0, \quad n > N$$

即 X_n 满足林德伯格条件,可用中心极限定理。

5.4 应用题

例 5.16 设在每次试验中,事件 A 发生的概率为 0.25。(1) 进行 300 次重复独立试验,以 X 记 A 发生的次数。用切比雪夫不等式估计 X 与 $E(X)$ 得偏差不大于 50 的概率;(2) 问是否可用 0.925 的概率,确信在 1000 次试验中 A 发生的次数在 200 到 300 之间。

解 这两个问题的本质是一样的,故

(1) 由于 X 近似服从 $b(300, 0.25)$,知 $E(X) = np = 75, D(X) = npq = 56.25$,

所以 $P\{\mid X - E(X) \mid \leqslant 50\} \geqslant 1 - \dfrac{56.25}{50^2} = 0.9975$。

(2) 由于 X 近似服从 $b(1000, 0.25)$,知 $E(X) = np = 250, D(X) = npq = 187.5$,

所以 $P\{200 \leqslant X \leqslant 300\} = P\{\mid X - E(X) \mid \leqslant 50\} \geqslant 1 - \dfrac{187.5}{50^2} = 0.925$。

例 5.17 设某地有甲乙两个电影院竞争 1000 名观众,观众选择电影院是独立的和随机的。问每个电影院至少应设多少个座位,才能保证观众因缺少座位而离去的概率小于 1%。

解 讨论甲电影院的情况(乙与甲对称),设

$$X_i = \begin{cases} 1, & \text{第 } i \text{ 个观众选择甲电影院} \\ 0, & \text{其他} \end{cases}$$

于是,甲电影院观众总人数 $X = \sum\limits_{i=1}^{1000} X_i$,而 $E(X_i) = 1/2, D(X_i) = E(X_i^2) - (E(X_i))^2 = 1/4$,

又因为 $n = 1000, n\mu = 500, \sqrt{n}\sigma = 5\sqrt{10}$,由同分布中心极限定理知,$\dfrac{X - 500}{5\sqrt{10}}$ 近似服从 $N(0, 1)$

则

$$P\{X \leqslant M\} = P\left\{\frac{X - 500}{5\sqrt{10}} \leqslant \frac{M - 500}{5\sqrt{10}}\right\}$$

$$\approx \Phi\left(\frac{M - 500}{5\sqrt{10}}\right) \geqslant 0.99,$$

$$\frac{M - 500}{5\sqrt{10}} \geqslant 2.33。$$

从而 $M \geqslant 536.84$,所以每个电影院至少应有 537 个座位才能符合要求。

例 5.18 有 100 架歼击机和 50 架轰炸机进行对空作战,每架轰炸机受到两架歼击机的攻击。空战分离为一架轰炸机与两架歼击机的小空战,在每场小空战中,轰炸机被打下的概率为 0.4,两架歼击机都被打下的概率为 0.2,恰有一架歼击机被打下的概率为 0.5,求空战里有不少于 35% 的轰炸机被打下的概率。

解 以 X 表示被打下的轰炸机架数,设

$$X_i = \begin{cases} 0, & \text{第 } i \text{ 个小空战轰炸机没击落} \\ 1, & \text{第 } i \text{ 个小空战轰炸机被击落} \end{cases}$$

则 $P\{X_i = 1\} = 0.4, P\{X_i = 0\} = 0.6$,由题意,$X = X_1 + X_2 + \cdots + X_{50}$,因 $50 \times 0.35 =$

$17.5 > 17$,故所求概率为

$$P\{17 < X < 50\} = P\left\{\frac{17-20}{\sqrt{12}} < \frac{X-20}{\sqrt{12}} < \frac{50-20}{\sqrt{12}}\right\}$$

$$= P\left\{-0.87 < \frac{X-20}{\sqrt{12}} < 8.67\right\}$$

$$= P\left\{\frac{X-20}{\sqrt{12}} < 8.67\right\} - P\left\{\frac{X-20}{\sqrt{12}} < -0.87\right\}$$

$$\approx 1 - 0.19 = 0.81$$

即,在空战中不少于 35% 的轰炸机被击落的概率为 0.81。

例 5.19 某种电器元件的寿命服从均值为 100 小时的指数分布。现随机的取 16 只,设他们的寿命是相互独立的。求这 16 只元件的寿命的总和大于 1920 小时的概率。

解 设元件的寿命为 $X_i(i=1,2,\cdots,16)$,$E(X_i)=100$,$D(X_i)=10000$,又设 $X = \sum_{i=1}^{16} X_i$,则 $\dfrac{X-1600}{\sqrt{10000}\cdot\sqrt{16}} = \dfrac{X-1600}{400}$ 近似服从 $N(0,1)$,

$$P\{X > 1920\} = P\left\{\frac{X-1600}{400} > \frac{1920-1600}{400}\right\}$$

$$= P\left\{\frac{X-1600}{400} > 0.8\right\}$$

$$\approx 1 - \Phi(0.8)$$

$$= 0.2119$$

例 5.20 有一批建筑房屋用的木柱,其中 80% 的长度不小于 $3\,\mathrm{m}$。现从这批木柱中随机取出 100 根,问其中至少有 30 根短于 $3\,\mathrm{m}$ 的概率是多少?

解 设 100 根木柱中短于 $3\,\mathrm{m}$ 的根数为随机变量 X,X 服从 $B(100,0.2)$,$np=20$,$\sqrt{npq}=4$,依中心极限定理,$(X-20)/4$ 近似服从 $N(0,1)$,

$$P\{0 < x < 30\} = P\left\{\frac{0-20}{4} < \frac{X-20}{4} < \frac{30-20}{4}\right\}$$

$$= P\left\{-5 < \frac{X-20}{4} < 2.5\right\}$$

$$\approx \Phi(2.5) - \Phi(5)$$

$$= 0.9938$$

故 $P\{X \geqslant 30\} \approx 0.0062$。

例 5.21 某药厂断言,该厂生产的某种药品对于医治一种疑难的血液病的治愈率为 0.8。医院检查员任意抽取 100 个服用此药品的病人,如果其中多于 75 人治愈,就接受这一断言,否则就拒绝这一断言。

(1) 若实际上此药品对这种疾病的治愈率是 0.8,问接受这一断言的概率是多少?

(2) 若实际上此药品对这种疾病的治愈率为 0.7,问接受这一断言的概率是多少?

解 设 100 个人中治愈人数为 X。

(1) X 服从 $B(100,0.8)$,$np=80$,$\sqrt{npq}=4$。依中心极限定理知

$$(X-80)/4 \text{ 近似服从 } N(0,1),$$

$$P\{75 < x \leqslant 100\} = P\left\{\frac{75-80}{4} < \frac{X-80}{4} < \frac{100-80}{4}\right\}$$

$$= P\left\{-1.25 < \frac{X-80}{4} < 5\right\}$$

$$\approx \Phi(5) - 1 + \Phi(1.25)$$

$$= 0.8944$$

（2）X 服从 $B(100,0.7)$，$np = 70$，$\sqrt{npq} = \sqrt{21}$。依中心极限定理知

$$(X-70)/\sqrt{21}$$ 近似服从 $N(0,1)$，

$$P\{75 < x \leqslant 100\} = P\left\{\frac{75-70}{\sqrt{21}} < \frac{X-70}{\sqrt{21}} < \frac{100-70}{\sqrt{21}}\right\}$$

$$= P\left\{1.091 < \frac{X-80}{\sqrt{21}} < 6.547\right\}$$

$$\approx \Phi(6.547) - \Phi(1.091)$$

$$= 0.1379$$

5.5　自测题

一、填空题

1. 设随机变量 X 的方差为 2，则根据切比雪夫不等式估计 $P\{|X - E(X)| \geqslant 2\} \leqslant$ _____。

2. 假设 $P\{|X - E(X)| < \varepsilon\} \geqslant 0.9$，且 $D(X) = 0.009$，则用切比雪夫不等式估计 ε 的最小值为_____。

3. 设总体 X 服从参数为 2 的指数分布，$X_1, X_2, \cdots, X_n$ 为来自总体的简单随机样本，则当 $n \to \infty$ 时，$Y = \frac{1}{n}\sum_{i=1}^{n} X_i^2$ 依概率收敛于_____。

4. 设随机变量 X 服从正态分布 $N(0,1)$，对给定的数 $\alpha(0 < \alpha < 1)$，数 u_α 满足 $P\{X > u_\alpha\} = \alpha$，若 $P\{|X| < x\} = \alpha$，则 x 等于_____。

5. 某产品的优质品率为 0.6，则生产 200 件这样的产品，其中优质品数在 120 到 150 之间的概率是_____。

6. 掷一枚色子 n 次，当 $n \to \infty$，n 次掷出点数的算术平均值 $\overline{X_n}$ 依概率收敛于_____。

二、单项选择题

1. 设随机变量序列 $X_1, X_2, \cdots, X_n$ 相互独立，则根据辛钦大数定理，当 n 充分大时 $X_1, X_2, \cdots, X_n$ 依概率收敛于其共同的数学期望，只要 $X_1, X_2, \cdots, X_n$（　　）。

　　A. 有相同的数学期望　　　　　　　B. 服从同一离散型分布

　　C. 有相同的泊松分布　　　　　　　D. 服从同一连续型分布

2. 随机变量序列 $X_1, X_2, \cdots, X_n$ 不服从大数定理，如果 $X_1, X_2, \cdots, X_n$（　　）。

　　A. 满足李雅普诺夫定理的条件　　　B. 独立同分布且有有线的方差

　　C. 独立同正态分布　　　　　　　　D. 独立同柯西分布

3. 随机变量序列 $X_1, X_2, \cdots, X_n$ 服从大数定理，如果 $X_1, X_2, \cdots, X_n$（　　）。

A. 独立且有相同的分布　　　　　　B. 独立同分布且有有限方差

C. 独立且有有限方差　　　　　　　D. 独立且有相同的数学期望

4. 设随机变量序列 $X_1,X_2,\cdots,X_n$ 相互独立，$S_n = X_1 + X_2 + \cdots + X_n$，而 c 表示常数，则根据列维-林德伯格中心极限定理，当 n 充分大时，S_n 近似服从正态分布，只要满足条件（　　）。

A. X_i 服从同一离散型分布　　　　B. X_i 服从同一指数分布

C. $E(X_i)$ 和 $D(X_i)$ 都存在　　　　D. $E(X_i)$ 和 $D(X_i)$ 都存在且 $D(X_i) \leqslant c$

5. 随机变量 $X_1,X_2,\cdots,X_n$ 相互独立，$S_n = X_1 + X_2 + \cdots + X_n$ 则根据列维-林德伯格中心极限定理，当 n 充分大时 S_n 服从正态分布，只要 $X_1,X_2,\cdots,X_n$（　　）。

A. 有相同期望和方差　　　　　　　B. 服从同一离散型分布

C. 服从同一均匀分布　　　　　　　D. 服从同一连续型分布

6. 对于独立同分布随机变量序列 $X_1,X_2,\cdots,X_n$，设 $S_n = X_1 + X_2 + \cdots + X_n$，则对于充分大的 n，$U_n = \dfrac{S_n - D(S_n)}{\sqrt{D(S_n)}}$ 的极限分布不是标准正态分布，只要 $X_1,X_2,\cdots,X_n$ 都服从（　　）。

A. 二项分布　　　　B. 泊松分布　　　　C. 指数分布　　　　D. 柯西分布

7. 独立随机变量序列 $X_1,X_2,\cdots,X_n$，设 $S_n = X_1 + X_2 + \cdots + X_n$，则对于充分大的 n，$U_n = \dfrac{S_n - D(S_n)}{\sqrt{D(S_n)}}$ 的极限分布是标准正态分布，如果（　　）。

A. $\{X_n = \pm 1\} = \dfrac{1}{2}\left(1 - \dfrac{1}{n^2}\right), P\{X_n = \pm\sqrt{n}\} = \dfrac{1}{2n^2}$

B. $\{X_n = \pm 1\} = \dfrac{1}{2}\left(1 - \dfrac{1}{n}\right), P\{X_n = \pm\sqrt{n}\} = \dfrac{1}{2n}$

C. $P\{X_n = -2^n\} = \dfrac{1}{2}, P\{X_n = 2^n\} = \dfrac{1}{2}$

D. $P\{X_n = \pm 2^n\} = \dfrac{1}{2^{2n+1}}, P\{X_n = 0\} = 1 - \dfrac{1}{2^{2n}}$

8. 设 $X_1,X_2,\cdots,X_n$ 为独立同分布的随机变量序列，且服从参数为 $\lambda(\lambda > 1)$ 的指数分布，记 $\varPhi(x)$ 为标准正态分布函数，则（　　）。

A. $\lim\limits_{n\to\infty} P\left\{\dfrac{\sum\limits_{i=1}^n X_i - n\lambda}{\lambda\sqrt{n}} \leqslant x\right\} = \varPhi(x)$　　B. $\lim\limits_{n\to\infty} P\left\{\dfrac{\sum\limits_{i=1}^n X_i - n\lambda}{\sqrt{n\lambda}} \leqslant x\right\} = \varPhi(x)$

C. $\lim\limits_{n\to\infty} P\left\{\dfrac{\sum\limits_{i=1}^n X_i - n}{\sqrt{n}} \leqslant x\right\} = \varPhi(x)$　　D. $\lim\limits_{n\to\infty} P\left\{\dfrac{\sum\limits_{i=1}^n X_i - \lambda}{\sqrt{n\lambda}} \leqslant x\right\} = \varPhi(x)$

三、计算题

1. 假设一电路中有 1000 盏灯，夜间平均有 70% 的灯在使用，而且各盏灯的状态互不影响。求同时打开的灯在 650 到 850 盏的概率。

2. 一包装机平均三分钟完成一件包装。假设实际完成一件包装所用时间服从指数分布，利用中心极限定理，求完成 100 件包装的总时间需要 5 到 6 小时的概率。

3. 某保险公司接纳了 10000 辆摩托车的保险，每辆摩托车每年付 12 元保费，若摩托车丢失，则车主得赔偿 1000 元，假设摩托车的丢失率为 0.006，则

（1）保险公司亏损的概率为多少？

（2）保险公司一年获利润不小于 40000 元的概率为多少？

（3）保险公司一年获利润不小于 60000 元的概率为多少？

4. 随机变量序列 $X_1, X_2, \cdots, X_n$ 独立同正态分布且数学期望存在，令 $Y_n = \cos(X_n/X_{n+1})$，$(n = 1, 2, \cdots)$。问随机变量序列 $Y_1, Y_3, \cdots$ 及随机变量序列 $Y_2, Y_4, \cdots$ 是否服从大数定理？

5. 判断独立同分布随机变量序列 $X_1, X_2, \cdots, X_n$ 是否服从大数定理，如果

$$P\left\{X_n = \frac{2^k}{k^2}\right\} = \frac{1}{2^k} \quad (k = 1, 2, \cdots; n \geqslant 1)$$

6. 假设随机变量 $X_n (n = 1, 2, \cdots)$ 在区间 $(-n, n)$ 上均匀分布，问对于随机变量列 $X_1, X_2, \cdots, X_n$，中心极限定理是否成立？

7. 假设一生产线组装每件成品的时间服从指数分布：每件成品的平均组装时间为 10 分钟，并且各件产品的组装时间互不影响，

（1）试求 100 件成品需要 15 到 20 个小时的概率；

（2）问以不小于 0.95 的概率，在 16 个小时内最多可以组装多少件成品？

四、证明题

1. 假设总体 X 服从区间 $[-1, 1]$ 上的均匀分布，$X_1, X_2, \cdots, X_n$ 是独立同分布随机变量，证明：对于任意 $\varepsilon > 0$，有

$$(p) \lim_{n \to \infty} \frac{2}{n} \sum_{i=1}^{n} e^{-X_i^2} = \int_{-1}^{1} e^{-x^2} dx$$

2. 假设随机变量 $X_1, X_2, \cdots, X_n$ 独立同分布，且对于任何自然数 $k > 0$，k 阶矩 $\alpha_k = E(X_i^k)$ 存在，证明：

$$(p) \lim_{n \to \infty} \frac{1}{n} \sum_{i=1}^{n} X_i^k = \alpha_k$$

3. 设随机变量服 X 从参数为 λ 的泊松分布，$X_1, X_2, \cdots, X_n$ 是独立于 X 同分布随机变量，证明：

$$(p) \lim_{n \to \infty} \frac{1}{n} \sum_{i=1}^{n} X_i = \lambda$$

4. 设随机变量 $X_1, X_2, \cdots, X_n$ 独立同分布，数学期望和方差都存在，证明：

$$(p) \lim_{n \to \infty} \frac{1}{n} \sum_{i=1}^{n} X_i = \mu$$

其中 μ 是 $X_1, X_2, \cdots, X_n$ 共同的数学期望。

5. 假设随机变量列 $X_1, X_2, \cdots, X_n, \cdots$ 独立同分布，并且方差有限，对于 $n = 1, 2, \cdots$，令 $Y_n = X_n + X_{n+1} + X_{n+2}$，证明：$Y_1, Y_2, \cdots, Y_n, \cdots$ 服从大数定理。

6. 假设 $X_1, X_2, \cdots, X_{99}$ 相互独立，都在区间 $[0, 1]$ 上服从均匀分布。证明随机变量 $S_{99} = X_1^2 + X_2^2 + \cdots + X_{99}^2$ 近似服从正态分布 $N(\mu, \sigma^2)$，并求 μ 和 σ^2。

第6章　数理统计的基本概念

6.1　内容提要

1. 总体与个体

我们把研究对象的全体元素组成的集合称为总体,而把组成总体的每个元素称为个体。总体可视为一个具有某种概率分布的随机变量 X,常称为总体 X。

2. 简单随机样本

从一个总体 X 中,随机地抽取 n 个个体 $(X_1,X_2,\cdots,X_n)$,称为是总体 X 的一个样本(又称子样),样本中个体的数目 n 称为样本容量。对于某一次具体的抽样结果来说,得到的是一组具体的实数 $(x_1,x_2,\cdots,x_n)$,它是样本 $(X_1,X_2,\cdots,X_n)$ 的一组观察值,简称样本值。

若 $(X_1,X_2,\cdots,X_n)$ 是从总体 X 抽取的样本,而且满足:

(1) $X_1,X_2,\cdots,X_n$ 均与 X 同分布;

(2) $X_1,X_2,\cdots,X_n$ 相互独立,则称 $(X_1,X_2,\cdots,X_n)$ 为简单随机样本。

3. 样本的联合分布

若总体 X 具有分布函数 $F(x)$,则样本 $(X_1,X_2,\cdots,X_n)$ 的联合分布函数为

$$F^*(x_1,x_2,\cdots,x_n) = \prod_{i=1}^{n} F(x_i)$$

若总体 X 是连续型随机变量,具有概率密度 $f(x)$,则样本 $(X_1,X_2,\cdots,X_n)$ 的联合概率密度为

$$f^*(x_1,x_2,\cdots,x_n) = \prod_{i=1}^{n} f(x_i)$$

4. 统计量

(1) 定义:设 $(X_1,X_2,\cdots,X_n)$ 是来自总体 X 的一个样本,$T = g(X_1,X_2,\cdots,X_n)$ 是 X_1,$X_2,\cdots,X_n$ 的一个实值函数,若 g 中不含任何未知参数,则称 T 是样本 $(X_1,X_2,\cdots,X_n)$ 的一个统计量。若 $(x_1,x_2,\cdots,x_n)$ 是样本 $(X_1,X_2,\cdots,X_n)$ 的一个观察值,则称 $t = g(x_1,x_2,\cdots,x_n)$ 是统计量 $T = g(X_1,X_2,\cdots,X_n)$ 的一个观察值。

(2) 常用统计量

样本均值　$\overline{X} = \dfrac{1}{n}\sum_{i=1}^{n} X_i$

样本方差　$S^2 = \dfrac{1}{n-1}\sum_{i=1}^{n}(X_i - \overline{X})^2 = \dfrac{1}{n-1}\left(\sum_{i=1}^{n} X_i^2 - n\overline{X}^2\right)$

样本标准差　$S = \sqrt{S^2}$

样本 k 阶原点矩　　$A_k = \dfrac{1}{n}\sum\limits_{i=1}^{n}X_i^k, k = 1,2,\cdots$

样本 k 阶中心矩　　$B_k = \dfrac{1}{n}\sum\limits_{i=1}^{n}(X_i - \overline{X})^k, k = 2,3,\cdots$

(3) 性质

总体 X 的二阶矩存在，$E(X) = \mu, D(X) = \sigma^2$，则

① $E(\overline{X}) = \mu, \quad D(\overline{X}) = \dfrac{\sigma^2}{n}, \quad E(S^2) = \sigma^2$;

② 样本方差 S^2 依概率收敛于总体方差 σ^2，即 $S^2 \xrightarrow{p} \sigma^2$。

5. 三个重要分布及其性质

(1) χ^2 分布

定义：若随机变量 $X_1, X_2, \cdots, X_n$ 相互独立，均服从标准正态分布 $N(0,1)$，则称随机变量 $\chi^2 = X_1^2 + X_2^2 + \cdots + X_n^2$ 服从自由度是 n 的 χ^2 分布，记为 $\chi^2 \sim \chi^2(n)$。

性质：

① 若 $\chi^2 \sim \chi^2(n)$，则 $E(\chi^2) = n, D(\chi^2) = 2n$;

② 若 $\chi_1^2 \sim \chi^2(n_1), \chi_2^2 \sim \chi^2(n_2)$，且 χ_1^2, χ_2^2 相互独立，则 $\chi_1^2 + \chi_2^2 \sim \chi^2(n_1 + n_2)$;

③ 若总体 X 服从参数为 λ 的指数分布，$(X_1, X_2, \cdots, X_n)$ 是样本，则 $2n\lambda\overline{X} \sim \chi^2(2n)$;

④ 若 $\chi^2 \sim \chi^2(n)$，当 n 很大时，χ^2 近似服从正态分布 $X \sim N(n, 2n)$。

(2) t 分布

定义：设 $X \sim N(0,1), Y \sim \chi^2(n)$，且 X, Y 相互独立，则称随机变量 $T = \dfrac{X}{\sqrt{Y/n}}$ 服从自由度是 n 的 t 分布，记作 $T \sim t(n)$。

性质：$n \to \infty$ 时，t 分布的极限分布是标准正态分布。

(3) F 分布

定义：设 $X \sim \chi^2(n_1), Y \sim \chi^2(n_2)$，且 X, Y 相互独立，则称随机变量 $F = \dfrac{X/n_1}{Y/n_2}$ 服从自由度为 (n_1, n_2) F 分布，记为 $F \sim F(n_1, n_2)$。

性质：若 $F \sim F(n_1, n_2)$，则 $\dfrac{1}{F} \sim F(n_2, n_1)$。

6. 分布的分位数

设随机变量 X 的分布函数为 $F(x) = P\{X \leqslant x\}$，对于 $0 < p < 1$，若 x_p 满足：

$$P\{X \leqslant x_p\} = F(x_p) = p$$

则称 x_p 为分布 $F(x)$（或随机变量 X）的下侧 p 分位数；对于 $0 < \alpha < 1$，若 x_α 满足：

$$P\{X > x_\alpha\} = 1 - F(x_\alpha) = \alpha$$

则称 x_α 为分布 $F(x)$（或随机变量 X）的上侧 α 分位数。

设 $F \sim F(n_1, n_2)$，对于给定的 $\alpha, 0 < \alpha < 1$，满足下式

$$P\{F > F_\alpha(n_1, n_2)\} = \int_{F_\alpha(n_1, n_2)}^{+\infty} f(y)\mathrm{d}y = \alpha$$

的点 $F_a(n_1,n_2)$ 为 F 分布上侧 α 分位数,如图 6-1 所示。

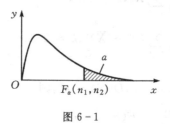

图 6-1

F 分布上侧 α 分位数满足:$F_{1-a}(n_2,n_1)=\dfrac{1}{F_a(n_1,n_2)}$。

7. 正态总体的抽样分布

定理1　设 $(X_1,X_2,\cdots,X_n)$ 是来自正态总体 $N(\mu,\sigma^2)$ 的样本,$\overline{X}$,S^2 分别为样本均值和样本方差,则

(1) $\overline{X}\sim N\left(\mu,\dfrac{\sigma^2}{n}\right)$,从而 $U=\dfrac{\overline{X}-\mu}{\sigma/\sqrt{n}}\sim N(0,1)$;

(2) $\chi^2=\dfrac{(n-1)}{\sigma^2}S^2\sim\chi^2(n-1)$;

(3) $\overline{X}$ 与 S^2 相互独立;

(4) $T=\dfrac{\overline{X}-\mu}{S/\sqrt{n}}\sim t(n-1)$。

定理2　设 $(X_1,X_2,\cdots,X_{n_1})$ 与 $(Y_1,Y_2,\cdots,Y_{n_2})$ 分别是从总体 $N(\mu_1,\sigma_1^2)$,$N(\mu_2,\sigma_2^2)$ 中抽取的样本,两样本相互独立,用 $\overline{X}$,$\overline{Y}$ 分别表示两个样本的样本均值,S_1^2,S_2^2 分别表示两个样本的样本方差,则有

(1) $U=\dfrac{(\overline{X}-\overline{Y})-(\mu_1-\mu_2)}{\sqrt{\dfrac{\sigma_1^2}{n_1}+\dfrac{\sigma_2^2}{n_2}}}\sim N(0,1)$;

(2) $V=\dfrac{(n_1-1)S_1^2}{\sigma_1^2}+\dfrac{(n_2-1)S_2^2}{\sigma_2^2}\sim\chi^2(n_1+n_2-2)$;

(3) $F=\dfrac{S_1^2/\sigma_1^2}{S_2^2/\sigma_2^2}\sim F(n_1-1,n_2-1)$;

特别地,当 $\sigma_1^2=\sigma_2^2$ 时,$F=\dfrac{S_1^2}{S_2^2}\sim F(n_1-1,n_2-1)$;

(4) 当 $\sigma_1^2=\sigma_2^2$ 时,$T=\dfrac{(\overline{X}-\overline{Y})-(\mu_1-\mu_2)}{S_w\sqrt{\dfrac{1}{n_1}+\dfrac{1}{n_2}}}\sim t(n_1+n_2-2)$,

式中　　　　　　　　$S_w^2=\dfrac{(n_1-1)S_1^2+(n_2-1)S_2^2}{(n_1+n_2-2)}$。

6.2　疑难解惑

问题 6.1　设随机变量 $X_i\sim N(\mu_i,\sigma^2)$,$i=1,2,\cdots,n$。如果 $X_1,X_2,\cdots,X_n$ 可以看成一个

样本,则它应满足什么条件?

答　统计中所说的样本是指简单随机样本,应满足两个条件:$X_1, X_2, \cdots, X_n$ 相互独立且与总体同分布。本题中 $X_1, X_2, \cdots, X_n$ 相互独立且 $\mu_1, \mu_2, \cdots, \mu_n$ 全部相等时,才可以看作一个样本。

问题 6.2　Γ-分布及其性质,Γ-分布与 χ^2 分布,指数分布的关系?

答　若随机变量 X 的概率密度为

$$f(x; \alpha, \lambda) = \begin{cases} \dfrac{\lambda^{\alpha}}{\Gamma(\alpha)} x^{\alpha-1} \mathrm{e}^{-\lambda x}, & x > 0 \\ 0, & x \leqslant 0 \end{cases}$$

则称 X 服从参数为 α, λ 的 Γ— 分布,记为 $X \sim \Gamma(\alpha, \lambda)$,其中 $\lambda > 0$。

性质:(1) 若 $X \sim \Gamma(\alpha_1, \lambda)$,$Y \sim \Gamma(\alpha_2, \lambda)$,且 X, Y 相互独立,则 $X + Y \sim \Gamma(\alpha_1 + \alpha_2, \lambda)$。

证明:设 $Z = X + Y$,由于 X, Y 独立,由卷积公式知,当 $z > 0$ 时,Z 的概率密度 $f_Z(z)$ 为:

$$f_Z(z) = \int_{-\infty}^{+\infty} f_X(x) \cdot f_Y(z-x) \mathrm{d}x = \int_0^z \frac{\lambda^{\alpha_1}}{\Gamma(\alpha_1)} x^{\alpha_1-1} \mathrm{e}^{-\lambda x} \cdot \frac{\lambda^{\alpha_2}}{\Gamma(\alpha_2)} (z-x)^{\alpha_2-1} \mathrm{e}^{-\lambda(z-x)} \mathrm{d}x$$

$$= \frac{\lambda^{\alpha_1+\alpha_2}}{\Gamma(\alpha_1)\Gamma(\alpha_2)} \int_0^z x^{\alpha_1-1} (z-x)^{\alpha_2-1} \mathrm{d}x = \frac{\lambda^{\alpha_1+\alpha_2} z^{\alpha_1+\alpha_2-1} \mathrm{e}^{-\lambda x}}{\Gamma(\alpha_1)\Gamma(\alpha_2)} \int_0^1 t^{\alpha_1-1} (1-t)^{\alpha_2-1} \mathrm{d}t$$

(令 $x = zt$ 得最后一个积分)

$$= \frac{\lambda^{\alpha_1+\alpha_2} z^{\alpha_1+\alpha_2-1} \mathrm{e}^{-\lambda x}}{\Gamma(\alpha_1)\Gamma(\alpha_2)} B(\alpha_1, \alpha_2) = \frac{\lambda^{\alpha_1+\alpha_2} z^{\alpha_1+\alpha_2-1} \mathrm{e}^{-\lambda x}}{\Gamma(\alpha_1)\Gamma(\alpha_2)} \frac{\Gamma(\alpha_1)\Gamma(\alpha_2)}{\Gamma(\alpha_1+\alpha_2)}$$

$$= \frac{\lambda^{\alpha_1+\alpha_2}}{\Gamma(\alpha_1+\alpha_2)} z^{\alpha_1+\alpha_2-1} \mathrm{e}^{-\lambda x}$$

当 $z \leqslant 0$ 时,$f_Z(z) = 0$。

所以,$X + Y \sim \Gamma(\alpha_1 + \alpha_2, \lambda)$。

(2) $\Gamma(1, \lambda)$ 即为参数是 λ 的指数分布;$\Gamma(n/2, 1/2)$ 即为 $\chi^2(n)$;参数是 $1/2$ 的指数分布即为 $\chi^2(2)$。

(3) 若总体 X 服从参数为 λ 的指数分布,$(X_1, X_2, \cdots, X_n)$ 是样本,则 $2n\lambda\overline{X} \sim \chi^2(2n)$。

证明:首先证明 $2\lambda X_1 \sim \chi^2(2)$。因为

$$F(y) = P(2\lambda X_1 < y) = P\left(X_1 < \frac{y}{2\lambda}\right) = \int_0^{\frac{y}{2\lambda}} \lambda \mathrm{e}^{-\lambda x} \mathrm{d}x$$

所以

$$f(y) = F'(y) = \begin{cases} \dfrac{1}{2} \mathrm{e}^{-\frac{y}{2}}, & y > 0 \\ 0, & y \leqslant 0 \end{cases}$$

此即为 $\chi^2(2)$ 的密度函数,即 $2\lambda X_1 \sim \chi^2(2)$。

再利用 χ^2 分布的可加性,$2\lambda X_i \sim \chi^2(2)$,$i = 1, 2, \cdots, n$;又它们相互独立,故有 $2n\lambda\overline{X} \sim \chi^2(2n)$。

问题 6.3　设 $(X_1, X_2, \cdots, X_n)$ 是来自总体 $N(\mu, \sigma^2)$ 的样本($n > 1$),下述的两个结论是否正确?说明理由。

(1) $\dfrac{(\overline{X}-\mu)}{\sqrt{\sum\limits_{i=1}^{n}(X_i-\overline{X})^2}}\sqrt{n(n-1)}\sim t(n-1)$;

(2) $\dfrac{n(\overline{X}-\mu)}{\sqrt{\sum\limits_{i=1}^{n}(X_i-\mu)^2}}\sim t(n)$。

答　(1) 正确;(2) 不正确。理由如下:

在(1)中,由于总体 $X\sim N(\mu,\sigma^2)$,$(X_1,X_2,\cdots,X_n)$ 是样本,所以:

$$U=\frac{\sqrt{n}(\overline{X}-\mu)}{\sigma}\sim N(0,1);$$

$$W=\frac{(n-1)}{\sigma^2}S^2=\frac{\sum\limits_{i=1}^{n}(X_i-\overline{X})^2}{\sigma^2}\sim\chi^2(n-1);$$

$\overline{X}$ 与 S^2 独立,从而 U 与 W 独立。

由 t 分布的定义,$\dfrac{U}{\sqrt{W/(n-1)}}=\dfrac{(\overline{X}-\mu)}{\sqrt{\sum\limits_{i=1}^{n}(X_i-\overline{X})^2}}\sqrt{n(n-1)}\sim t(n-1)$。

在(2)中,由于总体 $X\sim N(\mu,\sigma^2)$,$(X_1,X_2,\cdots,X_n)$ 是样本,所以:

$$U=\frac{\sqrt{n}(\overline{X}-\mu)}{\sigma}\sim N(0,1);$$

$X_i\sim N(\mu,\sigma^2)$,从而 $Y_i=\dfrac{X_i-\mu}{\sigma}\sim N(0,1)$,且 $Y_1,Y_2,\cdots,Y_n$ 独立

故 $W=\dfrac{\sum\limits_{i=1}^{n}(X_i-\mu)^2}{\sigma^2}=\sum\limits_{i=1}^{n}Y_i^2\sim\chi^2(n)$。

但是,不能就此断言 $\dfrac{U}{\sqrt{W/n}}$ 服从自由为 n 的 t 分布。因为,U 与 W 不独立。

以 $n=2$ 为例,$U=\dfrac{Y_1+Y_2}{\sqrt{2}}$,　$W=Y_1^2+Y_2^2$,显然,$W\geqslant U^2$。易证 U 与 W 不独立。事实上,如果 U 与 W 独立,则有:$P(U>1,W<1)=P(U>1)P(W<1)$,但是,由于 $W\geqslant U^2$,左边的概率为 0;但右边的概率大于 0。矛盾!一般地,可以证明,对任意 n,U 与 W 不独立。

在确定统计量的分布时,如果有独立性要求,不要遗忘对独立性的验证。关于独立性的判定,要熟悉第 3 章的一些重要定理。同时,要记住:$\overline{X}$ 与 S^2 独立,与 $\sum\limits_{i=1}^{n}(X_i-\mu)^2$ 不独立。

6.3　典型例题解析

例 6.1　设总体 X 服从正态分布 $N(\mu,\sigma^2)$,$(X_1,X_2,\cdots,X_n)$ 是来自总体 X 的样本,求样本 $(X_1,X_2,\cdots,X_n)$ 的联合分布密度。

解　总体 X 的概率密度为

$$f(x) = \frac{1}{\sqrt{2\pi}\sigma} e^{-\frac{(x-\mu)^2}{2\sigma^2}}, \quad -\infty < x < +\infty$$

因为 $X_1, X_2, \cdots, X_n$ 相互独立且与总体 X 同分布,所以 $(X_1, X_2, \cdots, X_n)$ 的概率密度为

$$f^*(x_1, x_2, \cdots, x_n) = \prod_{i=1}^{n} f(x_i)$$
$$= \prod_{i=1}^{n} \frac{1}{\sqrt{2\pi}\sigma} e^{-\frac{(x_i-\mu)^2}{2\sigma^2}} = \frac{1}{(\sqrt{2\pi})^n} e^{-\frac{1}{2\sigma^2}\sum_{i=1}^{n}(x_i-\mu)^2}.$$

例 6.2 盒子中有 5 个白球,3 个黑球。每次从中任取一球,用 X 表示取到的白球数。有放回地抽取 10 次,得到容量为 10 的样本 $X_1, X_2, \cdots, X_{10}$,试求:

(1) 样本均值的数学期望和方差;

(2) $\sum\limits_{i=1}^{10} X_i$ 的分布律。

解 总体服从参数为 5/8 的 0-1 分布,$E(X) = 5/8$, $D(X) = (5/8) \cdot (3/8) = 15/64$。

(1) $E(\overline{X}) = E(X) = 5/8$, $D(\overline{X}) = D(X)/10 = 15/640 = 3/128$;

(2) 因为 X_i 服从参数为 5/8 的 0-1 分布,$i = 1, 2, \cdots, 10$。$X_1, X_2, \cdots, X_{10}$ 相互独立,所以

$\sum\limits_{i=1}^{10} X_i \sim B(10, 3/8)$,即 $P(X = k) = C_{10}^k (3/8)^k (5/8)^{10-k}$, $k = 0, 1, \cdots, 10$。

例 6.3 设总体 $X \sim N(\mu, \sigma^2)$,$X_1, X_2, \cdots, X_n$ 是样本,$\overline{X}_k = \frac{1}{k}\sum\limits_{i=1}^{k} X_i (1 \leqslant k \leqslant n-1)$,求 $\overline{X}_{k+1} - \overline{X}_k$ 的分布。

分析 $\overline{X}_{k+1} - \overline{X}_k$ 是 $X_1, X_2, \cdots, X_n$ 的线性组合,而 $X_1, X_2, \cdots, X_n$ 是独立的服从正态分布的随机变量,所以 $\overline{X}_{k+1} - \overline{X}_k$ 服从正态分布,只需求出其期望和方差即可。但 $\overline{X}_{k+1}$ 与 $\overline{X}_k$ 不独立,需变成独立的随机变量和的形式才方便求其方差。

解 $\overline{X}_{k+1} - \overline{X}_k = \frac{1}{k+1}\sum\limits_{i=1}^{k+1} X_i - \frac{1}{k}\sum\limits_{i=1}^{k} X_i = \frac{1}{k+1}\left(\sum\limits_{i=1}^{k+1} X_i - \frac{k+1}{k}\sum\limits_{i=1}^{k} X_i\right)$

$$= \frac{1}{k+1}\left(\sum_{i=1}^{k+1} X_i - \sum_{i=1}^{k} X_i - \frac{1}{k}\sum_{i=1}^{k} X_i\right) = \frac{1}{k+1}(X_{k+1} - \overline{X}_k)$$

$E(\overline{X}_{k+1} - \overline{X}_k) = E\left(\frac{1}{k+1}(X_{k+1} - \overline{X}_k)\right) = \frac{1}{k+1}(EX_{k+1} - E\overline{X}_k) = \mu - \mu = 0$。

由于 X_{k+1} 与 $\overline{X}_k$ 独立,所以

$$D(\overline{X}_{k+1} - \overline{X}_k) = D\left(\frac{1}{k+1}(X_{k+1} - \overline{X}_k)\right) = \frac{1}{(k+1)^2}(DX_{k+1} + D\overline{X}_k)$$
$$= \frac{1}{(k+1)^2}\left(\sigma^2 + \frac{\sigma^2}{k}\right)$$
$$= \frac{\sigma^2}{k(k+1)}$$

所以,$\overline{X}_{k+1} - \overline{X}_k \sim N\left(0, \frac{\sigma^2}{k(k+1)}\right)$。

例 6.4 设总体 $X \sim N(0, 1)$,$(X_1, X_2, \cdots, X_6)$ 是来自总体 X 的简单随机样本,设 $Y = (X_1 + X_2 + X_3)^2 + (X_4 + X_5 + X_6)^2$,(1) 试确定常数 C,使得 CY 服从 χ^2 分布,并求自由度。

$(2) F = \dfrac{(X_1 + X_2 + X_3)^2}{(X_4 + X_5 + X_6)^2}$ 服从什么分布？

解　(1)根据正态分布的性质,$X_1 + X_2 + X_3 \sim N(0,3)$,$U_1 = \dfrac{X_1 + X_2 + X_3}{\sqrt{3}} \sim N(0,1)$,

从而 $U_1^2 \sim \chi^2(1)$；类似地,$U_2^2 = \left(\dfrac{X_4 + X_5 + X_6}{\sqrt{3}}\right)^2 \sim \chi^2(1)$；由 $(X_1, X_2, \cdots, X_6)$ 相互独立知,

U_1^2, U_2^2 独立,所以,$U_1^2 + U_2^2 \sim \chi^2(2)$。而 $U_1^2 + U_2^2 = \dfrac{1}{3}((X_1 + X_2 + X_3)^2 + (X_4 + X_5 + X_6)^2)$

$= \dfrac{1}{3}Y$,所以 $C = \dfrac{1}{3}$,且分布的自由度是 2。

(2)由(1)知道,U_1^2, U_2^2 都服从 $\chi^2(1)$,而且相互独立,由 F 分布的定义知道：$F = \dfrac{U_1^2/1}{U_2^2/1} =$

$\dfrac{(X_1 + X_2 + X_3)^2}{(X_4 + X_5 + X_6)^2} \sim F(1,1)$。

例 6.5　在总体 $X \sim N(\mu, \sigma^2)$ 中抽取一容量为 16 的样本,求：$(1) P\left(\dfrac{S^2}{\sigma^2} \leqslant 2.04\right)$,其中 S^2

为样本方差；$(2) D(S^2)$。

解　因为 $\dfrac{(n-1)S^2}{\sigma^2} \sim \chi^2(n-1)$,把 $n = 16$ 代入,即 $\chi^2 = \dfrac{15S^2}{\sigma^2} \sim \chi^2(15)$。

(1)于是

$$P\left(\dfrac{S^2}{\sigma^2} \leqslant 2.04\right) = P\left(\dfrac{15S^2}{\sigma^2} \leqslant 15 \times 2.04\right)$$

$$= P(\chi^2 \leqslant 30.6) = 1 - P(\chi^2 > 30.6)$$

设 $P(\chi^2 > 30.6) = \alpha$,由 χ^2 上侧 α 分位数定义,有 $P(\chi^2 > \chi_\alpha^2(15)) = \alpha$,从而 $\chi_\alpha^2(15) =$

30.6。查 χ^2 分布表得 $\alpha = 0.01$。于是

$$P\left(\dfrac{S^2}{\sigma^2} \leqslant 2.04\right) = 1 - 0.01 = 0.99$$

$(2) D\left(\dfrac{15S^2}{\sigma^2}\right) = 2 \times 15 = 30$,又 $D\left(\dfrac{15S^2}{\sigma^2}\right) = \dfrac{15^2}{\sigma^4}D(S^2)$,所以 $D(S^2) = \dfrac{2\sigma^4}{15}$。

例 6.6　设总体 $X \sim N(\mu, \sigma^2)$,从 X 中抽的样本 $X_1, X_2, \cdots, X_n, X_{n+1}$,记 $\overline{X} = \dfrac{1}{n}\sum_{i=1}^{n} X_i$,

$S_n^2 = \dfrac{1}{n}\sum_{i=1}^{n}(X_i - \overline{X})^2$,求 $T = \dfrac{X_{n+1} - \overline{X}}{S_n}\sqrt{\dfrac{n-1}{n+1}}$ 的分布。

分析　本题中的 S_n^2 并不是我们常用的 S^2,但 $nS_n^2 = (n-1)S^2 = \sum_{i=1}^{n}(X_i - \overline{X})^2$,要知道

这个关系,另外,$\dfrac{nS_n^2}{\sigma^2} \sim \chi^2(n-1)$,而不是 $\chi^2(n)$。

解　$E(X_{n+1} - \overline{X}) = E(X_{n+1}) - E(\overline{X}) = \mu - \mu = 0$,又 X_{n+1} 与 $\overline{X}$ 独立,所以

$D(X_{n+1} - \overline{X}) = D(X_{n+1}) + D(\overline{X}) = \sigma^2 + \dfrac{\sigma^2}{n}$,因此 $X_{n+1} - \overline{X} \sim N\left(0, \dfrac{n+1}{n}\sigma^2\right)$,有 $U =$

$\dfrac{X_{n+1}-\overline{X}}{\sqrt{\dfrac{n+1}{n}}\sigma}\sim N(0,1)$。又因为 $W=\dfrac{nS_n^2}{\sigma^2}\sim\chi^2(n-1)$ 且 S_n^2 与 $X_{n+1}-\overline{X}$ 相互独立,故 $T=$

$\dfrac{U}{\sqrt{W/(n-1)}}=\dfrac{X_{n+1}-\overline{X}}{S_n}\sqrt{\dfrac{n-1}{n+1}}\sim t(n-1)$。

例 6.7　设 $(X_1,X_2,\cdots,X_6)$ 是来自正态总体 $X\sim N(0,\sigma^2)$ 的一个样本,$Y=$

$\dfrac{X_1+X_3+X_5}{\sqrt{X_2^2+X_4^2+X_6^2}}$,求随机变量 Y 的分布。

解　因为 X_1,X_3,X_5 独立,且都服从 $N(0,\sigma^2)$,所以,$X_1+X_3+X_5\sim N(0,3\sigma^2)$,从而

$U=\dfrac{X_1+X_3+X_5}{\sqrt{3}\sigma}\sim N(0,1)$;因为 X_2,X_4,X_6 独立,且都服从 $N(0,\sigma^2)$,所以,$W=\dfrac{1}{\sigma^2}(X_2^2+$

$X_4^2+X_6^2)\sim\chi^2(3)$,且 U 与 W 独立。故 $Y=\dfrac{U}{\sqrt{W/3}}=\dfrac{X_1+X_3+X_5}{\sqrt{X_2^2+X_4^2+X_6^2}}\sim t(3)$。

例 6.8　证明:若 $X\sim t(n)$,则 $Y=X^2\sim F(1,n)$。

证　设 $X\sim t(n)$,则 $X=\dfrac{U}{\sqrt{W/n}}$,其中 $U\sim N(0,1)$,$W\sim\chi^2(n)$,而且 U 与 W 相互独立,

于是,$Y=X^2=\dfrac{U^2/1}{W/n}$,$U^2\sim\chi^2(1)$,而且与 W 相互独立,从而 $Y\sim F(1,n)$。

例 6.9　设总体 X 服从参数为 $\lambda(\lambda>0)$ 的泊松分布,$X_1,X_2,\cdots,X_n$ 是取自该总体的样本,

试求 $\overline{X}=\dfrac{1}{n}\displaystyle\sum_{i=1}^{n}X_i$ 的概率分布。

解　首先证明泊松分布有可加性,即:若 $X\sim P(\lambda)$,$Y\sim P(\mu)$,而且 X 和 Y 独立,则 $X+$

$Y\sim P(\lambda+\mu)$。

$$
\begin{aligned}
P(X+Y=n)&=\sum_{k=1}^{n}P(X=k,Y=n-k)=\sum_{k=1}^{n}P(X=k)\cdot P(Y=n-k)\\
&=\sum_{k=1}^{n}\frac{\lambda^k}{k!}\mathrm{e}^{\lambda}\cdot\frac{\mu^{n-k}}{(n-k)!}\mathrm{e}^{\mu}=\frac{1}{n!}\Big(\sum_{k=1}^{n}\frac{n!}{k!(n-k)!}\lambda^k\mu^{n-k}\Big)\mathrm{e}^{\lambda+\mu}\\
&=\frac{(\lambda+\mu)^n}{n!}\mathrm{e}^{\lambda+\mu}\quad(n=0,1,2,\cdots)
\end{aligned}
$$

由于 $X_1,X_2,\cdots,X_n$ 独立同分布于 $P(\lambda)$,由泊松分布的可加性知:$\displaystyle\sum_{i=1}^{n}X_i\sim P(n\lambda)$。所以,$\overline{X}$

的分布律为 $P\Big(\overline{X}=\dfrac{k}{n}\Big)=P\Big(\dfrac{1}{n}\displaystyle\sum_{i=1}^{n}X_i=\dfrac{k}{n}\Big)=P\Big(\displaystyle\sum_{i=1}^{n}X_i=k\Big)=\dfrac{(n\lambda)^k}{k!}\mathrm{e}^{-n\lambda}$,$k=0,1,2,\cdots$。

6.4　应用题

例 6.10　为了了解某地区高三学生的身体发育情况,抽查了地区内 100 名年龄为 17.5 岁
到 18 岁的男生的体重情况,结果如下(单位:kg)。

56.5	69.5	65	61.5	64.5	66.5	64	64.5	76	58.5
72	73.5	56	67	70	57.5	65.5	68	71	75
62	68.5	62.5	66	59.5	63.5	64.5	67.5	73	68
55	72	66.5	74	63	60	55.5	70	64.5	58
64	70.5	57	62.5	65	69	71.5	73	62	58
76	71	66	63.5	56	59.5	63.5	65	70	74.5
68.5	64	55.5	72.5	66.5	68	76	57.5	60	71.5
57	69.5	74	64.5	59	61.5	67	68	63.5	58
59	65.5	62.5	69.5	72	64.5	75.5	68.5	64	62
65.5	58.5	67.5	70.5	65	66	66.5	70	63	59.5

试根据上述数据

(1) 画出样本的频率分布直方图；

(2) 估计体重在 $(64.5, 66.5)$ kg 之间的概率；

(3) 估计体重小于 58.5 kg 的概率。

解 (1) 按照下列步骤获得样本的频率分布。

1) 求最大值与最小值的差。在上述数据中,最大值是 76,最小值是 55,极差是 $76 - 55 = 21$。

2) 确定组距与组数。将组距定为 2,$21 \div 2 = 10.5$,组数为 11。

3) 决定分点。根据本例中数据的特点,第 1 小组的起点可取为 54.5,第 1 小组的终点可取为 56.5,为了避免一个数据既是起点,又是终点从而造成重复计算,我们规定分组的区间是"左闭右开"的。这样,所得到的分组是 $[54.5, 56.5), [56.5, 58.5), \cdots, [74.5, 76.5)$。

4) 列频率分布表,如表下表

分组	频数累计	频数	频率
$[54.5, 56.5)$		2	0.02
$[56.5, 58.5)$		6	0.06
$[58.5, 60.5)$		10	0.10
$[60.5, 62.5)$		10	0.10
$[62.5, 64.5)$		14	0.14
$[64.5, 66.5)$		16	0.16
$[66.5, 68.5)$		13	0.13
$[68.5, 70.5)$		11	0.11
$[70.5, 72.5)$		8	0.08
$[72.5, 74.5)$		7	0.07
$[74.5, 76.5)$		3	0.03
合计		100	1.00

5）绘制频率分布直方图．频率分布直方图如图所示．

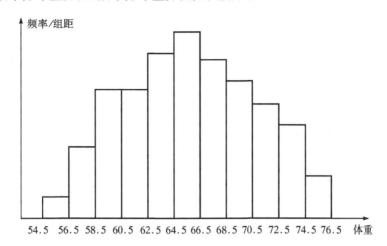

(2) 体重在 $(64.5,66.5)$ kg 的学生,约占学生总数的 16%．

(3) 体重小于 58.5 kg 的学生较少,约占 8%．

例 6.11 对某电子元件的寿命进行追踪调查,情况如下：

寿命(h)	$100 \sim 200$	$200 \sim 300$	$300 \sim 400$	$400 \sim 500$	$500 \sim 600$
个数	20	30	80	40	30

(1) 画出频率分布表；

(2) 画出频率分布直方图和累计频率分布图；

(3) 估计电子元件寿命在 100h $\sim$ 400h 以内的概率；

(4) 估计电子元件寿命在 400h 以上的概率．

解 （1）

寿命	频数	频率	累计频率
$100 \sim 200$	20	0.1	0.10
$200 \sim 300$	30	0.15	0.25
$300 \sim 400$	80	0.40	0.65
$400 \sim 500$	40	0.20	0.85
$500 \sim 600$	30	0.15	1
合计	200	1	

（2）频率分布直方图和累计频率分布图如下

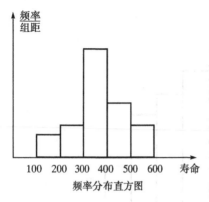

频率分布直方图

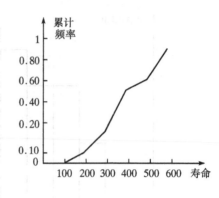

（3）从频率分布图可以看出，寿命在 $100\text{h} \sim 400\text{h}$ 的电子元件出现的频率为 0.65，所以我们估计电子元件寿命在 $100\text{h} \sim 400\text{h}$ 的概率为 0.65。

（4）由频率分布表可知，寿命在 400h 以上的电子元件出现的频率为 $0.20 + 0.15 = 0.35$，故我们估计电子元件寿命在 400h 以上的概率为 0.35。

6.5　自测题

一、填空题

1. 设 $(X_1, X_2, \cdots, X_6)$ 是来自正态分布 $N(0,1)$ 的样本，

$$Y = \Big(\sum_{i=1}^{3} X_i \Big)^2 + \Big(\sum_{i=4}^{6} X_i \Big)^2$$

当 $c = $ _____ 时，cY 服从 χ^2 分布，$E(cY) = $ _____。

2. 设 $X \sim t(m)$，则随机变量 $Y = X^2$ 服从的分布为 _____（需写出自由度）。

3. 设 X_1, X_2, X_3, X_4 是来自正态总体 $N(0,9)$ 的一个简单随机样本，$\xi = \dfrac{(X_2 + X_3 + X_4)^2}{3X_1^2}$ 服从 _____ 分布（须写出自由度）。

4. 设随机变量 $X \sim F(6,6)$，a 满足 $P(X > a) = 0.05$，则 $P\Big(X > \dfrac{1}{a}\Big) = $ _____。

5. 设总体 $X \sim N(\mu_1, \sigma^2)$，总体 $Y \sim N(\mu_2, \sigma^2)$，$X$ 和 Y 独立，$X_1, X_2, \cdots, X_n$ 和 $Y_1, Y_2, \cdots, Y_m$ 分别是来自 X 和 Y 的样本，$\overline{X}$ 和 $\overline{Y}$ 分别是两个样本的样本均值，$S^2 = \dfrac{1}{n-1} \sum_{i=1}^{n} (X_i - \overline{X})^2$，则统计量 $T = \dfrac{\overline{X} - \overline{Y} - (\mu_1 - \mu_2)}{S\sqrt{\dfrac{1}{m} + \dfrac{1}{n}}}$ 服从 _____ 分布（须写出自由度）。

二、单项选择题

1. 设 $X_1, X_2, \cdots, X_n$ 是来自总体 $N(0,1)$ 的样本，$\overline{X}$ 是样本均值，S^2 是样本方差，则（　　）。

A. $\overline{X} \sim N(0,1)$　　　B. $n\overline{X} \sim N(0,1)$　　　C. $\sum_{i=1}^{n} X_i^2 \sim \chi^2(n)$　　　D. $S^2 \sim \chi^2(n-1)$

2. 设总体 $X \sim \chi^2(2)$，$X_1, X_2, \cdots, X_n$ 是样本，则 $n\overline{X}$（　　）。

A. 服从正态分布　　　B. 服从 $\chi^2(2n)$　　　　C. 服从 $\chi^2(2n-2)$　　　D. 服从 $t(n-1)$

3. 设 $X_1, X_2, \cdots, X_n$ 是来自总体 $N(\mu, \sigma^2)$ 的样本，$\overline{X}$ 是样本均值。记

$$S_1^2 = \frac{1}{n-1} \sum_{i=1}^n (X_i - \overline{X})^2 \qquad S_2^2 = \frac{1}{n} \sum_{i=1}^n (X_i - \overline{X})^2$$

$$S_3^2 = \frac{1}{n-1} \sum_{i=1}^n (X_i - \mu)^2 \qquad S_4^2 = \frac{1}{n} \sum_{i=1}^n (X_i - \mu)^2$$

则服从自由度为 $n-1$ 的 t 分布的随机变量 T 是（　　）。

A. $\dfrac{\overline{X} - \mu}{S_1 / \sqrt{n-1}}$　　　　B. $\dfrac{\overline{X} - \mu}{S_2 / \sqrt{n-1}}$　　　　C. $\dfrac{\overline{X} - \mu}{S_3 / \sqrt{n}}$　　　　D. $\dfrac{\overline{X} - \mu}{S_4 / \sqrt{n}}$

4. 设 $(X_1, X_2, \cdots, X_n)$ 为总体 $N(1, 2^2)$ 的一个样本，$\overline{X}$ 为样本均值，则正确结论为（　　）。

A. $\dfrac{\overline{X} - 1}{2 / \sqrt{n}} \sim t(n)$　　　　　　　　B. $\dfrac{1}{4} \sum\limits_{i=1}^n (X_i - 1)^2 \sim F(n, 1)$

C. $\dfrac{\overline{X} - 1}{\sqrt{2} / \sqrt{n}} \sim N(0, 1)$　　　　　D. $\dfrac{1}{4} \sum\limits_{i=1}^n (X_i - 1)^2 \sim \chi^2(n)$

5. 设随机变量 $X \sim N(0, 1)$，对给定的 $\alpha(0 < \alpha < 1)$，数 z_α 满足 $P(X > z_\alpha) = \alpha$。若 $P(|X| < c) = \alpha$，则 $c = $（　　）。

A. $z_{\frac{\alpha}{2}}$　　　　　　　B. $z_{1-\frac{\alpha}{2}}$　　　　　　C. $z_{\frac{1-\alpha}{2}}$　　　　　D. $z_{1-\alpha}$

三、计算题

1. 设 $(X_1, X_2, \cdots, X_n)$ 为来自总体服从参数为 λ 的指数分布的样本，求 $\overline{X}$ 的数学期望与方差。

2. 设 $(X_1, X_2, \cdots, X_9)$ 为来自正态总体 $X \sim N(1, \sigma^2)$ 的一个样本，且 $E(X^2) = 4$，求 $P\{|\overline{X}| < 1.2\}$。

3. 设 $(X_1, X_2, \cdots, X_{10})$ 为总体 $X \sim N(\mu, \sigma^2)$ 的一个样本，试求：

(1) $P\left(0.26\sigma^2 \leqslant \dfrac{1}{10} \sum\limits_{i=1}^{10} (X_i - \overline{X})^2 \leqslant 2.3\sigma^2\right)$；

(2) $P\left(0.26\sigma^2 \leqslant \dfrac{1}{10} \sum\limits_{i=1}^{10} (X_i - \mu)^2 \leqslant 2.3\sigma^2\right)$。

4. 设总体 $X \sim N(\mu, 9)$，其中 μ 未知，$(X_1, X_2, \cdots, X_{16})$ 是来自总体 X 的样本，求

(1) $P\left\{-\dfrac{3}{4} < \overline{X} - \mu \leqslant \dfrac{3}{4}\right\}$；(2) $P\{S^2 \leqslant 15\}$。

5. 设 $(X_1, X_2, \cdots, X_9)$ 是来自正态总体 X 的简单随机样本，$Y_1 = \dfrac{1}{6}(X_1 + \cdots + X_6)$，$Y_2 = \dfrac{1}{3}(Y_7 + Y_8 + Y_9)$，$S^2 = \dfrac{1}{2} \sum\limits_{i=7}^9 (X_i - Y_2)^2$，$Z = \dfrac{\sqrt{2}(Y_1 - Y_2)}{S}$。

四、证明：统计量 Z 服从自由度为 2 的 t 分布。

第7章　参数点估计与区间估计

7.1　内容提要

1. 参数点估计

（1）参数点估计的概念所谓参数是指总体分布中的未知参数或总体的某些未知的数字特征，这些未知参数需要用样本进行估计，参数可取值的范围称为参数空间。设 θ 是待估计的参数，$(X_1, X_2, \cdots, X_n)$ 是来自总体 X 的样本，$(x_1, x_2, \cdots, x_n)$ 是相应的样本值。参数点估计问题就是要构造适当的统计量 $\hat{\theta} = \hat{\theta}(X_1, X_2, \cdots, X_n)$，当得到样本观测值 $(x_1, x_2, \cdots, x_n)$ 时，用统计量 $\hat{\theta} = \hat{\theta}(X_1, X_2, \cdots, X_n)$ 的观测值 $\hat{\theta} = \hat{\theta}(x_1, x_2, \cdots, x_n)$ 作为未知参数 θ 的估计值。我们把估计中用的统计量 $\hat{\theta} = \hat{\theta}(X_1, X_2, \cdots, X_n)$ 称为估计量，它的观测值 $\hat{\theta} = \hat{\theta}(x_1, x_2, \cdots, x_n)$ 称为估计值，并都简记为 $\hat{\theta}$。

（2）估计量的求法矩估计方法是将待估计的参数 θ 表示成总体各阶矩的某个已知函数，即 $\theta = g(\alpha_1, \alpha_2, \cdots, \alpha_k)$，再将函数中的各阶总体矩 $\alpha_j = E(X^j)(j = 1, 2, \cdots, k)$ 换成相应的样本矩 $A_j = \dfrac{1}{n}\sum_{i=1}^{n} X_i^j (j = 1, 2, \cdots, k)$ 就可得到待估计的参数的矩估计量 $\hat{\theta} = g(A_1, A_2, \cdots, A_k)$。

极大似然估计法的基本思想是，当得到样本值 $(x_1, x_2, \cdots, x_n)$ 时，把使似然函数 $L(\theta_1, \theta_2, \cdots, \theta_l)$（连续型分布时 $L(\theta_1, \theta_2, \cdots, \theta_l) = \prod_{i=1}^{n} f(x_i; \theta_1, \theta_2, \cdots, \theta_l), (\theta_1, \theta_2, \cdots, \theta_l) \in \Theta$，离散性分布时 $L(\theta_1, \theta_2, \cdots, \theta_l) = \prod_{i=1}^{n} p(x_i; \theta_1, \theta_2, \cdots, \theta_l), (\theta_1, \theta_2, \cdots, \theta_l) \in \Theta$）达到最大值的参数值作为未知参数的估计值，即如果存在 $(\hat{\theta}_1, \hat{\theta}_2, \cdots, \hat{\theta}_l)$ 使 $L(\hat{\theta}_1, \hat{\theta}_2, \cdots, \hat{\theta}_l) = \max\limits_{(\theta_1, \theta_2, \cdots, \theta_l) \in \Theta} L(\theta_1, \theta_2, \cdots, \theta_l)$，则 $\hat{\theta}_j = \hat{\theta}_j(x_1, x_2, \cdots, x_n)$ 是 $\theta_j(j = 1, 2, \cdots, l)$ 的极大似然估计值，而 $\hat{\theta}_j = \hat{\theta}_j(X_1, X_2, \cdots, X_n)$ 是 $\theta_j(j = 1, 2, \cdots, l)$ 的极大似然估计量。

（3）估计量的评选标准

无偏性：设 $\hat{\theta} = \hat{\theta}(X_1, X_2, \cdots, X_n)$ 是参数 θ 的一个估计量，如果 $E(\hat{\theta}) = \theta$，则称 $\hat{\theta}$ 是 θ 的一个无偏估计量。如果一个估计量不是无偏的就称它是有偏估计量，并称 $\mathrm{bia}(\hat{\theta}) = E(\hat{\theta}) - \theta$ 为估计量 $\hat{\theta}$ 的偏。

渐近无偏性：对一个有偏估计量 $\hat{\theta}$，如果 $\lim\limits_{n \to \infty}[E(\hat{\theta}) - \theta] = 0$ 即 $\lim\limits_{n \to \infty} E(\hat{\theta}) = \theta$，则称 $\hat{\theta}$ 是 θ 的一个渐近无偏估计量。

有效性：设 $\hat{\theta}_1 = \hat{\theta}_1(X_1, X_2, \cdots, X_n)$ 和 $\hat{\theta}_2 = \hat{\theta}_2(X_1, X_2, \cdots, X_n)$ 都是参数 θ 的无偏估计量，如果 $D(\hat{\theta}_1) \leqslant D(\hat{\theta}_2)$，则称 $\hat{\theta}_1$ 比 $\hat{\theta}_2$ 有效。

相合性（一致性）：设 $\hat{\theta} = \hat{\theta}(X_1, X_2, \cdots, X_n)$ 是参数 θ 的一个估计量，如果对任意 $\varepsilon > 0$，有

$\lim\limits_{n\to\infty} P\{|\hat{\theta}-\theta|<\varepsilon\}=1$,则称 $\hat{\theta}$ 是 θ 的相合估计量或一致估计量。

均方相合估性:设 $\hat{\theta}=\hat{\theta}(X_1,X_2,\cdots,X_n)$ 是参数 θ 的一个估计量,如果 $\lim\limits_{n\to\infty} E(\hat{\theta}-\theta)^2=0$,则称 $\hat{\theta}$ 是 θ 的均方相合估计量。

2. 参数区间估计

(1) 参数双侧区间估计的概念:设 $(X_1,X_2,\cdots,X_n)$ 是来自总体 X 的样本,θ 是包含在总体分布中待估计的参数,对于给定值 $\alpha(0<\alpha<1)$,若统计量 $\hat{\theta}_L=\hat{\theta}_L(X_1,X_2,\cdots,X_n)$ 和 $\hat{\theta}_U=\hat{\theta}_U(X_1,X_2,\cdots,X_n)$ 满足

$$P\{\hat{\theta}_L(X_1,X_2,\cdots,X_n)<\theta<\hat{\theta}_U(X_1,X_2,\cdots,X_n)\}=1-\alpha$$

则称随机区间 $(\hat{\theta}_L,\hat{\theta}_U)$ 为参数 θ 的置信度为 $1-\alpha$ 的置信区间,$\hat{\theta}_L$ 和 $\hat{\theta}_U$ 分别称为置信下限和置信上限,$1-\alpha$ 称为置信度。

(2) 求参数双侧置信区间估计的一般步骤:

1) 寻求样本 $(X_1,X_2,\cdots,X_n)$ 的一个函数 $Z=g(X_1,X_2,\cdots,X_n;\theta)$,它包含待估的参数 θ,但不包含其他任何未知参数,求出 $Z=g(X_1,X_2,\cdots,X_n;\theta)$ 的分布,并且此分布不依赖于任何未知参数,当然也不依赖于待估参数 θ;

2) 对给定的置信度 $1-\alpha$,定出两个常数 c_1、c_2 使 $P\{c_1<Z<c_2\}=1-\alpha$;

3) 把不等式 $c_1<Z<c_2$ 等价的改写成 $\hat{\theta}_L<\theta<\hat{\theta}_U$ 的形状,其中 $\hat{\theta}_L=\hat{\theta}_L(X_1,X_2,\cdots,X_n)$,$\hat{\theta}_U=\hat{\theta}_U(X_1,X_2,\cdots,X_n)$ 都是统计量,那么 $(\hat{\theta}_L,\hat{\theta}_U)$ 就是参数 θ 的置信度为 $1-\alpha$ 的置信区间;

4) 根据一次具体抽样所得的样本值 $(x_1,x_2,\cdots,x_n)$ 计算出 (3) 中的统计量 $\hat{\theta}_L=\hat{\theta}_L(X_1,X_2,\cdots,X_n)$ 和 $\hat{\theta}_U=\hat{\theta}_U(X_1,X_2,\cdots,X_n)$ 的观察值 $\hat{\theta}_L=\hat{\theta}_L(x_1,x_2,\cdots,x_n)$ 和 $\hat{\theta}_U=\hat{\theta}_U(x_1,x_2,\cdots,x_n)$,就得到一个具体的估计区间 $(\hat{\theta}_L,\hat{\theta}_U)$。这个区间已不是随机区间了,但我们仍称它为置信度为 $1-\alpha$ 的置信区间。

(3) 参数单侧区间估计的概念:设 $(X_1,X_2,\cdots,X_n)$ 是来自总体 X 的样本,θ 是包含在总体分布中待估计的参数,对于给定值 $\alpha(0<\alpha<1)$,若统计量 $\underline{\theta}=\underline{\theta}(X_1,X_2,\cdots,X_n)$ 满足

$$P\{\underline{\theta}(X_1,X_2,\cdots,X_n)<\theta\}=1-\alpha$$

则称随机区间 $(\underline{\theta},+\infty)$ 为参数 θ 的置信度为 $1-\alpha$ 的单侧置信区间,$\underline{\theta}$ 称为 θ 的单侧置信下限或置信下界;若统计量 $\bar{\theta}=\bar{\theta}(X_1,X_2,\cdots,X_n)$ 满足

$$P\{\theta<\bar{\theta}(X_1,X_2,\cdots,X_n)\}=1-\alpha$$

则称随机区间 $(-\infty,\bar{\theta})$ 为参数 θ 的置信度为 $1-\alpha$ 的单侧置信区间,$\bar{\theta}$ 称为 θ 的单侧置信上限或置信上界。

(4) 求参数单侧置信区间估计的一般步骤:

1) 寻求样本 $(X_1,X_2,\cdots,X_n)$ 的一个函数 $Z=g(X_1,X_2,\cdots,X_n;\theta)$,它包含待估的参数 θ,但不包含其他任何未知参数,求出 $Z=g(X_1,X_2,\cdots,X_n;\theta)$ 的分布,并且此分布不依赖于任何未知参数,当然也不依赖于待估参数 θ;

2) 对给定的置信度 $1-\alpha$,定出常数 c 使 $P\{Z<c\}=1-\alpha$(或 $P\{Z>c\}=1-\alpha$);

3) 把不等式 $Z<c$(或 $Z>c$)等价的改写成 $\underline{\theta}<\theta$ 的形状,其中 $\underline{\theta}=\underline{\theta}(X_1,X_2,\cdots,X_n)$ 是统计量,那么 $\underline{\theta}$ 就是参数 θ 的置信度为 $1-\alpha$ 的置信下界;若把不等式 $Z<c$(或 $Z>c$)等价的改写成 $\theta<\bar{\theta}$ 的形状,其中 $\bar{\theta}=\bar{\theta}(X_1,X_2,\cdots,X_n)$ 是统计量,那么 $\bar{\theta}$ 就是参数 θ 的置信度为 $1-\alpha$ 的置信上界;

4) 根据一次具体抽样所得的样本值$(x_1, x_2, \cdots, x_n)$计算出(3)中的统计量$\underline{\theta} = \underline{\theta}(X_1, X_2, \cdots, X_n)$或$\bar{\theta} = \bar{\theta}(X_1, X_2, \cdots, X_n)$的观察值$\underline{\theta} = \underline{\theta}(x_1, x_2, \cdots, x_n)$或$\bar{\theta} = \bar{\theta}(x_1, x_2, \cdots, x_n)$,就得到参数$\theta$的一个具体的置信下界$\underline{\theta}$或置信上界$\bar{\theta}$。这里$\underline{\theta}$和$\bar{\theta}$已不是随机变量了,但我们仍分别称它们为$\theta$的置信度为$1-\alpha$的置信下界和置信上界。

(5) 正态分布参数的区间估计:

表7.1　　正态分布参数的置信区间

待估参数	条件	所用函数及分布	置信区间
均值μ	方差σ^2已知	$U = \dfrac{\sqrt{n}(\bar{X}-\mu)}{\sigma} \sim N(0,1)$	$\left(\bar{X} - \dfrac{\sigma}{\sqrt{n}}u_{a/2}, \bar{X} + \dfrac{\sigma}{\sqrt{n}}u_{a/2}\right)$
均值μ	方差σ^2未知	$T = \dfrac{\sqrt{n}(\bar{X}-\mu)}{S} \sim t(0,1)$	$\left(\bar{X} - \dfrac{S}{\sqrt{n}}t_{a/2}(n-1), \bar{X} + \dfrac{S}{\sqrt{n}}t_{a/2}(n-1)\right)$
方差σ^2	均值μ未知	$\chi^2 = \dfrac{(n-1)}{\sigma^2}S^2 \sim \chi^2(n-1)$	$\left(\dfrac{(n-1)S^2}{\chi^2_{a/2}(n-1)}, \dfrac{(n-1)S^2}{\chi^2_{1-a/2}(n-1)}\right)$
均值差 $\mu_1 - \mu_2$	方差 σ_1^2, σ_2^2 未知,但 $\sigma_1^2 = \sigma_2^2$	$T = \dfrac{(\bar{X}-\bar{Y})-(\mu_1-\mu_2)}{S_w\sqrt{\dfrac{1}{n_1}-\dfrac{1}{n_2}}}$ $\sim t(n_1+n_2-2)$	$\left((\bar{X}-\bar{Y}) - t_{a/2}(n_1+n_2-2)S_w\sqrt{\dfrac{1}{n_1}+\dfrac{1}{n_2}},\right.$ $\left.(\bar{X}-\bar{Y}) + t_{a/2}(n_1+n_2-2)S_w\sqrt{\dfrac{1}{n_1}+\dfrac{1}{n_2}}\right)$
方差比 σ_1^2/σ_2^2	均值 μ_1, μ_2 未知	$F = \dfrac{\sigma_2^2 S_{1n_1}^2}{\sigma_1^2 S_{2n_2}^2} \sim F(n_1-1, n_2-1)$	$\left(\dfrac{S_{1n_1}^2}{S_{2n_2}^2 F_{a/2}(n_1-1,n_2-1)}, \dfrac{S_{1n_1}^2}{S_{2n_2}^2 F_{1-a/2}(n_1-1,n_2-1)}\right)$

表7.2　　正态分布参数的置信上、下界

待估参数	条件	置信上界	置信下界
均值μ	方差σ^2已知	$\bar{X}+\dfrac{\sigma}{\sqrt{n}}u_a$	$\bar{X}-\dfrac{\sigma}{\sqrt{n}}u_a$
均值μ	方差σ^2未知	$\bar{X}+\dfrac{S}{\sqrt{n}}t_a(n-1)$	$\bar{X}-\dfrac{S}{\sqrt{n}}t_a(n-1)$
方差σ^2	均值μ未知	$\dfrac{(n-1)S^2}{\chi^2_{1-a}(n-1)}$	$\dfrac{(n-1)S^2}{\chi^2_a(n-1)}$
均值差 $\mu_1 - \mu_2$	方差 σ_1^2, σ_2^2 未知,但 $\sigma_1^2 = \sigma_2^2$	$(\bar{X}-\bar{Y})+t_a(n_1+n_2-2)S_w\sqrt{\dfrac{1}{n_1}+\dfrac{1}{n_2}}$	$(\bar{X}-\bar{Y})-t_{a/2}(n_1+n_2-2)S_w\sqrt{\dfrac{1}{n_1}+\dfrac{1}{n_2}}$
方差比 σ_1^2/σ_2^2	均值 μ_1, μ_2 未知	$\dfrac{S_{1n_1}^2}{S_{2n_2}^2 F_{1-a}(n_1-1, n_2-1)}$	$\dfrac{S_{1n_1}^2}{S_{2n_2}^2 F_a(n_1-1, n_2-1)}$

（6）大样本区间估计：在求参数 θ 的区间估计时，第一步是先要寻找样本 $(X_1, X_2, \cdots, X_n)$ 的一个函数 $Z = g(X_1, X_2, \cdots, X_n; \theta)$，它包含待估的参数 θ，但不包含其他任何未知参数，并且 $Z = g(X_1, X_2, \cdots, X_n; \theta)$ 的分布要完全已知，在实际中这样的枢轴量往往难于找到，这时，如果能够求得 $Z = g(X_1, X_2, \cdots, X_n; \theta)$ 的一个已知的近似分布，比如说分布函数为 $G(z)$，我们可以利用这个近似分布 $G(z)$ 求参数 θ 的区间估计，当然利用这个近似分布求得的置信区间的置信度近似为 $1 - \alpha$。如果当 $n \to \infty$ 时，可求得 $Z = g(X_1, X_2, \cdots, X_n; \theta)$ 的极限分布为已知分布 $G(z)$，当 n 充分大时，可以将 $G(z)$ 作为 $Z = g(X_1, X_2, \cdots, X_n; \theta)$ 的近似分布对参数 θ 进行区间估计。这样的区间估计方法称为大样本区间估计法，所得的置信区间（置信下界、置信上界）称为大样本置信区间（大样本置信下界、大样本置信上界）。

7.2　疑难解惑

问题 7.1　什么时候才可以用矩估计法？

答　矩估计法是一种思想方法，基本思想是用样本矩估计相应的总体矩。其方法是将待估参数表示成总体各阶矩（包括原点矩和中心矩）的某个已知函数，再将函数中的各阶总体矩换成相应的样本矩就可得到待估计参数的矩估计量。所以只要能将待估计参数表示成总体各阶矩的某个已知函数，就能用矩估计法，如果待估计参数不能表示成总体矩的函数，就不能用矩估计法。

问题 7.2　矩估计量是唯一的吗？

答　按照矩估计法，只要能将待估计参数表示成总体各阶矩的某个已知函数，就能得到待估计参数的矩估计量，有时候同一个待估计参数可以表示成总体矩的不同函数，这时就可得到同一待估计参数的不同矩估计量。

问题 7.3　什么时候才可以用极大似然估计法？

答　按照极大似然估计的原理，在用极大似然估计法进行参数估计时，不仅要用到样本的信息，而且要用到总体分布类型的信息，因此，只有知道总体分布的函数形式时才可用极大似然法估计。

问题 7.4　似然函数和样本的联合概率密度（或联合分布律）是一回事吗？

答　在学习极大似然估计方法时，关键是要搞清楚似然函数的概念，当把似然函数写对了，剩下的问题纯粹就是一个求似然函数最大值点的问题了。比如在连续型总体情况（对于离散型总体完全类似），设总体 X 的概率密度为 $f_X(x; \theta_1, \theta_2, \cdots, \theta_l)$，$(X_1, X_2, \cdots, X_n)$ 是来自总体 X 的样本，样本空间为 Ω，参数空间为 Θ，则样本 $(X_1, X_2, \cdots, X_n)$ 的联合概率密度为

$$f(x_1, x_2, \cdots, x_n) = \prod_{i=1}^{n} f_X(x_i; \theta_1, \theta_2, \cdots, \theta_l), (x_1, x_2, \cdots, x_n) \in \Omega \qquad (1)$$

当取得样本值 $(x_1, x_2, \cdots, x_n)$ 时，参数 $(\theta_1, \theta_2, \cdots, \theta_l)$ 的似然函数为

$$L(\theta_1, \theta_2, \cdots, \theta_l) = \prod_{i=1}^{n} f_X(x_i; \theta_1, \theta_2, \cdots, \theta_l), (\theta_1, \theta_2, \cdots, \theta_l) \in \Theta \qquad (2)$$

要注意联合概率密度（1）式和似然函数（2）式是两个不同的函数不能混为一谈。在（1）中，$(\theta_1, \theta_2, \cdots, \theta_l)$ 是在 Θ 中固定的值，$f(x_1, x_2, \cdots, x_n)$ 是定义在样本空间 Ω 上的函数，当然对于不同的 $(\theta_1, \theta_2, \cdots, \theta_l)$ 值，$f(x_1, x_2, \cdots, x_n)$ 表示不同的联合概率密度；在（2）中，$(x_1, x_2, \cdots, x_n)$ 是已

知的样本观测值，$L(\theta_1, \theta_2, \cdots, \theta_l)$ 是定义在参数空间 Θ 上的函数，当然对于不同的样本观测值 $(x_1, x_2, \cdots, x_n)$，$L(\theta_1, \theta_2, \cdots, \theta_l)$ 表示不同的似然函数。

问题 7.5　极大似然估计一定存在吗?唯一吗?

答　当得到样本值 $(x_1, x_2, \cdots, x_n)$ 时，似然函数 $L(\theta_1, \theta_2, \cdots, \theta_l)$ 就确定了，按照极大似然估计的原理，剩下的问题纯粹就是一个求似然函数在参数空间 Θ 中的最大值点的问题了，所以，最大似然估计有时是存在唯一的，有时是存在不唯一的，有时也可能是不存在的。

问题 7.6　怎样理解区间估计中的置信度 $1-\alpha$?

答　被估计的参数 θ 虽然是未知的，但它是一个常数，没有随机性，而置信区间 $(\hat{\theta}_L, \hat{\theta}_U)$（置信下界 $\underline{\theta}$，或置信上界 $\overline{\theta}$）是随机的，置信度 $1-\alpha$ 是随机区间 $(\hat{\theta}_L, \hat{\theta}_U)$ 包含参数 θ 真值（随机变量 $\underline{\theta}$ 的取值小于参数 θ 真值，或随机变量 $\overline{\theta}$ 的取值大于参数 θ 真值）的概率。

问题 7.7　怎样寻找枢轴量?

答　求参数的区间估计有多种方法，我们前面在概念中介绍的步骤是所谓的枢轴量法。在区间估计的各步中最重要也最困难的是第(1)步，即寻找样本 $(X_1, X_2, \cdots, X_n)$ 的一个函数 $Z = g(X_1, X_2, \cdots, X_n; \theta)$，它包含且仅包含待估计的参数 θ，求出随机变量 $Z = g(X_1, X_2, \cdots, X_n; \theta)$ 的分布，并且此分布完全已知，这样的随机变量 $Z = g(X_1, X_2, \cdots, X_n; \theta)$ 称为枢轴量。一般是从 θ 的某个点估计量出发经过变换寻找枢轴量。对于正态总体，因为已经有了一些重要的抽样分布定理，利用这些定理就可以方便的找到所需要的枢轴量并导出枢轴量的分布。对于其他分布的总体，求 $Z = g(X_1, X_2, \cdots, X_n; \theta)$ 的分布主要用到求随机变量函数分布的方法。

问题 7.8　怎样评选置信区间?

答　对于同一个待估计的参数，我们可以构造出不同的置信区间，一是因为有时可以找到不同的枢轴量，二是因为即使用同一个枢轴量也可以构造不同的置信区间。至于用那一个好，这就涉及到置信区间优劣的评选标准问题。评价一个置信区间 $(\hat{\theta}_L, \hat{\theta}_U)$ 的优劣有两个要素，一是其置信度，即它能包含住参数真值的概率 $P\{\hat{\theta}_L < \theta < \hat{\theta}_U\} = 1-\alpha$ 有多大，当然是越大越好;二是其精度，衡量精度的一个明显指标是它的平均长度 $E(\hat{\theta}_U - \hat{\theta}_L)$，当然是越小越好。评价一个置信下限 $\underline{\theta}$（或置信上界 $\overline{\theta}$）的优劣有两个要素，一是其置信度，即它不超过参数真值的概率 $P\{\underline{\theta} < \theta\} = 1-\alpha$（它不小于参数真值的概率 $P\{\theta < \overline{\theta}\} = 1-\alpha$）有多大，当然是越大越好;二是其精度，衡量精度的一个明显指标是它平均值 $E(\underline{\theta})$（$E(\overline{\theta})$），当然是越大越好（越小越好）。

7.3　典型例题解析

例 7.1　设 $(X_1, X_2, \cdots, X_n)$ 是来自正态总体 $X \sim N(\mu, \sigma^2)$ 的样本，求参数 μ 和 σ 的矩估计量和极大似然估计量。

解　(1) 因为 $\mu = E(X) = \alpha_1$，$\sigma = \sqrt{D(X)} = \sqrt{\alpha_2 - \alpha_1^2}$，所以 μ 和 σ 的矩估计量为

$$\hat{\mu} = \overline{X} = \frac{1}{n} \sum_{i=1}^{n} X_i$$

$$\hat{\sigma} = \sqrt{A_2 - A_1^2} = \sqrt{B_2} = \sqrt{\frac{1}{n} \sum_{i=1}^{n} (X_i - \overline{X})^2}$$

(2) 当得到样本值 $(x_1, x_2, \cdots, x_n)$ 时，参数 μ, σ 的似然函数为

$$L(\mu, \sigma) = \prod_{i=1}^{n} \frac{1}{\sigma \sqrt{2\pi}} e^{-\frac{(x_i-\mu)^2}{2\sigma^2}} = (\sigma \sqrt{2\pi})^{-n} e^{-\frac{1}{2\sigma^2} \sum\limits_{i=1}^{n}(x_i-\mu)^2}$$

对数似然函数为

$$\ln L(\mu, \sigma) = -\frac{n}{2}\ln 2\pi - n\ln\sigma - \frac{1}{2\sigma^2} \sum_{i=1}^{n}(x_i-\mu)^2$$

令

$$\begin{cases} \dfrac{\partial \ln L(\mu,\sigma)}{\partial \mu} = \dfrac{1}{\sigma^2} \sum\limits_{i=1}^{n}(x_i-\mu) = 0 \\ \dfrac{\partial \ln L(\mu,\sigma)}{\partial \sigma} = -\dfrac{n}{\sigma} + \dfrac{1}{\sigma^3} \sum\limits_{i=1}^{n}(x_i-\mu)^2 = 0 \end{cases}$$

解之得 μ, σ 的极大似然估计值

$$\hat{\mu} = \frac{1}{n} \sum_{i=1}^{n} x_i = \bar{x}$$

$$\hat{\sigma} = \sqrt{\frac{1}{n} \sum_{i=1}^{n}(x_i - \bar{x})^2} = \sqrt{b_2}$$

利用二阶导数容易说明似然函数在 $(\hat{\mu}, \hat{\sigma})$ 处取最大值,所以 μ, σ 的极大似然估计量为

$$\hat{\mu} = \frac{1}{n} \sum_{i=1}^{n} X_i = \overline{X}$$

$$\hat{\sigma} = \sqrt{\frac{1}{n} \sum_{i=1}^{n}(X_i - \overline{X})^2} = \sqrt{B_2}$$

例 7. 2　设总体 X 在区间 $[0, \theta]$ 上服从均匀分布,其中 $\theta(\theta > 0)$ 未知,$(X_1, X_2, \cdots, X_n)$ 是来自总体 X 的样本,求参数 θ 的矩估计量和极大似然估计量。

解　(1) 因为 $\alpha_1 = E(X) = \dfrac{\theta}{2}$,所以 $\theta = 2\alpha_1$,由矩估计法得 θ 的矩估计量为

$$\hat{\theta} = 2\overline{X} = \frac{2}{n} \sum_{i=1}^{n} X_i$$

(2) 因为总体 X 的概率密度为

$$f(x, \theta) = \begin{cases} \dfrac{1}{\theta}, & 0 \leqslant x \leqslant \theta \\ 0, & x < 0 \text{ 或 } x > \theta \end{cases}$$

所以,当得到样本值 $(x_1, x_2, \cdots, x_n)$ 时 θ 的似然函数为

$$L(\theta) = \begin{cases} \dfrac{1}{\theta^n}, & \theta \geqslant \max(x_1, x_2, \cdots, x_n) \\ 0, & 0 < \theta < \max(x_1, x_2, \cdots, x_n) \end{cases}$$

因为在区间 $(0, \max(x_1, x_2, \cdots, x_n))$ 上 $L(\theta) = 0$,在区间 $[\max(x_1, x_2, \cdots, x_n), +\infty)$ 上 $L(\theta) = \dfrac{1}{\theta^n} > 0$,且是严格单调减函数,所以,$L(\theta)$ 在 $\theta = \max(x_1, x_2, \cdots, x_n)$ 处取得最大值,故 θ 的极大似然估计量为

$$\hat{\theta} = \max(X_1, X_2, \cdots, X_n)。$$

例 7. 3　设总体 X 在区间 $[\theta_1, \theta_2]$ 上服从均匀分布,其中 $\theta_1, \theta_2(\theta_1 < \theta_2)$ 未知,$(X_1, X_2, \cdots,$

X_n)是来自总体 X 的样本,求参数 θ_1 和 θ_2 的矩估计量和极大似然估计量。

解 （1）因为

$$
\begin{cases}
\alpha_1 = E(X) = \dfrac{\theta_1 + \theta_2}{2} \\[2mm]
\alpha_2 = E(X^2) = \dfrac{\theta_1^2 + \theta_1\theta_2 + \theta_2^2}{3}
\end{cases}
$$

所以

$$
\begin{cases}
\theta_1 = \alpha_1 - \sqrt{3(\alpha_2 - \alpha_1^2)} \\[2mm]
\theta_2 = \alpha_1 + \sqrt{3(\alpha_2 - \alpha_1^2)}
\end{cases}
$$

故,θ_1 和 θ_2 的矩估计量分别为

$$
\hat{\theta}_1 = \overline{X} - \sqrt{3\left(\frac{1}{n}\sum_{i=1}^{n}X_i^2 - \overline{X}^2\right)} = \overline{X} - \sqrt{3B_2}
$$

$$
\hat{\theta}_2 = \overline{X} + \sqrt{3\left(\frac{1}{n}\sum_{i=1}^{n}X_i^2 - \overline{X}^2\right)} = \overline{X} + \sqrt{3B_2}
$$

（2）因为总体 X 的概率密度为

$$
f(x,\theta_1,\theta_2) = \begin{cases}
\dfrac{1}{\theta_2 - \theta_1}, & \theta_1 \leqslant x \leqslant \theta_2 \\[2mm]
0, & x < \theta_1 \text{ 或 } x > \theta_2
\end{cases}
$$

所以,当得到样本值 $(x_1,x_2,\cdots,x_n)$ 时 (θ_1,θ_2) 的似然函数为

$$
L(\theta_1,\theta_2) = \begin{cases}
\dfrac{1}{(\theta_2 - \theta_1)^n}, & \theta_1 \leqslant \min(x_1,x_2,\cdots,x_n) \leqslant \max(x_1,x_2,\cdots,x_n) \leqslant \theta_2 \\[2mm]
0, & \text{其他}
\end{cases}
$$

记

$$
D = \{(\theta_1,\theta_2):\theta_1 \leqslant \min(x_1,x_2,\cdots,x_n),\theta_2 \geqslant \max(x_1,x_2,\cdots,x_n)\},
$$

因为在区域 D 外 $L(\theta_1,\theta_2) = 0$,在区域 D 内 $L(\theta_1,\theta_2) > 0$,且可微,又

$$
\frac{\mathrm{d}L(\theta_1,\theta_2)}{\mathrm{d}\theta_1} = \frac{n}{(\theta_2 - \theta_1)^{n+1}} > 0, \qquad \frac{\mathrm{d}L(\theta_1,\theta_2)}{\mathrm{d}\theta_2} = \frac{-n}{(\theta_2 - \theta_1)^{n+1}} < 0
$$

所以,在区域 D 上,$L(\theta_1,\theta_2)$ 关于 θ_1 是严格单调增的,关于 θ_2 是严格单调减的,所以,$L(\theta_1,\theta_2)$ 在 $(\min(x_1,x_2,\cdots,x_n),\max(x_1,x_2,\cdots,x_n))$ 处取得最大值,故 θ_1 和 θ_2 的极大似然估计量为

$$\hat{\theta}_1 = \min(X_1,X_2,\cdots,X_n), \qquad \hat{\theta}_2 = \max(X_1,X_2,\cdots,X_n).$$

例 7.4 设总体 X 服从 0-1 分布 $B(1,p)$,其中 $p(0 < p < 1)$ 未知,$(X_1,X_2,\cdots,X_n)$ 是来自总体 X 的样本,求参数 p 的矩估计量和极大似然估计量。

解 （1）因为 $\alpha_1 = E(X) = p$,所以,p 的矩估计量为 $\hat{p} = \overline{X}$。

（2）因为总体概率分布律为

$$P\{X = x\} = p^x(1-p)^{1-x}, \quad x = 0,1$$

所以,当得到样本值 $(x_1,x_2,\cdots,x_n)$ 时 p 的似然函数为

$$L(p) = \prod_{i=1}^{n} p^{x_i}(1-p)^{1-x_i} = p^{\sum\limits_{i=1}^{n}x_i}(1-p)^{n-\sum\limits_{i=1}^{n}x_i} = p^{n\bar{x}}(1-p)^{n(1-\bar{x})}$$

对数似然函数为

$$\ln L(p) = n\bar{x}\ln p + n(1-\bar{x})\ln(1-p)$$

因为 $\ln L(p)$ 在区间 $(0,1)$ 内可导，令

$$\frac{\mathrm{d}\ln L(p)}{\mathrm{d}p} = \frac{n\bar{x}}{p} - \frac{n(1-\bar{x})}{1-p} = 0$$

解得

$$\hat{p} = \bar{x}$$

又因为 $\dfrac{\mathrm{d}^2\ln L(p)}{\mathrm{d}p^2} = -\dfrac{n\bar{x}}{p^2} - \dfrac{n(1-\bar{x})}{(1-p)^2} < 0$，所以，$\hat{p} = \bar{x}$ 是 $\ln L(p)$（也即 $L(p)$）的最大值点，故 p 的极大似然估计量为

$$\hat{p} = \overline{X}$$

例 7.5 设总体 X 服从泊松分布 $P(\lambda)$，其中 $\lambda(\lambda > 0)$ 未知，$(X_1, X_2, \cdots, X_n)$ 是来自总体 X 的样本，求参数 λ 的矩估计量和极大似然估计量。

解 （1）因为 $\alpha_1 = E(X) = \lambda$，所以 $\lambda = \alpha_1$，故，λ 的矩估计量为 $\hat{\lambda} = \overline{X}$。

（2）因为总体的概率分布律为 $P\{X = k\} = \dfrac{\lambda^k}{k!}\mathrm{e}^{-\lambda}, k = 0, 1, 2, \cdots$

所以，当得到样本值 $(x_1, x_2, \cdots, x_n)$ 时，λ 的似然函数为

$$L(\lambda) = \prod_{i=1}^{n}\left(\frac{\lambda^{x_i}}{x_i!}\mathrm{e}^{-\lambda}\right) = \frac{\lambda^{\sum\limits_{i=1}^{n}x_i}}{\prod\limits_{i=1}^{n}(x_i!)}\mathrm{e}^{-n\lambda} = \frac{\lambda^{n\bar{x}}}{\prod\limits_{i=1}^{n}(x_i!)}\mathrm{e}^{-n\lambda}$$

对数似然函数为

$$\ln L(\lambda) = n\bar{x}\ln\lambda - n\lambda - \sum_{i=1}^{n}\ln(x_i!)$$

令 $\dfrac{\mathrm{d}\ln L(\lambda)}{\mathrm{d}\lambda} = \dfrac{n\bar{x}}{\lambda} - n = 0$ 解得 $\hat{\lambda} = \bar{x}$，又因为 $\dfrac{\mathrm{d}^2\ln L(\lambda)}{\mathrm{d}\lambda^2} = -\dfrac{n\bar{x}}{\lambda^2} < 0$，所以 $\ln L(\lambda)$ 在 $\hat{\lambda} = \bar{x}$ 处取得最大值，故 λ 的极大似然估计量为 $\hat{\lambda} = \overline{X}$。

例 7.6 设总体 X 服从指数分布 $Exp(\lambda)$，其中 $\lambda(\lambda > 0)$ 未知，$(X_1, X_2, \cdots, X_n)$ 是来自总体 X 的样本，求参数 λ 的矩估计量和极大似然估计量。

解 （1）因为 $\alpha_1 = E(X) = \dfrac{1}{\lambda}$，所以 $\lambda = \dfrac{1}{\alpha_1}$，故，$\lambda$ 的矩估计量为 $\hat{\lambda} = \dfrac{1}{\overline{X}}$。

（2）因为总体概率密度为

$$f(x, \lambda) = \begin{cases} \lambda\mathrm{e}^{-\lambda x}, & x \geqslant 0 \\ 0, & x < 0 \end{cases}$$

所以，当得到样本值 $(x_1, x_2, \cdots, x_n)$ 时 λ 的似然函数为

$$L(\lambda) = \prod_{i=1}^{n}\lambda\mathrm{e}^{-\lambda x_i} = \lambda^n\mathrm{e}^{-\lambda\sum\limits_{i=1}^{n}x_i} = \lambda^n\mathrm{e}^{-n\lambda\bar{x}}$$

对数似然函数为

$$\ln L(\lambda) = n\ln\lambda - n\lambda\bar{x}$$

令 $\dfrac{\mathrm{d}\ln L(\lambda)}{\mathrm{d}\lambda} = \dfrac{n}{\lambda} - n\bar{x} = 0$ 解得 $\hat{\lambda} = \dfrac{1}{\bar{x}}$，又因为 $\dfrac{\mathrm{d}^2\ln L(\lambda)}{\mathrm{d}\lambda^2} = -\dfrac{n}{\lambda^2} < 0$，所以 $\ln L(\lambda)$ 在 $\hat{\lambda} = \dfrac{1}{\bar{x}}$ 处

取得最大值,故 λ 的极大似然估计量为 $\hat{\lambda} = \dfrac{1}{\bar{X}}$。

例 7.7 设总体 X 服从双参数指数分布 $Exp(\lambda,\theta)$,即具有概率密度

$$f(x,\lambda,\theta) = \begin{cases} \lambda e^{-\lambda(x-\theta)}, & x \geqslant \theta \\ 0, & x < \theta \end{cases}$$

其中 $\lambda(\lambda > 0)$ 和 θ 都未知,$(X_1, X_2, \cdots, X_n)$ 是来自总体 X 的样本,求参数 λ 和 θ 的矩估计量和极大似然估计量。

解 (1) 因为

$$\alpha_1 = E(X) = \int_\theta^{+\infty} \lambda x e^{-\lambda(x-\theta)} \, dx = \theta + \frac{1}{\lambda}$$

$$\alpha_2 = E(X^2) = \int_\theta^{+\infty} \lambda x^2 e^{-\lambda(x-\theta)} \, dx = \left(\theta + \frac{1}{\lambda}\right)^2 + \frac{1}{\lambda^2}$$

所以,

$$\lambda = \frac{1}{\sqrt{\alpha_2 - \alpha_1^2}} = \frac{1}{\sqrt{\mu_2}}, \theta = \alpha_1 - \sqrt{\alpha_2 - \alpha_1^2} = \alpha_1 - \sqrt{\mu_2}$$

故,λ 和 θ 的矩估计量分别为

$$\hat{\lambda} = \frac{1}{\sqrt{B_2}} = \frac{1}{\sqrt{\dfrac{1}{n} \sum_{i=1}^n (X_i - \bar{X})^2}}$$

$$\hat{\theta} = \bar{X}_1 - \sqrt{B_2} = \bar{X}_1 - \sqrt{\frac{1}{n} \sum_{i=1}^n (X_i - \bar{X})^2}$$

(2) 当得到样本值 $(x_1, x_2, \cdots, x_n)$ 时 (λ, θ) 的似然函数为

$$L(\lambda,\theta) = \begin{cases} \lambda^n e^{-n\lambda(\bar{x}-\theta)}, & \lambda > 0, \theta \leqslant \min(x_1, x_2, \cdots, x_n) \\ 0, & \lambda > 0, \theta > \min(x_1, x_2, \cdots, x_n) \end{cases}$$

记

$$D = \{(\lambda,\theta) : \lambda > 0, \theta \leqslant \min(x_1, x_2, \cdots, x_n)\}$$

因为在区域 D 外 $L(\lambda,\theta) = 0$,在区域 D 上 $L(\lambda,\theta) = \lambda^n e^{-n\lambda(\bar{x}-\theta)} > 0$,$\ln L(\lambda,\theta) = n\ln\lambda - n\lambda(\bar{x} - \theta)$,对任意固定的 $\lambda > 0$,$\ln L(\lambda,\theta)$ 是 θ 的单调增函数,所以,$\ln L(\lambda,\theta)$ 在 $\hat{\theta} = \min(x_1, x_2, \cdots, x_n)$ 处取得最大值 $g(\lambda) = \ln L(\lambda, \hat{\theta}) = n\ln\lambda - n\lambda(\bar{x} - \hat{\theta})$,又 $g'(\lambda) = \dfrac{n}{\lambda} - n(\bar{x} - \hat{\theta})$,$g''(\lambda) = -\dfrac{n}{\lambda^2} < 0$,所以 $g(\lambda)$ 在 $\hat{\lambda} = \dfrac{1}{\bar{x} - \hat{\theta}} = \dfrac{1}{\bar{x} - \min(x_1, x_2, \cdots, x_n)}$ 处取得最大值。

综上所述,$\ln L(\lambda,\theta)$(也即 $L(\lambda,\theta)$)在 $(\hat{\lambda}, \hat{\theta})$ 处取得最大值,故,λ 和 θ 的极大似然估计量分别为

$$\hat{\lambda} = \frac{1}{\bar{X} - \min(X_1, X_2, \cdots, X_n)}, \quad \hat{\theta} = \min(X_1, X_2, \cdots, X_n)$$

例 7.8 证明:如果 $\hat{\theta}$ 是 θ 的均方相合估计量,则 $\hat{\theta}$ 也是 θ 的(弱)相合估计量。

证 因为 $\hat{\theta}$ 是 θ 的均方相合估计量,所以,$\lim\limits_{n \to \infty} E(\hat{\theta} - \theta)^2 = 0$,由马尔科夫不等式,对任意 $\varepsilon > 0$,有 $P\{|\hat{\theta} - \theta| \geqslant \varepsilon\} \leqslant \dfrac{E(\hat{\theta} - \theta)^2}{\varepsilon^2}$,所以 $\lim\limits_{n \to \infty} P\{|\hat{\theta} - \theta| \geqslant \varepsilon\} = 0$,故,$\hat{\theta}$ 也是 θ 的(弱)相合

估计量。

例 7.9 设 $(X_1, X_2, \cdots, X_n)$ 是来自总体 X 的样本,证明:

(1) 如果总体的 k 原点阶矩 $E(X^k) = \alpha_k$ 存在,则样本 k 原点阶矩 $A_k = \dfrac{1}{n} \sum\limits_{i=1}^{n} X_i^k$ 是总体的 k 原点阶矩 α_k 的无偏估计量;

(2) 如进一步假定总体的 $2k$ 原点阶矩 $E(X^{2k}) = \alpha_{2k}$ 存在,则样本 k 原点阶矩 A_k 是总体的 k 原点阶矩 α_k 的均方相合估计量,从而也是(弱)相合估计量。

证 (1) 因为 $X_1, X_2, \cdots, X_n$ 都与总体 X 有相同的分布,所以

$$E(X_i^k) = E(X^k) = \alpha_k (i = 1, 2, \cdots, n), E(A_k) = \frac{1}{n} \sum_{i=1}^{n} E(X_i^k) = \alpha_k,$$

因此 A_k 是 α_k 的无偏估计量。

(2) 因为 X 的 $2k$ 原点阶矩 $E(X^{2k}) = \alpha_{2k}$ 存在,所以 X^k 的方差 $D(X^k) = \alpha_{2k} - \alpha_k^2$ 存在,又因为 $X_1, X_2, \cdots, X_n$ 相互独立且都与总体 X 有相同的分布,所以,$X_1^k, X_2^k, \cdots, X_n^k$ 相互独立且都与 X^k 有相同的分布,因此,

$$E(A_k - \alpha_k)^2 = D(A_k) = \frac{1}{n^2} \sum_{i=1}^{n} D(X_i^k) = \frac{1}{n} D(X^k) = \frac{\alpha_{2k} - \alpha_k^2}{n},$$

于是

$$\lim_{n \to \infty} E(A_k - \alpha_k)^2 = \lim_{n \to \infty} \frac{\alpha_{2k} - \alpha_k^2}{n} = 0,$$

所以,A_k 是 α_k 的均方相合估计量。再由例 7.8 的结论知 A_k 是 α_k 的(弱)相合估计量。

例 7.10(续例 7.2) 设总体 X 在区间 $[0, \theta]$ 上服从均匀分布,其中 $\theta (\theta > 0)$ 未知,$(X_1, X_2, \cdots, X_n)$ 是来自总体 X 的样本,

(1) 证明参数 θ 的矩估计量 $\hat{\theta}_1 = 2\overline{X} = \dfrac{2}{n} \sum\limits_{i=1}^{n} X_i$ 是 θ 的无偏估计量;

(2) 证明极大似然估计量 $\hat{\theta}_2 = \max(X_1, X_2, \cdots, X_n)$ 不是 θ 的无偏估计量,而是 θ 的渐近无偏估计量,并把它修正成 θ 的一个无偏估计量 $\hat{\theta}_3$;

(3) 当 $n \geqslant 2$ 时,比较 $\hat{\theta}_1$ 和 $\hat{\theta}_3$ 哪个更有效;

(4) 证明 $\hat{\theta}_1$、$\hat{\theta}_2$ 和 $\hat{\theta}_3$ 都是 θ 的相合估计量均方相合估计量。

证 (1) 因为

$$E(\hat{\theta}_1) = E(2\overline{X}) = 2E(\overline{X}) = 2E(X) = 2 \times \frac{\theta}{2} = \theta$$

所以,$\hat{\theta}_1$ 是 θ 无偏估计量。

(2) 因为 $\hat{\theta}_2 = \max(X_1, X_2, \cdots, X_n)$ 的概率密度为

$$f(x) = \begin{cases} \dfrac{nx^{n-1}}{\theta^n}, & 0 \leqslant x \leqslant \theta \\ 0, & \text{其他} \end{cases}$$

从而

$$E(\hat{\theta}_2) = \int_0^\theta x \frac{nx^{n-1}}{\theta^n} \mathrm{d}x = \frac{n}{\theta^n} \int_0^\theta x^n \mathrm{d}x = \frac{n\theta}{n+1} \neq \theta$$

所以,$\hat{\theta}_2$ 不是 θ 的无偏估计量,又因为

$$\lim_{n\to\infty} E(\hat{\theta}_2) = \lim_{n\to\infty} \frac{n\theta}{n+1} = \theta$$

所以,$\hat{\theta}_2$ 不是 θ 渐近无偏估计量,令

$$\hat{\theta}_3 = \frac{n+1}{n}\hat{\theta}_2 = \frac{n+1}{n}\max(X_1, X_2, \cdots, X_n)$$

则 $E(\hat{\theta}_3) = \frac{n+1}{n}E(\hat{\theta}_2) = \theta$,所以 $\hat{\theta}_3$ 是 θ 的无偏估计量。

（3）因为

$$D(\hat{\theta}_1) = D(2\overline{X}) = 4D(\overline{X}) = 4 \times \frac{\theta^2}{12n} = \frac{\theta^2}{3n}$$

$$D(\hat{\theta}_3) = D\left(\frac{n+1}{n}\hat{\theta}_2\right) = \left(\frac{n+1}{n}\right)^2 D(\hat{\theta}_2)$$

而

$$E(\hat{\theta}_2) = \frac{n\theta}{n+1}$$

$$E(\hat{\theta}_2^2) = \int_0^\theta x^2 \frac{nx^{n-1}}{\theta^n}\mathrm{d}x = \frac{n}{\theta^n}\int_0^\theta x^{n+1}\mathrm{d}x = \frac{n\theta^2}{n+2}$$

$$D(\hat{\theta}_2) = E(\hat{\theta}_2^2) - [E(\hat{\theta}_2)]^2 = \frac{n\theta^2}{(n+2)(n+1)^2}$$

所以

$$D(\hat{\theta}_3) = \frac{\theta^2}{n(n+2)}$$

又因为 $n \geqslant 2$,所以 $D(\hat{\theta}_3) < D(\hat{\theta}_1)$,故 $\hat{\theta}_3$ 比 $\hat{\theta}_1$ 有效。

（4）因为

$$\lim_{n\to\infty} E(\hat{\theta}_1 - \theta)^2 = \lim_{n\to\infty} D(\hat{\theta}_1) = \lim_{n\to\infty} \frac{\theta^2}{3n} = 0$$

$$\lim_{n\to\infty} E(\hat{\theta}_2 - \theta)^2 = \lim_{n\to\infty} [E(\hat{\theta}_2^2) - 2\theta E(\hat{\theta}_2) + \theta^2] = \lim_{n\to\infty}\left[\frac{n\theta^2}{n+2} - \frac{2n\theta^2}{n+1} + \theta^2\right] = 0$$

$$\lim_{n\to\infty} E(\hat{\theta}_3 - \theta)^2 = \lim_{n\to\infty} D(\hat{\theta}_3) = \lim_{n\to\infty} \frac{\theta^2}{n(n+2)} = 0$$

所以,$\hat{\theta}_1$、$\hat{\theta}_2$ 和 $\hat{\theta}_3$ 都是 θ 的均方相合估计量,从而也是 θ 的相合估计量。

例 7.11 设总体 X 服从指数分布 $Exp(\lambda)$,其中 $\lambda(\lambda > 0)$ 未知,$(X_1, X_2, \cdots, X_n)$ 是来自总体 X 的样本,则参数 λ 的极大似然估计量为 $\hat{\lambda} = \frac{1}{\overline{X}}$,试判断(1)$\hat{\lambda} = \frac{1}{\overline{X}}$ 是否为 λ 的无偏估计量,若不是无偏估计量,将其修正成一个无偏估计量;(2)$\hat{\lambda} = \frac{1}{\overline{X}}$ 是否为 λ 的均方相合估计量;(3)$\hat{\lambda} = \frac{1}{\overline{X}}$ 是否为 λ 的相合估计量。

解 令 $Y = 2\lambda X$,因为 X 的概率密度为

$$f_X(x) = \begin{cases} \lambda e^{-\lambda x}, & x > 0 \\ 0, & x \leqslant 0 \end{cases}$$

所以,Y 的概率密度为

$$f_Y(y) = \frac{1}{2\lambda} f_X\left(\frac{y}{2\lambda}\right) = \begin{cases} \dfrac{1}{2} \mathrm{e}^{-\frac{y}{2}}, & y > 0 \\ 0, & y \leqslant 0 \end{cases}$$

与 χ^2 分布的概率密度比较知 $Y \sim \chi^2(2)$，又因为 $X_1, X_2, \cdots, X_n$ 相互独立，且都与 X 有相同的分布，所以，由 χ^2 分布的可加性知 $Z = 2\lambda \sum_{i=1}^{n} X_i = 2n\lambda \overline{X} \sim \chi^2(2n)$，从而 Z 的概率密度为

$$f_Z(z) = \begin{cases} \dfrac{1}{2^n \Gamma(n)} z^{n-1} \mathrm{e}^{-\frac{z}{2}}, & z > 0 \\ 0, & z \leqslant 0 \end{cases}$$

（1）因为

$$E(\hat{\lambda}) = E\left(\frac{1}{\overline{X}}\right) = E\left(\frac{2n\lambda}{Z}\right) = \frac{n\lambda}{2^{n-1} \Gamma(n)} \int_0^{+\infty} z^{n-2} \mathrm{e}^{-\frac{z}{2}} \, \mathrm{d}z$$

$$= \frac{n\lambda}{\Gamma(n)} \int_0^{+\infty} t^{n-2} \mathrm{e}^{-t} \, \mathrm{d}t = \frac{n\lambda \Gamma(n-1)}{\Gamma(n)} = \frac{n\lambda}{n-1}$$

所以，$\hat{\lambda} = \dfrac{1}{\overline{X}}$ 不是 λ 的无偏估计量，而

$$\hat{\lambda}_1 = \frac{(n-1)\hat{\lambda}}{n} = \frac{(n-1)}{n\overline{X}} = \frac{(n-1)}{\sum_{i=1}^{n} X_i}$$

是无偏估计量。

（2）因为

$$E(\hat{\lambda}^2) = E\left(\frac{1}{\overline{X}^2}\right) = E\left(\frac{4n^2\lambda^2}{Z^2}\right) = \frac{n^2\lambda^2}{2^{n-2} \Gamma(n)} \int_0^{+\infty} z^{n-3} \mathrm{e}^{-\frac{z}{2}} \, \mathrm{d}z$$

$$= \frac{n^2\lambda^2}{\Gamma(n)} \int_0^{+\infty} t^{n-3} \mathrm{e}^{-t} \, \mathrm{d}t = \frac{n^2\lambda^2 \Gamma(n-2)}{\Gamma(n)} = \frac{n^2\lambda^2}{(n-1)(n-2)}$$

$$D(\hat{\lambda}) = E(\hat{\lambda}^2) - [E(\hat{\lambda})]^2 = \frac{n^2\lambda^2}{(n-1)(n-2)} - \frac{n^2\lambda^2}{(n-1)^2} = \frac{n^2\lambda^2}{(n-1)^2(n-2)}$$

$$E(\hat{\lambda} - \lambda)^2 = D(\hat{\lambda}) + [E(\hat{\lambda}) - \lambda]^2 = \frac{n^2\lambda^2}{(n-1)^2(n-2)} + \left(\frac{n\lambda}{n-1} - \lambda\right)^2 = \frac{(n+2)\lambda^2}{(n-1)(n-2)}$$

$$\lim_{n \to \infty} E(\hat{\lambda} - \lambda)^2 = \lim_{n \to \infty} \frac{(n+2)\lambda^2}{(n-1)(n-2)} = 0$$

所以，$\hat{\lambda} = \dfrac{1}{\overline{X}}$ 是 λ 的均方相合估计量。

（3）由（2）及例 7.8 的结论可知 $\hat{\lambda} = \dfrac{1}{\overline{X}}$ 是 λ 的相合估计量。

例 7.12　设总体 X 服从正态分布 $N(\mu, \sigma^2)$，其中 $\mu, \sigma(\sigma > 0)$ 未知，$(X_1, X_2, \cdots, X_n)$ 是来自总体 X 的样本，(1) 分别求总体均值 μ 的置信度为 $1 - \alpha$ 的双侧置信区间，置信上界，置信下界；(2) 分别求总体标准差 σ 的置信度为 $1 - \alpha$ 的双侧置信区间，置信上界，置信下界。

解　（1）由正态分布抽样定理知 $T = \dfrac{\sqrt{n}(\overline{X} - \mu)}{S} \sim t(n-1)$。

1）对给定的置信度为 $1 - \alpha$，确定常数 c 使 $P\{|T| < c\} = 1 - \alpha$，即 $\{T > c\} = \dfrac{\alpha}{2}$，所以，

$c = t_{\frac{\alpha}{2}}(n-1)$,于是

$$P\left\{\overline{X} - \frac{S}{\sqrt{n}}t_{\frac{\alpha}{2}}(n-1) < \mu < \overline{X} + \frac{S}{\sqrt{n}}t_{\frac{\alpha}{2}}(n-1)\right\} = P\left\{\left|\frac{\sqrt{n}(\overline{X}-\mu)}{S}\right|\right\} = 1-\alpha$$

从而得 μ 的置信度为 $1-\alpha$ 的双侧置信区间为

$$\left(\overline{X} - \frac{S}{\sqrt{n}}t_{\frac{\alpha}{2}}(n-1), \overline{X} + \frac{S}{\sqrt{n}}t_{\frac{\alpha}{2}}(n-1)\right)$$

2) 对给定的置信度为 $1-\alpha$,确定常数 c 使 $P\{T > c\} = 1-\alpha$,所以,$c = t_{1-\alpha}(n-1) = -t_\alpha(n-1)$,于是

$$P\left\{\mu < \overline{X} + \frac{S}{\sqrt{n}}t_\alpha(n-1)\right\} = P\left\{\frac{\sqrt{n}(\overline{X}-\mu)}{S} > -t_\alpha(n-1)\right\} = 1-\alpha$$

从而得 μ 的置信度为 $1-\alpha$ 的置信上界为

$$\overline{X} + \frac{S}{\sqrt{n}}t_\alpha(n-1)$$

3) 对给定的置信度为 $1-\alpha$,确定常数 c 使 $P\{T < c\} = 1-\alpha$,即 $P\{T > c\} = \alpha$ 所以,$c = t_\alpha(n-1)$,于是

$$P\left\{\mu > \overline{X} - \frac{S}{\sqrt{n}}t_\alpha(n-1)\right\} = P\left\{\frac{\sqrt{n}(\overline{X}-\mu)}{S} < t_\alpha(n-1)\right\} = 1-\alpha$$

从而得 μ 的置信度为 $1-\alpha$ 的置信下界为

$$\overline{X} - \frac{S}{\sqrt{n}}t_\alpha(n-1)$$

(2) 由正态分布抽样定理知 $Z = \dfrac{(n-1)S^2}{\sigma^2} = \dfrac{1}{\sigma^2}\sum_{i=1}^{n}X_i^2 \sim \chi^2(n-1)$ 。

1) 对给定的置信度为 $1-\alpha$,确定常数 c_1, c_2 使 $P\{Z \leqslant c_1\} = P\{Z \geqslant c_2\} = \dfrac{\alpha}{2}$,所以,$c_1 = \chi^2_{1-\frac{\alpha}{2}}(n-1)$, $c_2 = \chi^2_{\frac{\alpha}{2}}(n-1)$ 于是

$$P\left\{\sqrt{\frac{(n-1)S^2}{\chi^2_{\frac{\alpha}{2}}(n-1)}} < \sigma < \sqrt{\frac{(n-1)S^2}{\chi^2_{1-\frac{\alpha}{2}}(n-1)}}\right\} = P\left\{\frac{(n-1)S^2}{\chi^2_{\frac{\alpha}{2}}(n-1)} < \sigma^2 < \frac{(n-1)S^2}{\chi^2_{1-\frac{\alpha}{2}}(n-1)}\right\}$$

$$= P\left\{\chi^2_{1-\frac{\alpha}{2}}(n-1) < Z < \chi^2_{\frac{\alpha}{2}}(n-1)\right\} = 1-\alpha$$

从而得 σ 的置信度为 $1-\alpha$ 的双侧置信区间为

$$\left(\sqrt{\frac{(n-1)S^2}{\chi^2_{\frac{\alpha}{2}}(n-1)}}, \sqrt{\frac{(n-1)S^2}{\chi^2_{1-\frac{\alpha}{2}}(n-1)}}\right)$$

2) 对给定的置信度为 $1-\alpha$,确定常数 c 使 $P\{Z > c\} = 1-\alpha$,所以,$c = \chi^2_{1-\alpha}(n-1)$,于是

$$P\left\{\sigma < \sqrt{\frac{(n-1)S^2}{\chi^2_{1-\alpha}(n-1)}}\right\} = P\left\{\sigma^2 < \frac{(n-1)S^2}{\chi^2_{1-\alpha}(n-1)}\right\} = P\{Z > \chi^2_{1-\alpha}(n-1)\} = 1-\alpha$$

从而得 σ 的置信度为 $1-\alpha$ 置信上界为

$$\sqrt{\frac{(n-1)S^2}{\chi^2_{1-\alpha}(n-1)}}$$

3) 对给定的置信度为 $1-\alpha$,确定常数 c 使 $P\{Z < c\} = 1-\alpha$,即 $P\{Z \geqslant c\} = \alpha$ 所以,$c =$

$\chi_a^2(n-1)$，于是

$$P\left\{\sigma>\sqrt{\frac{(n-1)S^2}{\chi_a^2(n-1)}}\right\}=P\left\{\sigma^2>\frac{(n-1)S^2}{\chi_a^2(n-1)}\right\}=P\{Z<\chi_a^2(n-1)\}=1-\alpha$$

从而得 σ 的置信度为 $1-\alpha$ 置信下界为

$$\sqrt{\frac{(n-1)S^2}{\chi_a^2(n-1)}}$$

例 7.13 设 $(X_1,X_2,\cdots,X_{n_1})$ 是来自总体 $X\sim N(\mu_1,\sigma^2)$ 的样本，$(Y_1,Y_2,\cdots,Y_{n_2})$ 是来自总体 $Y\sim N(\mu_2,\sigma^2)$ 的样本，且两样本独立，其中 $\mu_1,\mu_2,\sigma(\sigma>0)$ 未知，(1) 两总体均值差 $\mu_1-\mu_2$ 的置信度为 $1-\alpha$ 的置信区间；(2) 求总体方差 σ^2 的置信度为 $1-\alpha$ 的置信区间。

解 (1) 由正态分布抽样定理知 $T=\dfrac{(\overline{X}-\overline{Y})-(\mu_1-\mu_2)}{S_w\sqrt{\dfrac{1}{n_1}+\dfrac{1}{n_2}}}\sim t(n_1+n_2-2)$，对给定的置

信度为 $1-\alpha$，确定常数 c 使 $P\{|T|<c\}=1-\alpha$，即 $\{T>c\}=\dfrac{\alpha}{2}$，所以，$c=t_{\frac{\alpha}{2}}(n-1)$，于是

$$P\left\{(\overline{X}-\overline{Y})-t_{\frac{\alpha}{2}}(n_1+n_2-2)S_w\sqrt{\frac{1}{n_1}+\frac{1}{n_2}}<\mu_1-\mu_2\right.$$

$$<(\overline{X}-\overline{Y})-t_{\frac{\alpha}{2}}(n_1+n_2-2)S_w\sqrt{\frac{1}{n_1}+\frac{1}{n_2}}\right\}$$

$$=P\left\{\left|\frac{(\overline{X}-\overline{Y})-(\mu_1-\mu_2)}{S_w\sqrt{\dfrac{1}{n_1}+\dfrac{1}{n_2}}}\right|<t_{\frac{\alpha}{2}}(n_1+n_2-2)\right\}=1-\alpha$$

从而得 $\mu_1-\mu_2$ 的置信度为 $1-\alpha$ 的置信区间为

$$\left((\overline{X}-\overline{Y})-t_{\frac{\alpha}{2}}(n_1+n_2-2)S_w\sqrt{\frac{1}{n_1}+\frac{1}{n_2}},(\overline{X}-\overline{Y})-t_{\frac{\alpha}{2}}(n_1+n_2-2)S_w\sqrt{\frac{1}{n_1}+\frac{1}{n_2}}\right)$$

(2) 由正态分布抽样定理知 $Z_1=\dfrac{(n_1-1)S_{1n_1}^2}{\sigma^2}=\dfrac{1}{\sigma^2}\sum_{i=1}^{n_1}(X_i-\overline{X})^2\sim\chi^2(n_1-1)$，

$Z_1=\dfrac{(n_2-1)S_{2n_2}^2}{\sigma^2}=\dfrac{1}{\sigma^2}\sum_{i=1}^{n_2}(Y_i-\overline{Y})^2\sim\chi^2(n_2-1)$，因为两样本独立，所以 Z_1 与 Z_2，由 χ^2

分布的可加性知 $Z=Z_1+Z_2=\dfrac{(n_1-1)S_{1n_1}^2+(n_2-1)S_{2n_2}^2}{\sigma^2}\sim\chi^2(n_1+n_2-2)$，对给定的置信

度为 $1-\alpha$，确定常数 c_1,c_2 使 $P\{Z\leqslant c_1\}=P\{Z\geqslant c_2\}=\dfrac{\alpha}{2}$，所以，$c_1=\chi_{1-\frac{\alpha}{2}}^2(n-1)$，$c_2=\chi_{\frac{\alpha}{2}}^2(n-1)$ 于是

$$P\left\{\frac{(n_1-1)S_{1n_1}^2+(n_2-1)S_{2n_2}^2}{\chi_{\frac{\alpha}{2}}^2(n-1)}<\sigma^2<\frac{(n_1-1)S_{1n_1}^2+(n_2-1)S_{2n_2}^2}{\chi_{1-\frac{\alpha}{2}}^2(n-1)}\right\}$$

$$=P\left\{\chi_{1-\frac{\alpha}{2}}^2(n_1+n_2-2)<Z<\chi_{\frac{\alpha}{2}}^2(n_1+n_2-2)\right\}=1-\alpha$$

从而得 σ^2 的置信度为 $1-\alpha$ 的双侧置信区间为

$$\left(\frac{(n_1-1)S_{1n_1}^2+(n_2-1)S_{2n_2}^2}{\chi_{\frac{\alpha}{2}}^2(n-1)},\frac{(n_1-1)S_{1n_1}^2+(n_2-1)S_{2n_2}^2}{\chi_{1-\frac{\alpha}{2}}^2(n-1)}\right)$$

例 7.14 设 $(X_1, X_2, \cdots, X_{n_1})$ 是来自总体 $X \sim N(\mu_1, \sigma_1^2)$ 的样本，$(Y_1, Y_2, \cdots, Y_{n_2})$ 是来自总体 $Y \sim N(\mu_2, \sigma_2^2)$ 的样本，且两样本独立，其中 $\mu_1, \mu_2, \sigma_1, \sigma_2 (\sigma_1 > 0, \sigma_2 > 0)$ 未知，(1) 求两总体标准差比 $\dfrac{\sigma_1}{\sigma_2}$ 的置信度为 $1-\alpha$ 的置信区间；(2) 求两总体标准差比 $\dfrac{\sigma_1}{\sigma_2}$ 的置信度为 $1-\alpha$ 的置信上界；(3) 求两总体标准差比 $\dfrac{\sigma_1}{\sigma_2}$ 的置信度为 $1-\alpha$ 的置信下界。

解 由正态分布抽样定理知 $Z = \dfrac{\sigma_2 S_{1n_1}^2}{\sigma_1 S_{2n_2}^2} \sim F(n_1-1, n_2-1)$。

(1) 对给定的置信度为 $1-\alpha$，确定常数 c_1、c_2 使 $P\{Z \leqslant c_1\} = P\{Z \geqslant c_2\} = \dfrac{\alpha}{2}$，所以，$c_1 = F_{1-\frac{\alpha}{2}}(n_1-1, n_2-1)$，$c_2 = F_{\frac{\alpha}{2}}(n_1-1, n_2-1)$ 于是

$$P\left\{\sqrt{\frac{S_{1n_1}^2}{S_{2n_2}^2 F_{\frac{\alpha}{2}}(n_1-1, n_2-1)}} < \frac{\sigma_1}{\sigma_2} < \sqrt{\frac{S_{1n_1}^2}{S_{2n_2}^2 F_{1-\frac{\alpha}{2}}(n_1-1, n_2-1)}}\right\}$$

$$= P\left\{\frac{S_{1n_1}^2}{S_{2n_2}^2 F_{\frac{\alpha}{2}}(n_1-1, n_2-1)} < \frac{\sigma_1^2}{\sigma_2^2} < \frac{S_{1n_1}^2}{S_{2n_2}^2 F_{1-\frac{\alpha}{2}}(n_1-1, n_2-1)}\right\}$$

$$= P\{F_{1-\frac{\alpha}{2}}(n_1-1, n_2-1) < Z < F_{\frac{\alpha}{2}}(n_1-1, n_2-1)\} = 1-\alpha$$

从而得 $\dfrac{\sigma_1}{\sigma_2}$ 的置信度为 $1-\alpha$ 的双侧置信区间为

$$\left(\sqrt{\frac{S_{1n_1}^2}{S_{2n_2}^2 F_{\frac{\alpha}{2}}(n_1-1, n_2-1)}}, \sqrt{\frac{S_{1n_1}^2}{S_{2n_2}^2 F_{1-\frac{\alpha}{2}}(n_1-1, n_2-1)}}\right)$$

(2) 对给定的置信度为 $1-\alpha$，确定常数 c 使 $P\{Z > c\} = 1-\alpha$，所以，$c = F_{1-\alpha}(n_1-1, n_2-1)$ 于是

$$P\left\{\frac{\sigma_1}{\sigma_2} < \sqrt{\frac{S_{1n_1}^2}{S_{2n_2}^2 F_{1-\alpha}(n_1-1, n_2-1)}}\right\} = P\left\{\frac{\sigma_1^2}{\sigma_2^2} < \frac{S_{1n_1}^2}{S_{2n_2}^2 F_{1-\alpha}(n_1-1, n_2-1)}\right\}$$

$$= P\{Z > F_{1-\alpha}(n_1-1, n_2-1)\} = 1-\alpha$$

从而得 $\dfrac{\sigma_1}{\sigma_2}$ 的置信度为 $1-\alpha$ 的置信上界为

$$\sqrt{\frac{S_{1n_1}^2}{S_{2n_2}^2 F_{1-\alpha}(n_1-1, n_2-1)}}$$

(2) 对给定的置信度为 $1-\alpha$，确定常数 c 使 $P\{Z < c\} = 1-\alpha$，即 $P\{Z \geqslant c\} = \alpha$，所以 $c = F_\alpha(n_1-1, n_2-1)$，于是

$$P\left\{\frac{\sigma_1}{\sigma_2} > \sqrt{\frac{S_{1n_1}^2}{S_{2n_2}^2 F_\alpha(n_1-1, n_2-1)}}\right\} = P\left\{\frac{\sigma_1^2}{\sigma_2^2} > \frac{S_{1n_1}^2}{S_{2n_2}^2 F_\alpha(n_1-1, n_2-1)}\right\}$$

$$= P\{Z < F_{1-\alpha}(n_1-1, n_2-1)\} = 1-\alpha$$

从而得 $\dfrac{\sigma_1}{\sigma_2}$ 的置信度为 $1-\alpha$ 的置信下界为

$$\sqrt{\frac{S_{1n_1}^2}{S_{2n_2}^2 F_\alpha(n_1-1, n_2-1)}}$$

例 7.15　设总体 X 在区间 $[0,\theta]$ 上服从均匀分布,其中 $\theta(\theta>0)$ 未知,$(X_1,X_2,\cdots,X_n)$ 是来自总体 X 的样本,

(1) 求参数 θ 的置信度为 $1-\alpha$ 的双侧置信区间,并求置信区间的平均长度;

(2) 求参数 θ 的置信度为 $1-\alpha$ 的置信上界,并求置信上界的均值;

(3) 求参数 θ 的置信度为 $1-\alpha$ 的置信下界,并求置信上界的均值。

解　记 $X_{(n)}=\max(X_1,X_2,\cdots,X_n)$,由例 7.2 知 $X_{(n)}$ 是参数 θ 的极大似然估计,又因为 $X_{(n)}$ 的概率密度为

$$f_{X_{(n)}}(x)=\begin{cases}\dfrac{nx^{n-1}}{\theta^n}, & 0\leqslant x\leqslant\theta\\[2mm] 0, & \text{其他}\end{cases}$$

令 $Z=\dfrac{X_{(n)}}{\theta}$,则易求得 Z 的概率密度

$$f_Z(z)=\begin{cases}nz^{n-1}, & 0\leqslant z\leqslant 1\\[2mm] 0, & \text{其他}\end{cases}$$

这个分布不含有任何未知参数。于是,

(1) 对给定的置信度 $1-\alpha$,确定常数 $a,b(0<a<b\leqslant 1)$ 使

$$P\{a<Z<b\}=1-\alpha$$

即

$$1-\alpha=\int_a^b nz^{n-1}\mathrm{d}z=b^2-a^2$$

这样的 a,b 有许多,当 a,b 确定后,就有

$$P\left\{\frac{X_{(n)}}{b}<\theta<\frac{X_{(n)}}{a}\right\}=P\{a<Z<b\}=1-\alpha$$

于是 $\left(\dfrac{X_{(n)}}{b},\dfrac{X_{(n)}}{a}\right)$ 就是参数 θ 的置信度为 $1-\alpha$ 的双侧置信区间,其平均长度为

$$E\left(\frac{X_{(n)}}{a}-\frac{X_{(n)}}{b}\right)=\left(\frac{1}{a}-\frac{1}{b}\right)E(X_{(n)})=\frac{n\theta}{n+1}\left(\frac{1}{a}-\frac{1}{b}\right)$$

例如可取 $a=\sqrt[n]{\dfrac{\alpha}{2}}$,$b=\sqrt[n]{1-\dfrac{\alpha}{2}}$;也可取 $a=\sqrt[n]{\alpha}$,$b=1$,并且可以证明这时平均长度最短。

(2) 对给定的置信度 $1-\alpha$,确定常数 $c(0<c<1)$ 使

$$P\{Z>c\}=1-\alpha$$

即

$$1-\alpha=\int_c^1 nz^{n-1}\mathrm{d}z=1-c^n$$

解得 $c=\sqrt[n]{\alpha}$,于是 $P\{\theta<\alpha^{-\frac{1}{n}}X_{(n)}\}=P\left\{\dfrac{X_{(n)}}{\theta}>\sqrt[n]{\alpha}\right\}=1-\alpha$,从而得参数 θ 的置信度为 $1-\alpha$ 的置信上界为

$$\bar{\theta}=\alpha^{-\frac{1}{n}}X_{(n)}$$

置信上界的均值为

$$E(\bar{\theta})=\alpha^{-\frac{1}{n}}E(X_{(n)})=\frac{n\theta}{n+1}\alpha^{-\frac{1}{n}}$$

（3）对给定的置信度 $1-\alpha$，确定常数 $c(0<c\leqslant 1)$ 使

$$P\{Z<c\}=1-\alpha$$

即

$$1-\alpha=\int_0^c nz^{n-1}\mathrm{d}z=c^n$$

解得 $c=\sqrt[n]{1-\alpha}$，于是

$$P\{\theta>(1-\alpha)^{-\frac{1}{n}}X_{(n)}\}=P\left\{\frac{X_{(n)}}{\theta}<\sqrt[n]{1-\alpha}\right\}=1-\alpha,$$

从而得参数 θ 的置信度为 $1-\alpha$ 的置信下界

$$\underline{\theta}=(1-\alpha)^{-\frac{1}{n}}X_{(n)}$$

置信下界的均值为

$$E(\underline{\theta})=(1-\alpha)^{-\frac{1}{n}}E(X_{(n)})=\frac{n\theta}{n+1}(1-\alpha)^{-\frac{1}{n}}$$

例 7.16　设总体 X 服从指数分布 $\mathrm{Exp}(\lambda)$，其中 $\lambda(\lambda>0)$ 未知，$(X_1,X_2,\cdots,X_n)$ 是来自总体 X 的样本，（1）求参数 λ 的置信度为 $1-\alpha$ 的双侧置信区间；（2）求参数 λ 的置信度为 $1-\alpha$ 的置信上界；（3）求参数 λ 的置信度为 $1-\alpha$ 的置信下界。

解　由例 7.11 知 $Z=2\lambda\sum_{i=1}^n X_i=2n\lambda\overline{X}\sim\chi^2(2n)$。

（1）对给定的置信度为 $1-\alpha$，确定常数 a,b 使

$$P\{a<Z<b\}=1-\alpha$$

这样的 a,b 有许多，一般习惯上取 a,b 满足

$$P\{Z\leqslant a\}=P\{Z\leqslant b\}=\frac{\alpha}{2}$$

查 $\chi^2(2n)$ 分布表可得

$$a=\chi^2_{1-\frac{\alpha}{2}}(2n),b=\chi^2_{\frac{\alpha}{2}}(2n)$$

于是

$$P\left\{\chi^2_{1-\frac{\alpha}{2}}(2n)<Z<\chi^2_{\frac{\alpha}{2}}(2n)\right\}=1-\alpha$$

即

$$P\left\{\frac{\chi^2_{1-\frac{\alpha}{2}}(2n)}{2n\overline{X}}<\lambda<\frac{\chi^2_{\frac{\alpha}{2}}(2n)}{2n\overline{X}}\right\}=1-\alpha$$

从而得参数 λ 的置信度为 $1-\alpha$ 的双侧置信区间为

$$\left(\frac{\chi^2_{1-\frac{\alpha}{2}}(2n)}{2n\overline{X}},\frac{\chi^2_{\frac{\alpha}{2}}(2n)}{2n\overline{X}}\right)$$

（2）对给定的置信度为 $1-\alpha$，确定常数 c 使

$$P\{Z<c\}=1-\alpha$$

查 $\chi^2(2n)$ 分布表可得

$$c=\chi^2_\alpha(2n)$$

于是得

$$P\{Z<\chi^2_\alpha(2n)\}=1-\alpha$$

即

$$P\left\{\lambda < \frac{\chi_\alpha^2(2n)}{2n\overline{X}}\right\} = 1-\alpha$$

从而得参数 λ 的置信度为 $1-\alpha$ 的置信上限为

$$\bar{\theta} = \frac{\chi_\alpha^2(2n)}{2n\overline{X}}$$

（3）对给定的置信度为 $1-\alpha$，确定常数 c 使

$$P\{Z > c\} = 1-\alpha$$

查 $\chi^2(2n)$ 分布表可得

$$c = \chi_{1-\alpha}^2(2n)$$

于是得

$$P\{Z > \chi_{1-\alpha}^2(2n)\} = 1-\alpha$$

即

$$P\left\{\lambda > \frac{\chi_{1-\alpha}^2(2n)}{2n\overline{X}}\right\} = 1-\alpha$$

从而得参数 λ 的置信度为 $1-\alpha$ 的置信下限为

$$\underline{\theta} = \frac{\chi_{1-\alpha}^2(2n)}{2n\overline{X}}$$

例 7.17　设总体 X 服从泊松分布 $P(\lambda)$，其中 $\lambda(\lambda > 0)$ 未知，$(X_1, X_2, \cdots, X_n)$ 是来自总体 X 的样本，n 充分大。使用大样本方法求参数 λ 的置信度为 $1-\alpha$ 的（1）双侧置信区间；（2）置信上界；（3）置信下界。

解　因为 $(X_1, X_2, \cdots, X_n)$ 是来自总体 X 的样本，$E(X) = \lambda$，$D(X) = \lambda$，记 $\overline{X} = \frac{1}{n}\sum_{i=1}^{n}X_i$，则由独立同分布中心定理知，当 n 充分大时，$Z = \frac{\sqrt{n}(\overline{X}-\lambda)}{\sqrt{\lambda}}$ 近似服从正态分布 $N(0,1)$，所以，

（1）对给定的置信度为 $1-\alpha$，有

$$P\{|Z| < u_{\frac{\alpha}{2}}\} \approx 1-\alpha, \quad 即 \quad P\left\{-u_{\frac{\alpha}{2}} < \frac{\sqrt{n}(\overline{X}-\lambda)}{\sqrt{\lambda}} < u_{\frac{\alpha}{2}}\right\} \approx 1-\alpha$$

而不等式 $-u_{\frac{\alpha}{2}} < \frac{\sqrt{n}(\overline{X}-\lambda)}{\sqrt{\lambda}} < u_{\frac{\alpha}{2}}$ 等价于不等式 $\lambda^2 - 2(\overline{X} + \frac{1}{2n}u_{\frac{\alpha}{2}}^2)\lambda + \overline{X}^2 < 0$

解此不等式得 $\hat{\lambda}_L < \lambda < \hat{\lambda}_U$，这里 $\hat{\lambda}_L = \overline{X} + \frac{1}{2n}u_{\frac{\alpha}{2}}^2 - \frac{u_{\frac{\alpha}{2}}}{\sqrt{n}}\sqrt{\overline{X} + \frac{1}{4n}u_{\frac{\alpha}{2}}^2}$，$\hat{\lambda}_U = \overline{X} + \frac{1}{2n}u_{\frac{\alpha}{2}}^2 + \frac{u_{\frac{\alpha}{2}}}{\sqrt{n}}\sqrt{\overline{X} + \frac{1}{4n}u_{\frac{\alpha}{2}}^2}$，

于是 $(\hat{\lambda}_L, \hat{\lambda}_U)$ 可作为 λ 的置信区间，其置信度近似为 $1-\alpha$。

（2）对给定的置信度为 $1-\alpha$，有

$$P\{Z < u_\alpha\} \approx 1-\alpha \quad 即 \quad P\left\{\frac{\sqrt{n}(\overline{X}-\lambda)}{\sqrt{\lambda}} < u_\alpha\right\} \approx 1-\alpha$$

而不等式 $\dfrac{\sqrt{n}(\overline{X}-\lambda)}{\sqrt{\lambda}}<u_{\alpha}$ 等价于不等式 $\lambda+\dfrac{u_{\alpha}}{\sqrt{n}}\sqrt{\lambda}-\overline{X}>0$

解此不等式得 $\lambda>\sqrt{\overline{X}+\dfrac{u_{\alpha}^2}{4n}}-\dfrac{u_{\alpha}}{2n}$，于是 $\sqrt{\overline{X}+\dfrac{u_{\alpha}^2}{4n}}-\dfrac{u_{\alpha}}{2n}$ 可作为 λ 的置信下界，其置信度近似为 $1-\alpha$。

（3）对给定的置信度为 $1-\alpha$，有

$$P\{Z>-u_{\alpha}\}\approx 1-\alpha \quad 即 \quad P\left\{\dfrac{\sqrt{n}(\overline{X}-\lambda)}{\sqrt{\lambda}}>-u_{\alpha}\right\}\approx 1-\alpha$$

而不等式 $\dfrac{\sqrt{n}(\overline{X}-\lambda)}{\sqrt{\lambda}}>-u_{\alpha}$ 等价于不等式 $\lambda-\dfrac{u_{\alpha}}{\sqrt{n}}\sqrt{\lambda}-\overline{X}<0$

解此不等式得 $\lambda<\sqrt{\overline{X}+\dfrac{u_{\alpha}^2}{4n}}+\dfrac{u_{\alpha}}{2n}$，于是 $\sqrt{\overline{X}+\dfrac{u_{\alpha}^2}{4n}}+\dfrac{u_{\alpha}}{2n}$ 可作为 λ 的置信上界，其置信度近似为 $1-\alpha$。

例 7.18　设总体 X 的均值 $E(X)=\mu$ 和方差 $D(X)=\sigma^2>0$ 存在，$(X_1,X_2,\cdots,X_n)$ 是来自总体 X 的样本，n 充分大。分别在（1）σ 已知（2）σ 未知两种情况下用大样本方法求参数 μ 的置信度近似为 $1-\alpha$ 的置信区间。

解　记 $\overline{X}=\dfrac{1}{n}\sum_{i=1}^{n}X_i$ 是样本均值，$S^2=\dfrac{1}{n-1}\sum_{i=1}^{n}(X_i-\overline{X})^2$ 是样本方差，

（1）令 $U=\dfrac{\sqrt{n}(\overline{X}-\mu)}{\sigma}$，由中心极限定理知，当 n 充分大时，$U=\dfrac{\sqrt{n}(\overline{X}-\mu)}{\sigma}$ 近似服从标准正态分布 $N(0,1)$，所以，对给定的置信度 $1-\alpha$，有 $P\{-u_{\frac{\alpha}{2}}<U<u_{\frac{\alpha}{2}}\}\approx 1-\alpha$，即

$$P\left\{\overline{X}-\dfrac{\sigma}{\sqrt{n}}u_{\frac{\alpha}{2}}<\mu<\overline{X}+\dfrac{\sigma}{\sqrt{n}}u_{\frac{\alpha}{2}}\right\}\approx 1-\alpha$$

所以参数 μ 的置信度近似为 $1-\alpha$ 的置信区间为 $\left(\overline{X}-\dfrac{\sigma}{\sqrt{n}}u_{\frac{\alpha}{2}},\overline{X}+\dfrac{\sigma}{\sqrt{n}}u_{\frac{\alpha}{2}}\right)$。

（2）令 $Z=\dfrac{\sqrt{n}(\overline{X}-\mu)}{S}$，由中心极限定理知，当 n 充分大时，$U=\dfrac{\sqrt{n}(\overline{X}-\mu)}{\sigma}$ 近似服从标准正态分布 $N(0,1)$，又因为 S 是 σ 的相合估计量，所以，当 n 充分大时 $U=\dfrac{\sqrt{n}(\overline{X}-\mu)}{S}=\dfrac{\sigma}{S}Z$ 也近似服从标准正态分布 $N(0,1)$，所以，对给定的置信度 $1-\alpha$，有 $P\{-u_{\frac{\alpha}{2}}<Z<u_{\frac{\alpha}{2}}\}\approx 1-\alpha$，即

$$P\left\{\overline{X}-\dfrac{S}{\sqrt{n}}u_{\frac{\alpha}{2}}<\mu<\overline{X}+\dfrac{S}{\sqrt{n}}u_{\frac{\alpha}{2}}\right\}\approx 1-\alpha$$

所以参数 μ 的置信度近似为 $1-\alpha$ 的置信区间为 $\left(\overline{X}-\dfrac{S}{\sqrt{n}}u_{\frac{\alpha}{2}},\overline{X}+\dfrac{S}{\sqrt{n}}u_{\frac{\alpha}{2}}\right)$。

例 7.19　设有两个总体 X 和 Y，其均值 $E(X)=\mu_1$，$E(Y)=\mu_2$ 和方差 $D(X)=\sigma_1^2>0$，$D(Y)=\sigma_2^2>0$ 都存在且未知，$(X_1,X_2,\cdots,X_{n_1})$ 和 $(Y_1,Y_2,\cdots,Y_{n_2})$ 是分别独立来自总体 X 和 Y 的样本，n_1 和 n_2 充分大。试用大样本方法求两总体均值差 $\mu_1-\mu_2$ 的置信度近似为 $1-\alpha$ 的置信区间。

解　记 $\overline{X} = \dfrac{1}{n_1}\sum\limits_{i=1}^{n_1} X_i, \overline{Y} = \dfrac{1}{n_2}\sum\limits_{i=1}^{n_2} Y_i, S_1^2 = \dfrac{1}{n_1-1}\sum\limits_{i=1}^{n_1}(X_i - \overline{X})^2, S_2^2 = \dfrac{1}{n_2-1}\sum\limits_{i=1}^{n_2}(Y_i - \overline{Y})^2,$

可以证明,当 n_1, n_2 充分大时, $U = \dfrac{(\overline{X} - \overline{Y}) - (\mu_1 - \mu_2)}{\sqrt{\dfrac{S_1^2}{n_1} + \dfrac{S_2^2}{n_2}}}$ 近似服从标准正态分布 $N(0,1)$,所

以,对给定的置信度 $1-\alpha$,有 $P\{-u_{\frac{\alpha}{2}} < U < u_{\frac{\alpha}{2}}\} \approx 1-\alpha$,即

$$P\left\{\overline{X} - \overline{Y} - u_{\frac{\alpha}{2}}\sqrt{\frac{S_1^2}{n_1} + \frac{S_2^2}{n_2}} < \mu_1 - \mu_2 < \overline{X} - \overline{Y} + u_{\frac{\alpha}{2}}\sqrt{\frac{S_1^2}{n_1} + \frac{S_2^2}{n_2}}\right\} \approx 1-\alpha$$

所以参数 $\mu_1 - \mu_2$ 的置信度近似为 $1-\alpha$ 的置信区间为

$$\left(\overline{X} - \overline{Y} - u_{\frac{\alpha}{2}}\sqrt{\frac{S_1^2}{n_1} + \frac{S_2^2}{n_2}}, \overline{X} - \overline{Y} + u_{\frac{\alpha}{2}}\sqrt{\frac{S_1^2}{n_1} + \frac{S_2^2}{n_2}}\right)$$

7.4　应用题

例 7.20　从一批零件中随机的抽取了 16 件,测得其长度(单位:cm)为 10.32, 10.14, 10.42, 10.53, 10.47, 10.63, 10.23, 10.25, 10.78, 10.56, 10.48, 10.39, 10.22, 10.54, 10.62, 10.47,

(1) 用矩方法估计这批零件长度的总体均值 μ 与总体方差 σ^2 的估计值;

(2) 如果假定这批零件长度的总体服从正态分布 $N(\mu, \sigma^2)$,求参数 μ 和 σ^2 的置信度为 95％ 的置信区间

解　(1) 由矩估计法知,μ 和 σ^2 的矩估计量分别为

$$\hat{\mu} = \overline{X} = \frac{1}{n}\sum_{i=1}^{n} X_i \text{ 和 } \hat{\sigma}^2 = \frac{1}{n}\sum_{i=1}^{n}(X_i - \overline{X})^2$$

经计算算得矩估计值为 $\hat{\mu} = \overline{x} = \dfrac{1}{n}\sum\limits_{i=1}^{n} x_i = 10.44063, \hat{\sigma}^2 = \dfrac{1}{n}\sum\limits_{i=1}^{n}(x_i - \overline{x})^2 = 0.02849$。

(2) 由例 7.11 知参数 μ 和 σ^2 的置信度为 $1-\alpha$ 的置信区间分别为

$$\left(\overline{X} - \frac{S}{\sqrt{n}}t_{\frac{\alpha}{2}}(n-1), \overline{X} + \frac{S}{\sqrt{n}}t_{\frac{\alpha}{2}}(n-1)\right) \text{ 和 } \left(\frac{(n-1)S^2}{\chi_{\frac{\alpha}{2}}^2(n-1)}, \frac{(n-1)S^2}{\chi_{1-\frac{\alpha}{2}}^2(n-1)}\right)$$

其中 $S^2 = \dfrac{1}{n-1}\sum\limits_{i=1}^{n}(X_i - \overline{X})^2$,将数值代入计算得

$$\overline{x} = \frac{1}{n}\sum_{i=1}^{n} x_i = 10.44063, s^2 = \frac{1}{n-1}\sum_{i=1}^{n}(x_i - \overline{x})^2 = 0.03039, s = \sqrt{s^2} = 0.17434$$

查 $t(15)$ 分布表得 $t_{0.025}(15) = 2.1315$,查 $\chi^2(15)$ 分布表得 $\chi_{0.025}^2(15) = 27.488, \chi_{0.975}^2(15) = 6.262$,从而得 μ 的置信度为 95％ 的置信区间为 $(10.3477, 10.5335)$, σ^2 的置信度为 95％ 的置信区间为 $(0.01659, 0.07280)$。

例 7.21　为了考察甲、乙两个地区的教育水平的差距,从甲地区随机的选取了 10 名学生,从乙地区随机的选取了 11 名学生进行了一次综合考试,经计算甲地区 10 名学生的平均成绩为 75.82,样本方差为 10.25,甲地区 11 名学生的平均成绩为 70.36,样本方差为 13.14,假定甲、乙两个地区的学生成绩都服从正态分布。(1) 求两地区总体均值和标准差的极大似然估计

值；(2)若假定两地区总体的方差相等，求两地区总体均值差的 95% 置信区间；(3)求两地区总体方差比的 95% 置信区间。

解　设 X 表示甲地区的学生成绩，Y 表示乙地区的学生成绩，依题意 $X \sim N(\mu_1, \sigma_1^2)$，$Y \sim N(\mu_2, \sigma_2^2)$，$n_1 = 10, n_2 = 11, \bar{x} = 75.82, \bar{y} = 70.36, s_1^2 = 10.25, s_2^2 = 13.14$，

(1)由例 7.1 知两总体均值的极大似然估计值为

$$\hat{\mu}_1 = \bar{x} = 75.82, \hat{\mu}_2 = \bar{y} = 70.36$$

两总体标准差的极大似然估计值为

$$\hat{\sigma}_1 = \sqrt{\frac{1}{n_1} \sum_{i=1}^{n} (x_i - \bar{x})^2} = \sqrt{\frac{n_1 - 1}{n_1} s_1^2} = \sqrt{0.9 \times 10.25} = 3.03727$$

$$\hat{\sigma}_2 = \sqrt{\frac{1}{n_2} \sum_{i=1}^{n} (y_i - \bar{y})^2} = \sqrt{\frac{n_2 - 1}{n_2} s_2^2} = \sqrt{\frac{10}{11} \times 13.14} = 3.45622$$

(2)若假定 $\sigma_1^2 = \sigma_2^2$，则 $\mu_1 - \mu_2$ 的置信度为 $1 - \alpha$ 的置信区间为

$$\left(\bar{X} - \bar{Y} - t_{\frac{\alpha}{2}}(n_1 + n_2 - 2) S_w \sqrt{\frac{1}{n_1} + \frac{1}{n_2}}, \bar{X} - \bar{Y} + t_{\frac{\alpha}{2}}(n_1 + n_2 - 2) S_w \sqrt{\frac{1}{n_1} + \frac{1}{n_2}} \right)$$

其中 $S_w = \sqrt{\dfrac{(n_1 - 1)S_1^2 + (n_2 - 1)S_2^2}{n_1 + n_2 - 2}}$。

计算得 $S_w = \sqrt{\dfrac{9 \times 10.25 + 10 \times 13.14}{19}} = 3.43090$，查 $t(19)$ 分布表得 $t_{0.025}(19) = 2.093$，

从而 $\mu_1 - \mu_2$ 的置信度为 95% 的置信区间为 $(2.32245, 8.59755)$

(3) $\dfrac{\sigma_1^2}{\sigma_2^2}$ 的置信度为 $1 - \alpha$ 的置信区间为

$$\left(\frac{S_1^2}{S_2^2 F_{\frac{\alpha}{2}}(n_1 - 1, n_2 - 1)}, \frac{S_1^2}{S_2^2 F_{1-\frac{\alpha}{2}}(n_1 - 1, n_2 - 1)} \right)$$

查表得 $F_{0.025}(9, 10) = 3.78$；$F_{0.975}(9, 10) = \dfrac{1}{F_{0.025}(10, 9)} = \dfrac{1}{3.96} = 0.25253$，从而 $\dfrac{\sigma_1^2}{\sigma_2^2}$ 的置信度为 95% 的置信区间为 $(0.20327, 3.04267)$。

例 7.22　设某批元件的使用寿命 X(单位：小时)服从指数分布 $Exp(\lambda)$，现从这批元件中随机的抽取 10 个原件进行寿命试验，测得其寿命分别为 71.4, 341.5, 170.3, 89.4, 28.8, 10.3, 150.7, 493.9, 475.4, 339.1。

(1)求参数 λ 的极大似然估计量和极大似然估计值；

(2)求平均寿命 $E(X) = \mu$ 的极大似然估计量和极大似然估计值；

(3)求平均寿命 μ 的置信度为 95% 的置信区间；

(4)求平均寿命 μ 的置信度为 95% 的置信下界。

解　(1)由例 7.5 知参数 λ 的极大似然估计量为 $\hat{\lambda} = \dfrac{1}{X}$，所以其极大似然估计值为

$$\hat{\lambda} = \frac{1}{\bar{x}} = 0.00461$$

(2)因为总体 X 的概率密度为

$$f(x, \lambda) = \begin{cases} \lambda e^{-\lambda x}, & x \geqslant 0 \\ 0, & x < 0 \end{cases}$$

$\mu = E(X) = \dfrac{1}{\lambda}$，所依 $\lambda = \dfrac{1}{\mu}$，从而总体 X 的概率密度可写成

$$g(x;\mu) = \begin{cases} \dfrac{1}{\mu}\mathrm{e}^{-\frac{x}{\mu}}, & x \geqslant 0 \\ 0, & x < 0 \end{cases}$$

所以，当得到样本值 $(x_1, x_2, \cdots, x_n)$ 时 μ 的似然函数为

$$L(\mu) = \prod_{i=1}^{n} \frac{1}{\mu}\mathrm{e}^{-\frac{x_i}{\mu}} = \frac{1}{\mu^n}\mathrm{e}^{-\frac{1}{\mu}\sum_{i=1}^{n}x_i} = \mu^{-n}\mathrm{e}^{-\frac{n\bar{x}}{\mu}}$$

对数似然函数为

$$\ln L(\mu) = -n\ln\mu - \frac{n\bar{x}}{\mu}$$

令 $\dfrac{\mathrm{d}\ln L(\mu)}{\mathrm{d}\mu} = -\dfrac{n}{\mu} + \dfrac{n\bar{x}}{\mu^2} = 0$ 解得 $\hat{\mu} = \bar{x}$，又因为 $\dfrac{\mathrm{d}^2\ln L(\mu)}{\mathrm{d}\mu^2} = \dfrac{n}{\mu^2} - \dfrac{2n\bar{x}}{\mu^3} = \dfrac{n(\mu - 2\bar{x})}{\mu^3}$，

$\dfrac{\mathrm{d}^2\ln L(\mu)}{\mathrm{d}\mu^2}\Big|_{\mu=\bar{x}} = -\dfrac{n\bar{x}}{\mu^3} < 0$，所以 $\ln L(\mu)$ 在 $\hat{\mu} = \bar{x}$ 处取得最大值，故 μ 的极大似然估计量为 $\hat{\mu} = \overline{X}$。其极大似然估计值为 $\hat{\mu} = \bar{x} = 217.08$。

（3）由例 7.15 知，对给定的置信度为 $1-\alpha$ 有

$$P\left\{\frac{\chi^2_{1-\frac{\alpha}{2}}(2n)}{2n\overline{X}} < \lambda < \frac{\chi^2_{\frac{\alpha}{2}}(2n)}{2n\overline{X}}\right\} = 1-\alpha$$

所以有

$$P\left\{\frac{2n\overline{X}}{\chi^2_{\frac{\alpha}{2}}(2n)} < \mu < \frac{2n\overline{X}}{\chi^2_{1-\frac{\alpha}{2}}(2n)}\right\} = 1-\alpha$$

故 μ 的置信度为 $1-\alpha$ 的置信区间为

$$\left(\frac{2n\overline{X}}{\chi^2_{\frac{\alpha}{2}}(2n)}, \frac{2n\overline{X}}{\chi^2_{1-\frac{\alpha}{2}}(2n)}\right)$$

本题中 $n = 10, \bar{x} = 217.08, \alpha = 0.05$，查 $\chi^2(20)$ 分布表得 $\chi^2_{0.025}(20) = 34.17, \chi^2_{0.975}(20) = 9.591$，代入数值得 μ 的置信度为 95% 的置信区间为 $(127.05882, 452.67438)$。

（4）由例 7.15 知，对给定的置信度为 $1-\alpha$ 有

$$P\left\{\lambda < \frac{\chi^2_{\alpha}(2n)}{2n\overline{X}}\right\} = 1-\alpha$$

所以有

$$P\left\{\mu > \frac{2n\overline{X}}{\chi^2_{\alpha}(2n)}\right\} = 1-\alpha$$

故 μ 的置信度为 $1-\alpha$ 的置信下界为 $\underline{\mu} = \dfrac{2n\overline{X}}{\chi^2_{\alpha}(2n)}$。

本题中 $n = 10, \bar{x} = 217.08, \alpha = 0.05$，查 $\chi^2(20)$ 分布表得 $\chi^2_{0.05}(20) = 31.41$，代入数值得 μ 的置信度为 95% 的置信下界为 $\underline{\mu} = 138.22350$。

例 7.23 服装厂准备为某一地区生产特色服饰。为了了解该地区成年女性的身高情况，随机地选取了 1600 位成年女性，对她们的身高进行测量。测量所得数据集的样本均值为 158 cm，样本标准差差为 71.4 cm。试求身高均值的 95% 的置信区间。

解　设 X 表示该地区成年女性的身高，$E(X) = \mu, D(X) = \sigma^2, (X_1, X_2, \cdots, X_n)$ 是来自总体 X 的样本，由例 7.18 知，用大样本方法可得 μ 的置信度为 $1 - \alpha$ 的置信区间为

$$\left(\overline{X} - \frac{S}{\sqrt{n}} u_{\frac{\alpha}{2}}, \overline{X} + \frac{S}{\sqrt{n}} u_{\frac{\alpha}{2}} \right)$$

本题中，$n = 1600, \overline{x} = 158, s = 71.4$，查标准正态分布表得 $u_{0.025} = 1.96$，则平均身高的置信区间为 $(157.65, 158.35)$。

7.5　自测题

一、填空题

1. 写出下列分布的参数空间

(1) 两点分布 $B(1, p)$ 的参数空间为 _____。

(2) 泊松分布 $P(\lambda)$ 的参数空间为 _____。

(3) 二项分布 $B(m, p)$（m, p 均未知）的参数空间为 _____。

(4) 正态分布 $N(\mu, \sigma^2)$ 的参数空间为 _____。

(5) 均匀分布 $U(\theta_1, \theta_2)$ 的参数空间为 _____。

(6) 指数分布 $Exp(\lambda)$ 的参数空间为 _____。

2. 设总体 X 的均值 $E(X) = \mu$ 和方差 $D(X) = \sigma^2$ 存在，$(X_1, X_2, \cdots, X_n)$ 是来自总体 X 的简单随机样本，

(1) 当常数 $c = $ _____ 时，$\hat{\mu} = c \sum\limits_{i=1}^{n} X_i$ 是 μ 的无偏估计量，这个无偏估计量的方差 $D(\hat{\mu}) = $ _____。

(2) 当常数 $c_1, c_2, \cdots, c_n$ 满足关系式 _____ 时，$\tilde{\mu} = \sum\limits_{i=1}^{n} c_i X_i$ 是 μ 的无偏估计量，这个无偏估计量的方差 $D(\tilde{\mu}) = $ _____。

(3) 当常数 $c = $ _____ 时，$\hat{\sigma^2} = c \sum\limits_{i=1}^{n} (X_i - \overline{X})^2$ 是 σ^2 的无偏估计量。

(4) 当常数 $c = $ _____ 时，$\tilde{\sigma^2} = c \sum\limits_{i=2}^{n-1} (X_{i+1} - X_{i-1})^2$ 是 σ^2 的无偏估计量。

3. 设总体 $X \sim N(\mu, \sigma^2)$，μ 未知，$\sigma > 0$ 已知，$(X_1, X_2, \cdots, X_n)$ 是来自总体 X 的样本，在 μ 的形如 $(\overline{X} - \frac{\sigma}{\sqrt{n}} c_1, \overline{X} + \frac{\sigma}{\sqrt{n}} c_2)$ 的置信度为 $1 - \alpha$ 的置信区间中当 $c_1 = $ _____，$c_2 = $ _____ 时区间长度最短。

4. 设总体 X 在区间 $[0, \theta]$ 上服从均匀分布，其中 $\theta (\theta > 0)$ 未知，$(X_1, X_2, \cdots, X_n)$ 是来自总体 X 的样本，$0 < a < b \leqslant 1$，在 θ 的形如 $\left(\frac{X_{(n)}}{b}, \frac{X_{(n)}}{a} \right)$ 的置信度为 $1 - \alpha$ 的置信区间中当 $a = $ _____，$b = $ _____ 时，平均区间长度最短。

二、单项选择题

1. 设总体 X 的均值 $E(X) = \mu$ 和方差 $D(X) = \sigma^2$ 存在，$(X_1, X_2, \cdots, X_n)$ 是来自总体 X 的

简单随机样本，$\overline{X} = \frac{1}{n}\sum_{i=1}^{n} X_i, S^2 = \frac{1}{n-1}\sum_{i=1}^{n}(X_i - \overline{X})^2$，则下列说法正确的是（　）。

A. $\overline{X}$ 与 S^2 独立

B. $\overline{X}$ 是 μ 的无偏估计量，S 是 σ 的无偏估计量

C. $\overline{X}^2$ 是 μ^2 的无偏估计量，S^2 是 σ^2 的无偏估计量

D. $\overline{X}^2$ 是 μ^2 的相合估计量，S 是 σ 的相合估计量

2. 设总体 X 的均值 $E(X) = \mu$ 和方差 $D(X) = \sigma^2$ 存在，(X_1, X_2, X_3) 是来自总体 X 的简单随机样本，在 μ 的以下为偏估计量 $\hat{\mu}$ 中，最有效的是（　）。

A. $\hat{\mu} = X_1$ 　　　　　　　　　　B. $\hat{\mu} = \frac{1}{2}X_1 + \frac{1}{2}X_2$

C. $\hat{\mu} = \frac{1}{3}X_1 + \frac{1}{3}X_2 + \frac{1}{3}X_3$ 　　　　D. $\hat{\mu} = \frac{1}{4}X_1 + \frac{1}{2}X_2 + \frac{1}{4}X_3$

3. 设 $(\hat{\theta}_L, \hat{\theta}_U)$ 为参数 θ 的置信度为 0.95 的置信区间，则下列说法正确的是（　）。
(A) θ 以概率 0.95 落在 $(\hat{\theta}_L, \hat{\theta}_U)$ 中　　(B) $(\hat{\theta}_L, \hat{\theta}_U)$ 以概率 0.95 包含 θ 真值
(C) 在 100 次具体抽样中，有 95 个区间包含 θ 真值　　(D) 前三种说法都不对

4. 设 $0 < \alpha_1 < \alpha_2 < 1, a > b > 0$，在未知参数 θ 的下列四个置信区间中最好的置信区间是（　）。

A. $(\hat{\theta}_{1L}, \hat{\theta}_{1U})$ 的置信度为 $1 - \alpha_1, E(\hat{\theta}_{1U} - \hat{\theta}_{1L}) = a$

B. $(\hat{\theta}_{2L}, \hat{\theta}_{2U})$ 的置信度为 $1 - \alpha_2, E(\hat{\theta}_{2U} - \hat{\theta}_{2L}) = a$

C. $(\hat{\theta}_{3L}, \hat{\theta}_{3U})$ 的置信度为 $1 - \alpha_1, E(\hat{\theta}_{3U} - \hat{\theta}_{3L}) = b$

D. $(\hat{\theta}_{4L}, \hat{\theta}_{4U})$ 的置信度为 $1 - \alpha_2, E(\hat{\theta}_{4U} - \hat{\theta}_{4L}) = b$

5. 设 $0 < \alpha_1 < \alpha_2 < 1, a > b > 0$，在未知参数 θ 的下列四个置信下界中最好的置信下界是（　）。

A. $\hat{\theta}_1$ 的置信度为 $1 - \alpha_1, E(\hat{\theta}_1) = a$

B. $\hat{\theta}_2$ 的置信度为 $1 - \alpha_2, E(\hat{\theta}_2) = a$

C. $\hat{\theta}_3$ 的置信度为 $1 - \alpha_1, E(\hat{\theta}_3) = b$

D. $\hat{\theta}_4$ 的置信度为 $1 - \alpha_2, E(\hat{\theta}_4) = b$

6. 设 $0 < \alpha_1 < \alpha_2 < 1, a > b > 0$，在未知参数 θ 的下列四个置信上界中最好的置信上界是（　）。

A. $\hat{\theta}_1$ 的置信度为 $1 - \alpha_1, E(\hat{\theta}_1) = a$

B. $\hat{\theta}_2$ 的置信度为 $1 - \alpha_2, E(\hat{\theta}_2) = a$

C. $\hat{\theta}_3$ 的置信度为 $1 - \alpha_1, E(\hat{\theta}_3) = b$

D. $\hat{\theta}_4$ 的置信度为 $1 - \alpha_2, E(\hat{\theta}_4) = b$

三、计算题

1. 设总体 $X \sim B(m, p)$，m 已知，$p(0 < p < 1)$ 未知，$(X_1, X_2, \cdots, X_n)$ 是来自总体 X 的样本(1) 试求 p 的矩估计量和极大似然估计量；(2) 并判断它们是否为无偏估计量；(3) 求它们的方差。

2. 设总体 $X \sim N(\mu, \sigma^2)$，μ 已知，σ^2 未知，$(X_1, X_2, \cdots, X_n)$ 是来自总体 X 为样本，(1) 求 σ^2 的矩估计量和极大似然估计量；(2) 判断它们是否为 σ^2 的无偏估计量；(3) 求它们的方差。

3. 设总体 X 服从参数为 $p(0 < p < 1)$ 几何分布,即 X 的概率分布率为

$P\{X = k\} = p(1-p)^{k-1}, k = 1, 2, 3, \cdots,$

$(X_1, X_2, \cdots, X_n)$ 是来自总体 X 的样本,试求:(1)p 的矩估计量;(2)p 的极大似然估计量。

4. 设总体 $X \sim U(\theta, \theta+1)$,$(X_1, X_2, \cdots, X_n)$ 是来自总体 X 的样本(1)求参数 θ 的矩估计量;(2)求参数 θ 的极大似然估计量;

5. 设总体 $X \sim N(\theta-1, \sigma^2)$,$\theta, \sigma^2$ 均未知,$(X_1, X_2, \cdots, X_n)$ 是来自总体 X 的样本,(1)求 θ 和 σ^2 的矩估计量;(2)求 θ 和 σ^2 的极大似然估计量。

6. 设总体 X 的密度函数为:

$$f(x; \theta) = \begin{cases} \dfrac{2}{\theta^2} x, & 0 \leqslant x \leqslant \theta \\ 0, & \text{其他} \end{cases}$$

其中 $\theta > 0$ 为未知参数,$(X_1, X_2, \cdots, X_n)$ 是来自总体 X 的样本,

(1)求 θ 的矩估计量,记为 $\hat{\theta}_1$,并判断 $\hat{\theta}_1$ 是否为 θ 的无偏估计量;

(2)求 θ 的极大似然估计量,记为 $\hat{\theta}_2$,并判断 $\hat{\theta}_2$ 是否为 θ 的无偏估计量;

(3)如果 $\hat{\theta}_2$ 是 θ 的有偏估计量,判断 $\hat{\theta}_2$ 是否为 θ 的渐近无偏估计量,并将 $\hat{\theta}_2$ 修正成为无偏估计量,记为 $\hat{\theta}_3$;

(4)比较前面得到的这两个无偏估计量哪一个更有效?

7. 设总体 $X \sim N(\theta-1, 1)$,$(X_1, X_2, \cdots, X_n)$ 是来自总体 X 的样本,(1)求参数 θ 的置信度为 $1-\alpha$ 的置信区间;(2)求(1)所得置信区间的平均长度;(3)要使(1)中所得置信区间的平均长度不超过 0.5,则样本容量 n 至少要多大?

8. 设总体 $X \sim N(0, \sigma^2)$,$(X_1, X_2, \cdots, X_n)$ 是来自总体 X 的样本,(1)求 σ^2 的置信度为 $1-\alpha$ 的置信区间;(2)求 σ^2 的置信度为 $1-\alpha$ 的置信下界;(3)求 σ^2 的置信度为 $1-\alpha$ 的置信上界。

9. 设总体 X 的密度函数为:

$$f(x; \theta) = \begin{cases} \dfrac{\theta}{x^2}, & x \geqslant \theta \\ 0, & x < \theta \end{cases}$$

其中 $\theta > 0$ 为未知参数,$(X_1, X_2, \cdots, X_n)$ 是来自总体 X 的样本,(1)求 θ 的极大似然估计量 $\hat{\theta}$;(2)从极大似然估计量 $\hat{\theta}$ 出发构造 θ 的置信度为 $1-\alpha$ 的置信区间。

10. 设有两个总体 X 和 Y,均值 $E(X) = \mu_1$,$E(Y) = \mu_2$ 和方差 $D(X) = \sigma_1^2$,$D(Y) = \sigma_2^2$ 都存在,$(X_1, X_2, \cdots, X_{n_1})$ 是来自总体 X 的样本,$(Y_1, Y_2, \cdots, Y_{n_2})$ 是来自总体 Y 的样本,且两样本独立,n_1 和 n_2 充分大,(1)当 σ_1^2 和 σ_2^2 已知时,求均值差 $\mu_1 - \mu_2$ 的置信度近似为 $1-\alpha$ 的置信区间;(2)当 σ_1^2 和 σ_2^2 未知时,求均值差 $\mu_1 - \mu_2$ 的置信度近似为 $1-\alpha$ 的置信区间。

四、证明题

1. 设总体 X 的均值 $E(X) = \mu$ 和方差 $D(X) = \sigma^2$ 存在,$(X_1, X_2, \cdots, X_n)$ 是来自总体 X 的简单随机样本,试证明:样本均值 $\overline{X}$ 是总体均值 μ 的形如 $\tilde{\mu} = \sum_{i=1}^{n} c_i X_i$ 的无偏估计量中最有效的估计量。

2. 设 $(X_1, X_2, \cdots, X_n)$ 是来自总体 X 的简单随机样本,θ 是 X 的分布中包含的未知参数,$\hat{\theta} = \hat{\theta}(X_1, X_2, \cdots, X_n)$ 是 θ 的一个渐近无偏估计量,且 $\lim_{n \to \infty} D(\hat{\theta}) = 0$,试证明:(1)$\hat{\theta}$ 是 θ 的均方

相合估计量;(2) $\hat{\theta}$ 是 θ 的相合估计量。

3. 设总体 X 服从瑞利分布,其概率密度为

$$f(x) = \begin{cases} \dfrac{x}{\theta} \mathrm{e}^{-\frac{x^2}{2\theta}}, & x > 0 \\ 0, & x \leqslant 0 \end{cases}$$

其中 $\theta > 0$ 是未知参数,$(X_1, X_2, \cdots, X_n)$ 是来自总体 X 的简单随机样本,试证明:(1) θ 的极大似然估计存在;(2) 极大似然估计量是无偏估计量。

第 8 章 假设检验

8.1 内容提要

1. 假设检验的基本概念

在总体 X 的分布完全未知,或分布形式已知但不知其参数的情况下,我们对总体 X 的分布或分布中的参数作出某种假设,然后根据从总体中抽取的样本,用统计方法检验假设是否合理,从而作出拒绝或接受假设的决定。如果是对总体的分布提出假设进行检验,称为分布假设检验;如果是对总体分布中的未知参数或总体的某个数字特征提出假设进行检验,称为参数假设检验。所提出的假设称为原假设(或零假设),记为 H_0,原假设的对立面称为备择假设(或对立假设),记为 H_1。H_0 和 H_1 是互不相容的。

假设检验的基本思想是实际推断原理:"一个小概率事件在一次试验中几乎不可能发生的"。若小概率事件在一次试验中发生了,则拒绝 H_0,否则,接受 H_0。

假设检验就是根据样本,适当构造统计量,按照某种规则,决定是接受 H_0(拒绝 H_1)还是拒绝 H_0(接受 H_1),所用的统计量称为检验统计量。当检验统计量的观察值落入某区域 W 时,我们就拒绝 H_0,区域 W 称为拒绝域,而当该观察值落入另一区域 $\overline{W}$ 时,就接受 H_0,$\overline{W}$ 称为接受域。拒绝域和接受域的分界点称为临界值。拒绝域和接受域都是样本空间的子集,并且是互不相交的。

2. 两类错误

由于假设检验是依据抽取的样本而作出的结论,而样本具有随机性,所以假设检验的结果可能犯两类错误。第一类错误是 H_0 为真但拒绝 H_0,简称弃真,犯这类错误的概率记为 α;第二类错误是 H_0 不真但接受 H_0 简称存伪,犯这类错误的概率记为 β。

在选择检验法中,应尽可能使犯两类错误的概率都比较小。但是,一般来说,当样本容量固定时,若减少犯一类错误的概率,则犯另一类错误的概率往往增大。若要使犯两类错误的概率减少,除非增加样本容量。在给定样本容量的情况下,我们通常是控制犯第一类错误的概率,使它不超过某个给定的值 α,而不考虑犯第二类错误的概率,这种检验问题称为显著性检验问题。α 称为显著性检验水平,α 的大小依具体情况确定,通常取为 $0.01,0.05,0.1$。

3. 参数假设检验的一般步骤

(1) 根据已知的背景条件和问题的要求,提出原假设 H_0 和备择假设 H_1;

(2) 确定检验统计量,并在 H_0 成立的条件下,给出检验统计量的分布,要求其分布不依赖于任何未知参数。

(3) 确定拒绝域。先依据直观分析给出拒绝域的形式,然后根据事先给定的显著性检验水平 α 和检验统计量的分布,由控制犯第一类错误的概率等于 α 确定拒绝域。

（4）作一次具体的抽样,根据样本值计算检验统计量的观察值,结合上面的拒绝域,对 H_0 作出拒绝或接受的决策。

4. 正态总体参数的假设检验

分为单个总体和两个总体情形,列成表格如下:

原假设 H_0	备择假设 H_1	条件	检验统计量及分布	拒绝域
$\mu = \mu_0$	$\mu \neq \mu_0$			$\lvert u \rvert \geqslant u_{\alpha/2}$
$\mu \leqslant \mu_0$	$\mu > \mu_0$	σ_0 已知	$U = \dfrac{\sqrt{n}(\overline{X} - \mu_0)}{\sigma_0} \sim N(0,1)$	$u \geqslant u_\alpha$
$\mu \geqslant \mu_0$	$\mu < \mu_0$			$u \leqslant - u_\alpha$
$\mu = \mu_0$	$\mu \neq \mu_0$			$\lvert t \rvert \geqslant t_{\alpha/2}(n-1)$
$\mu \leqslant \mu_0$	$\mu > \mu_0$	σ_0 未知	$T = \dfrac{\sqrt{n}(\overline{X} - \mu_0)}{S} \sim t(n-1)$	$t \geqslant t_\alpha(n-1)$
$\mu \geqslant \mu_0$	$\mu < \mu_0$			$t \leqslant - t_\alpha(n-1)$
$\sigma^2 = \sigma_0^2$	$\sigma^2 \neq \sigma_0^2$			$\chi^2 \geqslant \chi_{\alpha/2}^2(n)$ 或 $\chi^2 \leqslant \chi_{1-\alpha/2}^2(n)$
$\sigma^2 \leqslant \sigma_0^2$	$\sigma^2 > \sigma_0^2$	μ 已知	$\chi^2 = \dfrac{1}{\sigma_0^2} \sum_{i=1}^n (X_i - \mu)^2 \sim \chi^2(n)$	$\chi^2 \geqslant \chi_\alpha^2(n)$
$\sigma^2 \geqslant \sigma_0^2$	$\sigma^2 < \sigma_0^2$			$\chi^2 \leqslant \chi_{1-\alpha}^2(n)$
$\sigma^2 = \sigma_0^2$	$\sigma^2 \neq \sigma_0^2$			$\chi^2 \geqslant \chi_{\alpha/2}^2(n-1)$ 或 $\chi^2 \leqslant \chi_{1-\alpha/2}^2(n-1)$
$\sigma^2 \leqslant \sigma_0^2$	$\sigma^2 > \sigma_0^2$	μ 未知	$\chi^2 = \dfrac{(n-1)S^2}{\sigma_0^2} \sim \chi^2(n-1)$	$\chi^2 \geqslant \chi_\alpha^2(n-1)$
$\sigma^2 \geqslant \sigma_0^2$	$\sigma^2 < \sigma_0^2$			$\chi^2 \leqslant \chi_{1-\alpha}^2(n-1)$
$\mu_1 - \mu_2 = c$	$\mu_1 - \mu_2 \neq c$			$\lvert u \rvert \geqslant u_{\alpha/2}$
$\mu_1 - \mu_2 \leqslant c$	$\mu_1 - \mu_2 > c$	σ_1^2, σ_2^2 已知	$U = \dfrac{(\overline{X} - \overline{Y}) - c}{\sqrt{\dfrac{\sigma_1^2}{n_1} + \dfrac{\sigma_2^2}{n_2}}} \sim N(0,1)$	$u \geqslant u_\alpha$
$\mu_1 - \mu_2 \geqslant c$	$\mu_1 - \mu_2 < c$			$u \leqslant - u_\alpha$
$\mu_1 - \mu_2 = c$	$\mu_1 - \mu_2 \neq c$			$\lvert t \rvert \geqslant t_{\alpha/2}(n_1 + n_2 - 2)$
$\mu_1 - \mu_2 \leqslant c$	$\mu_1 - \mu_2 > c$	σ_1^2, σ_2^2 未知, 但是 $\sigma_1^2 = \sigma_2^2$	$T = \dfrac{(\overline{X} - \overline{Y}) - c}{S_w \sqrt{\dfrac{1}{n_1} + \dfrac{1}{n_2}}} \sim t(n_1 + n_2 - 2),$ 其中 $S_w^2 = \dfrac{(n_1 - 1)S_{1n_1}^2 + (n_2 - 1)S_{2n_2}^2}{n_1 + n_2 - 2}$	$t \geqslant t_\alpha(n_1 + n_2 - 2)$
$\mu_1 - \mu_2 \geqslant c$	$\mu_1 - \mu_2 < c$			$t \leqslant t_\alpha(n_1 + n_2 - 2)$
$\dfrac{\sigma_1^2}{\sigma_2^2} = c$	$\dfrac{\sigma_1^2}{\sigma_2^2} \neq c$			$F \leqslant F_{1-\alpha/2}(n_1 - 1, n_2 - 1)$ 或 $F \geqslant F_{\alpha/2}(n_1 - 1, n_2 - 1)$
$\dfrac{\sigma_1^2}{\sigma_2^2} \leqslant c$	$\dfrac{\sigma_1^2}{\sigma_2^2} > c$	μ_1, μ_2 均未知	$F = \dfrac{S_{1n_1}^2}{c S_{2n_2}^2} \sim F(n_1 - 1, n_2 - 1)$	$F \geqslant F_\alpha(n_1 - 1, n_2 - 1)$
$\dfrac{\sigma_1^2}{\sigma_2^2} \geqslant c$	$\dfrac{\sigma_1^2}{\sigma_2^2} < c$			$F \leqslant F_{1-\alpha}(n_1 - 1, n_2 - 1)$

5. 参数假设的大样本检验

以上讨论的主要是小样本检验,为做检验,需要知道检验统计量的精确分布,这只有对特殊的总体(如正态等)和简单的参数(如均值、方差)才能做到。而对于非正态总体的参数假设检验问题,有时检验统计量的确切分布难于找到或过于复杂不便应用,而样本容量 n 又比较大,这时,由中心极限定理,可以考虑使用检验统计量的近似分布。相应地,由近似分布所得检验法的显著性水平近似为 α,而不是确切为 α。

6. 总体分布的 χ^2 拟合检验

在总体分布未知时,根据已观察到的样本值,检验总体的分布是否是某已知函数 F,即要检验

$$H_0 : X \text{ 的分布函数为 } F$$

这里 F 可以完全已知,或函数形式已知,但是包含有未知参数。对于这类问题,常用的检验法是 χ^2 拟合检验法。具体做法如下:(1) 如果 F 中有未知参数,先用极大似然估计法求出极大似然估计,代入 F 中,这时 F 是完全已知的函数;(2) 把总体的所有可能值的集合划分成有限个互不相交的子集 $\Omega_1, \cdots, \Omega_r$,记 $A_i = \{X \in \Omega_i\}$;(3) 在 H_0 为真的条件下,计算每个事件 A_i 的概率 $\hat{p}_i$,要求 $p_i > 0$,然后计算 A_i 发生的理论频数 $n\hat{p}_i$,要求 $n\hat{p}_i \geqslant 5$;(4) 统计 A_i 发生的实际频数 m_i;(5) 考虑检验统计量 $\chi^2 = \sum_{i=1}^{r} \dfrac{(m_i - n\hat{p}_i)^2}{n\hat{p}_i}$,当 n 充分大时,χ^2 渐近服从 $\chi^2(r-k-1)$,其中 k 是 F 中未知参数的个数,当 F 完全已知时,$k = 0$;若检验统计量的观察值满足 $\chi^2 \geqslant \chi^2_\alpha(r-k-1)$,则拒绝 H_0,否则接受 H_0。

8.2   疑难解惑

问题 8.1   如何确立原假设 H_0 和备择假设 H_1?

答   对于双边假设检验,原假设 H_0 和备择假设 H_1 很容易确定,H_0 通常取等号成立,H_1 取不等号,例如 $H_0 : \mu_1 = \mu_2$,$H_1 : \mu_1 \neq \mu_2$。而对于单边假设检验,有时 H_0 和 H_1 不好确定。在显著性假设检验中,H_0 和 H_1 的地位是不平等的,不能随意互换。一般情况下,原假设 H_0 的提出总是有一定的根据或代表某种常规,若非有充分的反面证据是不应当轻易被否定的。因而,通常把有把握的,有经验的结论作为原假设,或者尽可能使得后果严重的错误成为第一类错误。选择 H_0、H_1 使得后果严重的错误成为第 I 类错误,这是选择 H_0、H_1 的一个原则。如果在两类错误中,没有一类错误的后果更严重需要避免时,常常把有把握,有经验的结论作为原假设,常取 H_0 维持现状,即取 H_0"无效益","无提高","无改进","无价值"等等。

实际上,我们感兴趣的是 H_1"提高产品质量",但是,对采用新技术应持谨慎态度,选取 H_0 为"未提高质量",因为,一旦 H_0 被拒绝了,表示有较强的理由采用新技术。实际问题中,如何选取 H_0、H_1,情况比较复杂,读者只能积累经验,具体情况具体判断。后面我们会通过一个例子进一步说明这个问题。

问题 8.2   拒绝域和接受域如何确定?

答   拒绝域是由直观分析和理论分析相结合来确定的。具体地说,首先,由确定的检验统计量,根据备择假设 H_1 的形式,通过直观分析确定拒绝域的形式;其次,根据事先给定的显著性水平 α 和检验统计量的分布,由 $P\{\text{拒绝 } H_0 \mid H_0 \text{ 为真}\} = \alpha$,确定拒绝域的临界值,从而确定拒绝域。接受域是拒绝域的补集。

问题 8.3   显著性水平 α 是什么意思?

答 α 是事先给定的小概率,通常取为 0.05、0.01、0.1 等,用来控制犯第 I 类错误的概

率。α 的大小反映了我们拒绝 H_0 的说服力，α 越小，拒绝 H_0 就越有说服力。

问题 8.4 什么是两类错误？

答 第 I 类错误是指 H_0 为真，但被拒绝了（弃真），第 II 类错误是指 H_0 不真，但接受 H_0（存伪），列成表格如下：

实际结果 ＼ 检验结果	接受 H_0	拒绝 H_0
H_0 为真	正确	第 I 类错误 α
H_0 为假	第 II 类错误 β	正确

问题 8.5 怎样选择检验统计量？

答 给定原假设和备择假设，要用样本判断假设 H_0 是否成立，首先要构造一个适用于检验假设 H_0 的统计量，称为检验统计量。一般情况下，对于要检验的参数，从该参数的点估计量出发，经过适当的变换，构造检验统计量，并且在原假设成立的前提下导出检验统计量的分布，要求该分布不依赖于任何未知参数。而对于正态总体，由前面的抽样分布定理构造合适的检验统计量。同时，也可以由参数的区间估计给出检验统计量和拒绝域。

8.3 典型例题

例 8.1 自动包装机包装出来的白糖服从正态分布，规定每袋的重量为 $500\ \text{g}$，根据经验知道标准差 σ 为 $2\ \text{g}$，且比较稳定。某日，为检验包装机工作是否正常，从装好的白糖中随机抽取 9 袋，称得的净重为

$$499,501.3,502.7,498.8,500,504,502.1,499.1,500.6$$

在显著性水平 $\alpha = 0.01$ 下检验包装机是否正常。

解 设每袋白糖的重量为 X，则 $X \sim N(\mu,\sigma^2)$，其中 $\sigma = \sigma_0 = 2$ 已知。要检验假设

$$H_0:\mu = 500, H_1:\mu \neq 500$$

取检验统计量为 $U = \dfrac{\sqrt{n}(\overline{X} - 500)}{\sigma_0}$，在 H_0 为真时，$U \sim N(0,1)$，原假设的拒绝域为 $|u| \geqslant u_{\alpha/2}$，又 $\alpha = 0.01,\sigma_0 = 2,\overline{x} = 500.84$ 计算得 $|u| = 1.267$，而 $u_{\alpha/2} = 1.645$，因为 $|u| < u_{\alpha/2}$，故接受 H_0，即认为包装机工作正常。

例 8.2 从某种试验物中随机抽取 20 个样品，测量其发热量，计算得 $\overline{x} = 11958,s = 323$，假设发热量服从正态分布，问是否可认为发热量的期望值是 12100（$\alpha = 0.05$）？

解 设样品的发热量 $X \sim N(\mu,\sigma^2)$，μ,σ 未知。要检验假设

$$H_0:\mu = \mu_0 = 12100, H_1:\mu \neq 12100$$

取检验统计量为 $T = \dfrac{\sqrt{n}(\overline{X} - \mu_0)}{S}$，在 H_0 为真时，$T \sim t(19)$，因此这是 t 检验法，其拒绝域为：$|T| \geqslant t_{\alpha/2}(19)$。计算可得 $t = \dfrac{\sqrt{20}(11958 - 12100)}{323} = -1.966$，而 $t_{0.025}(19) = 2.093$，$|t| \leqslant 2.093$，故接受 H_0，即认为 $\mu = 12100$。

例 8.3   在十块地试种甲乙两品种作物,所得产量的样本均值与样本标准差分别为:

甲 $:\bar{x} = 30.97, s_1 = 18.7$;

乙 $:\bar{y} = 26.7, s_2 = 12.1$。

假设作物产量服从正态分布,问是否可以认为这两种品种的产量具有同一分布($\alpha = 0.05$)?

解   设甲品种作物产量 $X \sim N(\mu_1, \sigma_1^2)$,乙品种作物产量 $Y \sim N(\mu_2, \sigma_2^2)$,$\mu_1, \sigma_1, \mu_2, \sigma_2$ 都未知。

(1) 首先需检验假设

$$H_0 : \sigma_1 = \sigma_2, H_1 : \sigma_1 \neq \sigma_2$$

取检验统计量为 $F = \dfrac{S_{1n_1}^2}{S_{2n_2}^2}$,在 H_0 为真时,$F \sim F(n_1 - 1, n_2 - 1)$,拒绝域为 $F \geqslant F_{a/2}(n_1 - 1, n_2 - 1)$ 或 $F \leqslant F_{1-\frac{a}{2}}(n_1 - 1, n_2 - 1)$。对 $n_1 = n_2 = 10, s_{1n_1}^2 = 18.7^2, s_{2n_2}^2 = 12.1^2$,计算得 $F = 2.388$

由分布表查的 $F_{0.025}(9,9) = 4.03, F_{0.975}(9,9) = \dfrac{1}{F_{0.025}(9,9)} = \dfrac{1}{4.03} = 0.248$,因此,$0.248 < F < 4.03$,故接受 H_0,即认为 $\sigma_1 = \sigma_2$。

(2) 在认为 $\sigma_1 = \sigma_2$ 的情况下,检验假设

$$H_0 : \mu_1 = \mu_2, H_1 : \mu_1 \neq \mu_2$$

取检验统计量为 $T = \dfrac{\bar{X} - \bar{Y}}{S_w \sqrt{\dfrac{1}{n_1} + \dfrac{1}{n_2}}}$,其中 $S_w^2 = \dfrac{(n_1 - 1)S_{1n_1}^2 + (n_2 - 1)S_{2n_2}^2}{n_1 + n_2 - 2}$。在 H_0 为真时,$T \sim t(n_1 + n_2 - 2)$,拒绝域为:$|T| \geqslant t_{a/2}(n_1 + n_2 - 2)$。

对 $n_1 = n_2 = 10, \bar{x} = 30.97, \bar{y} = 26.7, s_{1n_1}^2 = 18.7^2, s_{2n_2}^2 = 12.1^2$,计算得 $t = 2.433$。由分布表查的 $t_{0.025}(18) = 2.1009$,因此,$|t| \geqslant 2.1009$,故拒绝 H_0,即认为 $\mu_1 \neq \mu_2$。因此,认为这两种品种的产量不具有同一分布。

例 8.4   某工厂的自动车床加工的零件长度服从正态分布 $X \sim N(\mu, \sigma^2)$,原来的加工精度为 $\sigma_0^2 = 0.18$,某日为了检验该车床是否正常工作,随机抽取 31 个加工好的零件,测得样本方差为 $s^2 = 0.267$,问这台车床的加工精度是否保持原来的加工精度($\alpha = 0.05$)?

解   方差越小,加工精度越好。本题要在 μ 未知时检验假设

$$H_0 : \sigma^2 \leqslant \sigma_0^2 = 0.18, H_1 : \sigma^2 > \sigma_0^2$$

取检验统计量为 $\chi^2 = \dfrac{(n-1)S^2}{\sigma_0^2}$,在 $\sigma^2 = \sigma_0^2$ 时,$\chi^2 \sim \chi^2(n-1)$,其拒绝域为:$\chi^2 > \chi_a^2(n-1)$。$\chi_{0.05}^2(30) = 43.773$,由已知数据,计算可得 $\chi^2 = 44.5 > 43.773$,故拒绝 H_0,即认为该车床不能保持原来的加工精度。

例 8.5   某工厂厂方断言该厂生产的小型电机在正常负载条件下平均消耗电流不会超过 0.8A。现随机抽取 16 台马达,发现它们消耗电流平均是 0.92A,而由这 16 个样本算出的样本标准差为 0.32A,假定这种电机的电流消耗 X 服从正态分布,并且检验水平 $\alpha = 0.05$。问根据这一抽样结果,能否否定厂方的断言?

解   电机的电流消耗 $X \sim N(\mu, \sigma^2)$,μ, σ^2 未知。要检验 μ,采用 t-检验法。厂方的断言是 $\mu \leqslant 0.8$,如果以此作为原假设,则需检验假设

$$H_0 : \mu \leqslant 0.8, H_1 > 0.8$$

取检验统计量为 $T = \dfrac{\sqrt{n}(\overline{X} - 0.8)}{S}$，在 $\mu = 0.8$ 时，$T \sim t(15)$，其拒绝域为：$T \geqslant t_a(15)$。由已

知数据，计算可得 $t = \dfrac{\sqrt{16}(0.92 - 0.8)}{0.32} = 1.5$，而 $t_{0.05}(15) = 1.753, t < 1.753$，故应接受 H_0。

这就是说，在所得数据和所给定的检验水平下，没有充分理由否定厂方的断言。

　　现在如果把厂方断言的对立面（即 $\mu \geqslant 0.8$）作为原假设，则需检验假设

$$H_0 : \mu \geqslant 0.8, H_1 < 0.8$$

此时拒绝域为 $t = \dfrac{\sqrt{n}(\overline{x} - 0.8)}{s} < -t_a(15)$。由于统计量的观测值仍为 $1.5, t_{0.05}(15) = 1.753$，

$1.5 > -1.753$，所以应当接受原假设 H_0，即否定厂方断言。

　　从这个例子，我们看到，随着问题提出的不同（把哪一个断言作为原假设的不同），统计检验的结果得出截然相反的结论。这一点可能使得一些对统计思想不了解的人感到迷惑不解。实际上，这里有个着眼点不同的问题。当把"厂方断言正确"作为原假设时，我们是根据该厂以往的表现和信誉，对其断言已有较大的信任，只有很不利于它的观察结果，才能改变我们的看法，因而难于拒绝这个断言。反之，当把"厂方断言不正确"作为原假设时，我们一开始就对该厂产品抱怀疑态度，只有很有利于该厂的观察结果才能改变我们的看法。因此，在所得观察数据并非决定性地偏于一方时，我们的着眼点决定了所下的结论。

　　例 8.6　某种产品的次品率一直是 0.17，现对此产品进行新工艺试验，从中抽取 400 件检验，发现有次品 56 件，能否认为这项新工艺显著的提高产品的质量（$\alpha = 0.05$）？

　　解　总体的分布 X 是两点分布 $B(1, p)$，即 $P\{X = 1\} = p, P\{X = 0\} = 1 - p$，要检验假设

$$H_0 : p \geqslant p_0, H_1 : p < p_0$$

由于要检验的参数是总体均值 $EX = p$，所以，自然想到利用样本均值来检验，因此，检验统计量为

$$U = \frac{\overline{X} - p_0}{\sqrt{\dfrac{p_0(1 - p_0)}{n}}} = \frac{\sqrt{n}(\overline{X} - p_0)}{\sqrt{p_0(1 - p_0)}}$$

由于 $\overline{X}$ 是 p 的无偏估计量，所以，当 H_0 为真时，u 应偏大，当 H_1 为真时，u 应偏小，故拒绝域的形式应为：$u \leqslant -k, k$ 待定。给定显著性水平 α，要确定临界值 k，需要在 $p = p_0$ 下导出 U 的分布。此分布虽然容易导出，但不便应用。由中心极限定理知，当 n 很大时，U 近似地服从标准正态分布 $N(0, 1)$，查标准正态分布表得 $k = u_a$ 使

$$P\{U \leqslant -u_a\} \approx \alpha$$

于是得拒绝域：$u = \dfrac{\sqrt{n}(\overline{x} - p_0)}{\sqrt{p_0(1 - p_0)}} \leqslant -u_a$

查表得 $u_{0.05} = 1.65, p_0 = 0.17, \overline{x} = \dfrac{56}{400}, u = -1.597$，所以 $u = -1.597 > -1.65$，故拒绝 H_0，即认为这项新工艺提高产品的质量。

　　例 8.7　设有 100 页的一本书，记录各页中的错误的个数，其结果如下：

错误个数 f_i	0	1	2	3	4	5	6	$\geqslant 7$
含 f_i 错误的页数	36	40	19	2	0	2	1	0

问能否认为一页中的错误个数服从泊松分布($\alpha = 0.05$)？

解　由题意，需检验假设 H_0：总体 f 服从泊松分布 $P(X = i) = \dfrac{\lambda^i}{i!}\mathrm{e}^{-\lambda}$

因为 H_0 中参数 λ 未具体给出，所以先估计 λ 值，由极大似然估计法得 $\hat{\lambda} = \overline{X} = 1$，则 $P(X = i)$ 的估计值为 $\hat{p}_i = \dfrac{1^i}{i!}\mathrm{e}^{-1}$，$i = 0,1,\cdots$。计算理论频数，列表如下：

A_i	f_i	$\hat{p}_i$	$n\hat{p}_i$	$f_i - n\hat{p}_i$	$(f_i - n\hat{p}_i)^2/n\hat{p}_i$
A_0	36	0.368	36.8	-0.8	0.0174
A_1	40	0.368	36.8	3.2	0.278
A_2	19	0.184	18.4	0.6	0.0196
A_3	2	0.061	6.1	-4.1	2.755
A_4	0	0.015	1.5	-1.5	
A_5	2	0.003	0.3	1.7	0.637
A_6	1	0.0005	0.05	0.95	
A_7	0	0.0005	0.05	0.95	

检验统计量为

$$\chi^2 = \sum_{i=1}^{k} \frac{(f_i - n\hat{p}_i)^2}{n\hat{p}_i}$$

在 H_0 为真时，检验统计量 $\chi^2 \sim \chi^2(k-r-1)$，拒绝域为 $\chi^2 = \displaystyle\sum_{i=1}^{k} \frac{(f_i - n\hat{p}_i)^2}{n\hat{p}_i} \geqslant \chi_\alpha^2(k-r-1)$。

由于 A_4, A_5, A_6, A_7 的理论频数小于 5，所以将它们合并，故 $k = 5$，$r = 1$，$\chi_{0.05}^2(3) = 7.815$，$\chi^2 = 3.708$，不在拒绝域中，故接受 H_0，即认为一页中的错误个数服从泊松分布。

8.4　应用题

例 8.8　某制药厂生产复合维生素丸，要求每 50 g 维生素中含铁 2400 mg，从某次生产过程随机抽取部分试样进行五次测定，得铁含量为 2372，2409，2395，2399，2411 mg，假设含铁量服从正态分布，问这批产品的含铁量是否合格($\alpha = 0.05$)？

解　维生素的含铁量 $X \sim N(\mu, \sigma^2)$，μ, σ^2 未知。要检验假设
$$H_0: \mu = 2400, \quad H_1: \mu \neq 2400$$

取检验统计量为 $T = \dfrac{\sqrt{n}(\overline{X} - \mu_0)}{S}$，在 H_0 为真时，$T \sim t(n-1)$，因此这是 t 检验法，其拒绝域为：$|T| \geqslant t_{\alpha/2}(n-1)$。计算可得 $\overline{x} = 2397.2$，$s^2 = 243.2$，$t = \dfrac{\sqrt{5}(2397.2 - 2400)}{15.595} = -0.4015$，

而 $t_{0.025}(4) = 2.7764$，$|t| \leqslant 2.7764$，故接受 H_0，即认为这批产品的含铁量合格。

例 8.9 某台机器加工某种零件，规定零件长度为 100 cm，标准差不得超过 2 cm，每天定时检查机器的运行情况，某日抽取 10 个零件，测得平均长度 $\bar{x} = 101$ cm，样本标准差 $s = 2$ cm，假设加工的零件长度服从正态分布，问该日机器是否正常工作（$\alpha = 0.05$）？

解 零件的长度 $X \sim N(\mu, \sigma^2)$，μ, σ^2 未知。分两步检验。

首先，检验假设

$$H_0 : \sigma \leqslant \sigma_0 = 2, H_1 : \sigma > 2$$

取检验统计量为 $\chi^2 = \dfrac{(n-1)S^2}{\sigma_0^2}$，在 $\sigma^2 = \sigma_0^2$ 时，$\chi^2 \sim \chi^2(n-1)$，其拒绝域为：$\chi^2 > \chi_\alpha^2(n-1)$。

$\chi_{0.05}^2(9) = 16.919$，而计算可得 $\chi^2 = 9 < 16.919$，故接受 H_0。

其次，在 σ 未知时检验假设

$$H_0 : \mu = \mu_0 = 100, H_1 : \mu \neq 100$$

取检验统计量为 $T = \dfrac{\sqrt{n}(\bar{X} - \mu_0)}{S}$，在 H_0 为真时，$T \sim t(n-1)$，其拒绝域为：$|T| \geqslant t_{\alpha/2}(n-1)$。$t_{0.025}(9) = 2.2622$，而计算可得 $t = \dfrac{\sqrt{10}(101-100)}{2} = 1.581 < 2.2622$，故接受 H_0

综上两个检验结果，认为该日机器正常工作。

例 8.10 在 20 世纪 70 年代后期人们发现，酿造啤酒时，在麦芽干燥过程中形成一种致癌物质亚硝基二甲胺（NDMA）。到了 20 世纪 80 年代初期开发了一种新的麦芽干燥过程，下面是新、老两种过程中形成的 NDMA 含量的抽样（以 10 亿份中的份数记）：

老过程	6	4	5	5	6	5	5	6	4	6	7	4
新过程	2	1	2	2	1	0	3	2	1	0	1	3

设新、老两种过程中形成的 NDMA 含量服从正态分布，且方差相等。分别以 μ_x, μ_y 记老、新过程的总体均值，取显著性水平 $\alpha = 0.05$，检验 $H_0 : \mu_x - \mu_y \leqslant 2; H_1 : \mu_x - \mu_y > 2$。

解 检验统计量为 $T = \dfrac{(\bar{X} - \bar{Y}) - c}{S_w \sqrt{\dfrac{1}{n_1} + \dfrac{1}{n_2}}}$，其中 $S_w^2 = \dfrac{(n_1-1)S_{1n_1}^2 + (n_2-1)S_{2n_2}^2}{n_1 + n_2 - 2}$，在 $\mu_x - \mu_y = c$ 时，$T \sim t(n_1 + n_2 - 2)$，拒绝域为 $t \geqslant t_\alpha(n_1 + n_2 - 2)$。由 $n_1 = n_2 = 12$，$t_{0.05}(22) = 1.717$

$\bar{x} = 5.25, \bar{y} = 1.5, s_{1n_1}^2 = 0.932, s_{2n_2}^2 = 1$，得 $s_w = \dfrac{11 * 1.932}{22} = 0.983$，$t = \dfrac{5.25 - 1.5 - 2}{0.983 * 0.41}$

$= 4.34 > 1.717$，故拒绝 H_0。

例 8.11 一位研究者声称至少有 80% 的观众对电视上的商业广告感到厌烦。随机询问了 120 名观众，其中有 70 人同意此观点。在显著性水平 $\alpha = 0.05$ 下，你是否同意该研究者的观点？

解 令随机变量 $X_i = \begin{cases} 1, & \text{第 } i \text{ 个观众同意此观点} \\ 0, & \text{第 } i \text{ 个观众不同意此观点} \end{cases}$，$i = 1, 2, \cdots, 120$

则 $X_i \sim B(1, p)$，$E(X_i) = p$，$D(X_i) = p(1-p)$。要检验假设 $H_0 : p \geqslant p_0 = 0.8, H_1 : p < 0.8$。

构造检验统计量 $U = \dfrac{\sum\limits_{i=1}^{n} X_i - np_0}{\sqrt{np_0(1-p_0)}}$，在 $p = p_0$ 时，n 又比较大，由中心极限定理知 $U =$

$\dfrac{\sum\limits_{i=1}^{n} X_i - np_0}{\sqrt{np_0(1-p_0)}}$ 近似服从 $N(0,1)$，因而拒绝域为 $u < -u_\alpha$。$n = 120, \sum\limits_{i=1}^{120} X_i = 70, p_0 = 0.8, u_{0.05}$

$= 1.65$，代入得 $u = -5.93 < -1.65$，故拒绝 H_0，即在此数据的基础上，不能同意该研究者的观点。

8.5 自测题

一、填空题

1. 犯第 Ⅰ 类错误是指_____，犯第 Ⅱ 类错误是指_____。

2. 总体 $N(\mu,\sigma^2)$，μ,σ 未知，在检验假设 $H_0:\mu = \mu_0, H_1:\mu \neq \mu_0$ 时，若对显著性检验水平 $\alpha = 0.01$ 时拒绝原假设，那么当 $\alpha = 0.05$ 时是_____原假设。

3. 设总体 $X \sim N(\mu,\sigma^2)$，σ^2 未知，$X_1,\cdots,X_n$ 是来自总体的样本，检验假设 $H_0:\mu = \mu_0$，$H_1:\mu \neq \mu_0$，所用的检验统计量为_____，在 H_0 为真时，检验统计量服从_____分布，此时拒绝域为_____；若对立假设换成 $H_1:\mu < \mu_0$，则拒绝域变为_____。

二、单项选择题

1. 假设检验中，检验水平 α 的意义是（ ）。

A.原假设 H_0 成立，经检验被拒绝的概率

B.原假设 H_0 成立，经检验不被拒绝的概率

C.原假设 H_0 不成立，经检验被拒绝的概率

D.原假设 H_0 不成立，经检验不被拒绝的概率

2. 假设检验中，若检验法选择正确，且计算正确，则（ ）。

A.增加样本容量就不会做出错误判断　　　B.不可能做出错误判断

C.仍有可能做出错误判断　　　　　　　　D.计算精确就可避免做出错误判断

3. 设总体 $X \sim N(\mu,9)$，检验 $H_0:\mu = 2, H_1:\mu \neq 2$，则在显著性水平 α 下，拒绝域为（ ）。

A. $|u| \leqslant u_{\frac{\alpha}{2}}$　　　B. $|u| \geqslant u_{\frac{\alpha}{2}}$　　　C.$u \geqslant u_\alpha$　　　D.$u \leqslant u_\alpha$

4. 已知某产品寿命服从正态分布，要求平均寿命不低于 1000 小时，现从一批产品中随机抽取 20 只进行检验，测得平均寿命为 980 小时，样本方差为 64，则可用（ ）检验这批产品。

A. F 检验法　　　B. t 检验法　　　C. u 检验法　　　D.χ^2 检验法

三、计算题

1. 设某次学生的考试成绩服从正态分布，从中随机抽取 25 位考生的成绩，算得平均成绩为 72.4 分，标准差为 15 分，在显著性水平 $\alpha = 0.05$ 下，是否可以认为这次全体考生的平均成绩为 75 分？

2. 已知某炼钢厂的铁水含碳量服从正态分布，在正常情况下，其总体均值为 4.55。现在测了 10 炉铁水，其含碳量分别为 4.42,4.38,4.28,4.40,4.42,4.35,4.37,4.52,4.47,4.56，试问总体均值有无显著差异（$\alpha = 0.05$）？

3. 电工器材厂生产一批保险丝,抽取 10 根试验其融化时间,得到以下数据:42,62,73, 75,71,59,68,55,53,57,设整批保险丝的融化时间服从正态分布,是否可以认为总体方差 $\sigma^2 = 12^2 (\alpha = 0.1)$?

4. 某卷烟厂生产甲乙两种香烟,分别对两种香烟的尼古丁含量做了 6 次测定,分别得到两种香烟的样本均值和样本方差为:$\bar{x} = 27.5, s_1^2 = 6.25; \bar{y} = 25.67, s_2^2 = 9.22$。假设香烟中尼古丁含量服从正态分布,且方差相等,在 $\alpha = 0.05$ 下,可否认为两种香烟中尼古丁含量的均值显著不同?

5. 两台机床加工同一零件,分别随机抽取 6 个和 9 个零件,测得其样本方差分别为 $s_1^2 = 0.345; s_2^2 = 0.357$,假定零件口径服从正态分布,问是否可以认为两台机床所加工的零件口径的方差无差异($\alpha = 0.05$)?

6. 测得两批电子器件的样品的电阻为(单位:):
A:0.14,0.138,0.143,0.142,0.144,0.137
B:0.135,0.140,0.142,0.136,0.138,0.140
假设两批电子器件的电阻服从正态分布,问能否认为两匹电子器件的电阻服从同一分布($\alpha = 0.05$)?

7. 设正品镍合金线的抗拉强度服从均值不低于 $10620(\text{kg/mm}^2)$ 的正态分布,今从某厂生产的镍合金线中抽取 10 根,测得平均抗拉强度 $10600(\text{kg/mm}^2)$,样本标准差为 80,问该厂的镍合金线是否不合格($\alpha = 0.1$)?

8. 某工厂所生产的某种细纱支数的标准差为 1.2,现从某日生产的一批产品中,随机抽取 16 缕进行支数测量,求得样本标准差为 2.1,问纱的均匀度是否变差($\alpha = 0.05$)?

9. 某项实验域比较两种不同塑料材料的耐磨程度,并对各块的磨损深度进行观察,取材料 1,样本大小 $n_1 = 12$,平均磨损深度 $\bar{x_1} = 85$ 个单位,标准差 $s_1 = 4$;取材料 2,样本大小 $n_2 = 10$,平均磨损深度 $\bar{x_2} = 81$ 个单位,标准差 $s_2 = 5$,在 $\alpha = 0.05$ 下,是否能推论出材料 1 比材料 2 的磨损值超过 2 个单位?假定二总体是方差相同的正态总体。

10. 试论述区间估计和假设检验的区别和联系。

四、证明题

1. 设总体 X 服从正态分布 $N(\mu, 1)$,μ 只能取 0 或 1,$(X_1, \cdots, X_{16})$ 是来自总体的样本。为了检验假设 $H_0: \mu = 0, H_1: \mu = 1$,采用检验法:当 $\bar{x} \geqslant 0.5$ 时拒绝 H_0,当 $\bar{x} < 0.5$ 时接受 H_0。证明此检验法犯两类错误的概率相等,且为 $\alpha = \beta = 0.0228$。

2. 设有两个总体 X 和 Y,它们的分布是任意的,而均值和方差都存在,且 $E(X) = \mu_1$, $D(X) = \sigma_1^2 > 0; E(Y) = \mu_2, D(Y) = \sigma_2^2 > 0$ 均未知。$(X_1, \cdots, X_{n_1})$ 是来自总体 X 的样本,$(Y_1, \cdots, Y_{n_2})$ 是来自总体 Y 的样本,且两样本相互独立,n_1, n_2 都比较大,要检验假设 $H_0: \mu_1 - \mu_2 = c, H_1: \mu_1 - \mu_2 \neq c, c$ 是已知常数。试证该拒绝域为 $|u| = \left| \dfrac{(\bar{x} - \bar{y}) - c}{\sqrt{s_{1n_1}^2/n_1 + s_{2n_2}^2/n_2}} \right| \geqslant u_{\frac{\alpha}{2}}$。

第9章 方差分析

9.1 内容提要

9.1.1 方差分析概述

1. 方差分析

方差分析是统计推断中根据试验数据来推断一个或多个因素在其状态变化时是否会对试验指标起显著作用,从而选出对试验指标起最好影响的试验条件的一种有效实用的数理统计方法。通过建立方差分析的数学模型,对比分析各因素与随机因素导致试验指标取值差异性的重要程度,来检验确定各因素对试验指标的影响是否显著。

2. 单因素试验的方差分析

若在试验中只有一个因素在改变,而其他因素保持不变,称这样的试验为单因素试验。处理单因素试验的统计推断方法称为单因素方差分析。并称在试验中因素所处的状态为水平。

3. 多因素试验的方差分析

需要同时考虑多个因素在改变的试验称为多因素试验,相应的统计推断方法称为多因素方差分析。同时仅考虑两个因素的影响时称为双因素方差分析。若在各种水平下所作的试验次数相同,则成为等重复试验,否则称为不等重复试验。

9.1.2 单因素方差分析

1. 数学模型:

设单个因素 A 有 r 个不同水平 $A_1, A_2, \cdots, A_r$,相当于 r 个总体 $X_1, \cdots, X_r$,假定 $X_i \sim N(\mu_i, \sigma^2), (i = 1, 2, \cdots, r)$ 且相互独立。分别在水平 A_i 下进行了 n_i 次独立试验,取自 X_i 容量为 n_i 的样本 $X_{i1}, X_{i2}, \cdots, X_{in_i} (i = 1, 2, \cdots, r)$,结果如下

水　平	样　　本	样本均值
A_1	$X_{11}, X_{12}, \cdots, X_{1n_1}$	$\overline{X_1}$
A_2	$X_{21}, X_{22}, \cdots, X_{2n_2}$	$\overline{X_2}$
$\vdots$	$\vdots$	$\vdots$
A_r	$X_{r1}, X_{r2}, \cdots, X_{rn_r}$	$\overline{X_r}$

统计假定:各水平 A_i 对应的总体为 $X_i \sim N(\mu_i, \sigma^2), (i = 1, 2, \cdots, r)$,且各水平下得到的样本相互独立。由于 $X_{ij} \sim N(\mu_i, \sigma^2)$,因而 $X_{ij} - \mu_i \sim N(0, \sigma^2)$,故 $X_{ij} - \mu_i$ 可以看成是随机误差,

记

$$\varepsilon_{ij} = X_{ij} - \mu_i, (i = 1, \cdots, r \quad j = 1, \cdots, n_i)$$

于是 X_{ij} 具有下述结构式：

$$\begin{cases} X_{ij} = \mu_i + \varepsilon_{ij} \\ \varepsilon_{ij} \sim N(0, \sigma^2) \end{cases} \quad (i = 1, \cdots, r; j = 1, \cdots, n_i) \tag{1}$$

其中各 ε_{ij} 相互独立，$\mu_i (i = 1, 2, \cdots, r)$ 以及 σ^2 均为未知参数，(1) 称为单因素方差分析的数学模型。

2. 方差分析的检验假设：

方差分析的基本任务是对模型(1) 检验假设

$$H_0 : \mu_1 = \mu_2 = \cdots = \mu_r, \quad H_1 : \mu_1, \mu_2, \cdots, \mu_r \text{ 不全相等} \tag{2}$$

若拒绝原假设，则认为因素的不同水平对结果的影响是显著的，否则，认为因素对结果没有显著影响。

记

$$n = \sum_{i=1}^{r} n_i, \mu = \frac{1}{n} \sum_{i=1}^{r} n_i \mu_i, \quad \delta_i = \mu_i - \mu \quad (i = 1, 2, \cdots, r)$$

μ 称为总平均，δ_i 称为水平 A_i 的效应，它反映了水平 A_i 对试验的响应变量作用的大小，而且满足关系式：

$$\sum_{i=1}^{r} n_i \delta_i = 0$$

利用这些记号，模型(1) 可以改写为

$$\begin{cases} X_{ij} = \mu + \delta_i + \varepsilon_{ij}, \\ \sum_{i=1}^{r} n_i \delta_i = 0, & (i = 1, \cdots, r \quad j = 1, \cdots, n_i) \\ \varepsilon_{ij} \sim N(0, \sigma^2), & \text{各 } \varepsilon_{ij} \text{ 相互独立。} \end{cases}$$

而假设(2) 等价于假设

$$H_0 : \delta_1 = \delta_2 = \cdots = \delta_r, \quad H_1 : \text{至少有一个 } \delta_i \text{ 不为零}$$

3. 假设检验：

单因素方差分析的离差平方和分解式为

$$SS_T = SS_e + SS_A$$

其中

$$SS_T = \sum_{i=1}^{r} \sum_{j=1}^{n_i} (X_{ij} - \overline{X})^2, SS_A = \sum_{i=1}^{r} n_i (\overline{X}_i - \overline{X})^2, SS_e = \sum_{i=1}^{r} \sum_{j=1}^{n_i} (X_{ij} - \overline{X}_i)^2 。$$

当 H_0 成立时，有

$$F = \frac{SS_A / (r-1)}{SS_e / (n-r)} \sim F(r-1, n-r)$$

相应的拒绝域为 $\quad F \geqslant F_\alpha (r-1, n-r)$

4. 方差分析表

通常利用方差分析表进行方差分析

方差来源	平方和	自由度	均方和	F 值
因素 A（组间）	SS_A	$r-1$	$MS_A = SS_A/(r-1)$	
误差（组内）	SS_e	$n-r$	$MS_e = SS_e/(n-r)$	$F = MS_A/MS_e$
总和	SS_T	$n-1$		

实际计算时，常用如下公式来计算

记

$$T_{i\cdot} = \sum_{j=1}^{n_i} X_{ij}, \quad T = \sum_{i=1}^{r} \sum_{j=1}^{n_i} X_{ij}$$

则有

$$SS_T = \sum_{i=1}^{r} \sum_{j=1}^{n_i} X_{ij}^2 - \frac{T^2}{n}, \quad SS_A = \sum_{i=1}^{r} \frac{1}{n_i} T_{i\cdot} - \frac{T^2}{n}, \quad SS_e = SS_T - SS_A$$

如果需要，还可以对数据 X_{ij} 做线性变换，令 $Y_{ij} = b(X_{ij} - a)$，其中 a, b 为适当的常数且 $b \neq 0$，使得 Y_{ij} 变得简单些。容易证明，利用 Y_{ij} 来进行方差分析与利用 X_{ij} 来进行方差分析所得的结果相同。

9.1.3 双因素方差分析

1. 数学模型

设有两个因素 A 与 B，因素 A 有 a 个水平，分别记为 $A_1, A_2, \cdots, A_a$，因素 B 有 b 个水平，分别记为 $B_1, B_2, \cdots, B_b$，在水平组合 (A_i, B_j) 之下进行 m 次重复试验，记其第 k 个重复试验的结果为 $X_{ijk}(i = 1, 2, \cdots, a; j = 1, 2, \cdots, b; k = 1, 2, \cdots, m.)$，总共要做 $n = abm$ 次试验，

因素 A ＼ 因素 B	B_1	B_2	$\cdots$	B_b
A_1	$X_{111}, \cdots, X_{11m}$	$X_{121}, \cdots, X_{12m}$	$\cdots$	$X_{1b1}, \cdots, X_{1bm}$
A_2	$X_{211}, \cdots, X_{21m}$	$X_{221}, \cdots, X_{22m}$	$\cdots$	$X_{2b1}, \cdots, X_{2bm}$
$\vdots$	$\vdots$	$\vdots$		$\vdots$
A_a	$X_{a11}, \cdots, X_{a1m}$	$X_{a21}, \cdots, X_{a2m}$	$\cdots$	$X_{ab1}, \cdots, X_{abm}$

设 $X_{ijk} \sim N(\mu_{ij}, \sigma^2)(i = 1, 2, \cdots, a; j = 1, 2, \cdots, b; k = 1, 2, \cdots, m.)$，且所有 X_{ijk} 都相互独立。(A_i, B_j) 对试验数据的贡献为 μ_{ij}，随机误差是 ε_{ijk}，$E(\varepsilon_{ijk}) = 0, D(\varepsilon_{ijk}) = \sigma^2, k = 1, 2, \cdots, m$，于是有

$$\begin{cases} X_{ijk} = \mu_{ij} + \varepsilon_{ijk}, \quad i = 1, \cdots, a; j = 1, \cdots, b; k = 1, \cdots, m \\ \text{各个 } \varepsilon_{ijk} \text{ 均服从于 } N(0, \sigma^2) \end{cases}$$

在两个因素的试验中，为了通过试验了解各个因素对试验结果影响的大小以及两个因素的搭配对试验结果影响的大小，引入主效应和交互效应的概念。

记

$$\mu = \frac{1}{ab} \sum_{i=1}^{a} \sum_{j=1}^{b} \mu_{ij}, \quad \bar{\mu}_{i\cdot} = \frac{1}{b} \sum_{j=1}^{b} \mu_{ij}, \quad \bar{\mu}_{\cdot j} = \frac{1}{a} \sum_{i=1}^{a} \mu_{ij}$$

$$\tau_i = \bar{\mu}_{i\cdot} - \mu \quad i = 1, \cdots, a; \qquad \beta_j = \bar{\mu}_{\cdot j} - \mu \quad j = 1, \cdots, b$$

称 μ 为一般平均, τ_i 为因素 A 在水平 A_i 的主效应, β_j 为因素 B 在水平 B_j 的主效应。
各个主效应满足

$$\sum_{i=1}^{a} \tau_i = 0, \quad \sum_{j=1}^{b} \beta_i = 0。$$

记

$$(\tau\beta)_{ij} = \mu_{ij} - (\mu + \tau_i + \beta_j) \quad i = 1, \cdots, a; j = 1, \cdots, b$$

称为因素 A, B 在组合水平为 A_i 与 B_j 的交互效应。所有交互效应的全体称为交互作用,记为 $A \times B$。

$$\text{显然,} \sum_{i=1}^{a} (\tau\beta)_{ij} = 0, \quad \sum_{j=1}^{b} (\tau\beta)_{ij} = 0。$$

当 $(\tau\beta)_{ij} = 0$ 对一切 i, j 成立时,称 A 与 B 无交互作用。否则,称 A 与 B 有交互作用。

无交互作用时的统计模型可以表示为

$$\begin{cases} X_{ijk} = \mu + \tau_i + \beta_j + \varepsilon_{ijk}, \\ \text{各个 } \varepsilon_{ijk} \text{ 服从正态分布 } N(0, \sigma^2), \quad i = 1, \cdots, a; j = 1, \cdots b; k = 1, \cdots, m \\ \sum_{i=1}^{a} \tau_i = 0, \quad \sum_{j=1}^{b} \beta_i = 0。 \end{cases} \tag{3}$$

有交互作用时的统计模型可以表示为

$$\begin{cases} X_{ijk} = \mu + \tau_i + \beta_j + (\tau\beta)_{ij} + \varepsilon_{ijk}, \\ \text{各个 } \varepsilon_{ijk} \text{ 服从于正态分布 } N(0, \sigma^2), i = 1, \cdots, a; j = 1, \cdots b; k = 1, \cdots, m \\ \sum_{i=1}^{a} \tau_i = 0, \quad \sum_{j=1}^{b} \beta_j = 0, \quad \sum_{i=1}^{a} (\tau\beta)_{ij} = 0, \quad \sum_{j=1}^{b} (\tau\beta)_{ij} = 0 \end{cases} \tag{4}$$

2. 零假设

要判断因素 A, B 的影响是否显著,等价于分别检验如下假设

$$H_{01}: \tau_1 = \tau_2 = \cdots = \tau_a = 0, \quad H_{11}: \text{诸 } \tau_i \text{ 中至少有一个非零} \tag{5}$$

$$H_{02}: \beta_1 = \beta_2 = \cdots = \beta_b = 0, \quad H_{12}: \text{诸 } \beta_j \text{ 中至少有一个非零} \tag{6}$$

判断因素 A, B 的交互作用 $(A \times B)$ 的影响是否显著,等价于检验如下假设

$$H_{03}: (\tau\beta)_{ij} = 0 (i = 1, 2, \cdots, a; j = 1, 2, \cdots, b), \quad H_{13}: \text{诸 } (\tau\beta)_{ij} \text{ 中至少有一个非零} \tag{7}$$

3. 无交互作用双因素方差分析:

由于假定无交互作用存在,只需对每一组 (A, B) 进行一次独立实验(通常称为无重复试验)。相应的统计模型简单(去掉 k 即可)。在此模型下,只需检验(5)、(6)是否成立,总离差平方和可分解为

$$SS_T = SS_A + SS_B + SS_e$$

称为平方和分解公式。
其中

$$SS_T = \sum_{i=1}^{a} \sum_{j=1}^{b} (X_{ij} - \bar{X}_{\cdot\cdot})^2,$$

$$SS_A = \sum_{i=1}^{a} \sum_{j=1}^{b} (\bar{X}_{i\cdot} - \bar{X}_{\cdot\cdot})^2 = b \sum_{i=1}^{a} (\bar{X}_{\cdot j} - \bar{X}_{\cdot\cdot})^2$$

$$SS_B = \sum_{i=1}^{a} \sum_{j=1}^{b} (\overline{X}._j - \overline{X}..)^2 = a \sum_{j=1}^{b} (\overline{X}_i. - \overline{X}..)^2 ,$$

$$SS_e = \sum_{i=1}^{a} \sum_{j=1}^{b} (X_{ij} - \overline{X}_i. - \overline{X}._j + \overline{X}..)^2$$

后三项分别称为 A 的偏差平方和，B 的偏差平方和，误差的偏差平方和。

令

$$MS_A = \frac{SS_A}{a-1}, \quad MS_B = \frac{SS_B}{b-1}, MS_e = \frac{SS_e}{(a-1)(b-1)},$$

当 H_{01} 成立时，$F_A = MS_A/MS_e \sim F(a-1,(a-1)(b-1))$；

当 H_{02} 成立时，$F_B = MS_B/MS_e \sim F(b-1,(a-1)(b-1))$

对于给定的显著性水平 α，H_{01} 的拒绝域为 $F_A > F_\alpha(a-1,(a-1)(b-1))$；$H_{02}$ 的拒绝域为 $F_B > F_\alpha(b-1,(a-1)(b-1))$

在具体计算时，常将主要结果列成下列的方差分析表：

方差来源	平方和	自由度	均方和	F 值
因素 A	SS_A	$a-1$	MS_A	F_A
因素 B	SS_B	$b-1$	MS_B	F_B
误差（组内）	SS_e	$(a-1)(b-1)$	MS_e	
总和	SS_T	$ab-1$		

4. 有交互作用双因素方差分析

由于因素间存在交互作用，需要对每一组 (A,B) 分别进行 $k(k \geqslant 2)$ 次重复实验（通常称为等重复试验）。在此模型下，需要对 (5)、(6)、(7) 均进行检验。仍采取离差平方和分解的办法。

$$SS_T = SS_A + SS_B + SS_{AB} + SS_e$$

称为平方和分解公式。

其中

$$SS_T = \sum_{i=1}^{a} \sum_{j=1}^{b} \sum_{k=1}^{m} (X_{ijk} - \overline{X}...)^2$$

$$SS_A = bm \sum_{i=1}^{a} (\overline{X}_i.. - \overline{X}...)^2 ,$$

$$SS_B = am \sum_{j=1}^{b} (\overline{X}._j. - \overline{X}...)^2 ,$$

$$SS_{AB} = m \sum_{i=1}^{a} \sum_{j=1}^{b} (\overline{X}_{ij}. - \overline{X}_i.. - \overline{X}._j. + \overline{X}...)^2 ,$$

$$SS_e = \sum_{i=1}^{a} \sum_{j=1}^{b} \sum_{k=1}^{m} (X_{ijk} - \overline{X}_{ij}.)^2$$

后四项依次被称为：因素 A 的平方和，因素 B 的平方和，交互作用 $A \times B$ 的平方和，误差平方和。

令 $MS_e = \frac{SS_e}{ab(m-1)}, \quad MS_A = \frac{SS_A}{a-1}, MS_B = \frac{SS_B}{b-1}, \quad MS_{AB} = \frac{SS_{AB}}{(a-1)(b-1)},$

当 H_{01} 成立时，$F_A = MS_A/MS_e \sim F(a-1, ab(m-1))$

当 H_{02} 成立时，$F_B = MS_B/MS_e \sim F(b-1, ab(m-1))$

当 H_{03} 成立时，$F_{AB} = MS_{AB}/MS_e \sim F((a-1)(b-1), ab(m-1))$

所以对于给定的显著性水平 α，H_{01} 的拒绝域为 $F_A > F_\alpha(a-1, ab(m-1))$；$H_{02}$ 的拒绝域为 $F_B > F_\alpha(b-1, ab(m-1))$；$H_{03}$ 的拒绝域为 $F_{AB} > F_\alpha((a-1)(b-1), ab(m-1))$

在具体计算时，同样利用方差分析表进行。

方差来源	平方和	自由度	均方和	F 值
因素 A	SS_A	$a-1$	MS_A	F_A
因素 B	SS_B	$b-1$	MS_B	F_B
因素 $A \times B$	SS_{AB}	$(a-1)(b-1)$	MS_{AB}	F_{AB}
误差	SS_e	$ab(m-1)$	MS_e	
总和	SS_T	$abm-1$		

9.2 疑难解惑

问题 9.1 方差分析对试验数据的基本要求是什么？

答 无论是单因素方差分析，还是双因素方差分析均要求各水平下试验指标值服从正态分布，各不同水平试验指标值的方差相等，任意两个试验指标观察值之间相互独立。即试验指标值满足正态、等方差、独立。

问题 9.2 t 检验与方差分析的区别是什么？

答 在对均值进行假设检验时，一般有两种参数检验方法，即 t 检验与方差分析。t 检验仅用在单因素两水平设计（包括配对设计和成组设计）和单组设计（给出一组数据和一个标准值的资料）的定量资料的均值检验场合；而方差分析用在单因素 k 水平设计（$k \geqslant 3$）和多因素设计的定量资料的均值检验场合。

问题 9.3 为什么不能用 t 检验取代方差分析？

答 理由有以下五点：

（1）对原始资料的利用率很低，每次只能用到全部实验数据的几分之一。

（2）破坏了原先的整体设计，将本属于多因素析因设计或重复测量设计割裂成多个单因素二水平的设计。

（3）犯一类错误的概率大大增加，因为 t 检验只能将每次比较时犯一类错误的概率控制在规定的显著性水平上（即事先给定的 α 值），而多次 t 检验之后犯一类错误的总概率将随着比较的次数 n 的增大而趋向于 1。具体说：比如说有三组均数比较，设 $\alpha = 0.05$，如果作方差分析的话，一类错误的概率为 0.05。如果用 t 检验的话，需要作三次，每次犯一类错误的概率为 0.05，则不犯一类错误的概率为 0.95，根据概率论的原理，三次检验都不犯一类错误的概率应为 0.95^3，即 0.857375，由此计算作三次 t 检验犯一类错误的概率就应该是 $1 - 0.857375 = 0.142625$。可见一类错误的概率已经增大了近三倍。

（4）当实验中同时涉及二个或二个以上处理因素时，因素之间往往存在不可忽视的交互作用,而 t 检验割裂了因素之间的内在联系,无法考察交互作用是否具有显著性意义。

(5) 由于不同组均数之间比较的 t 检验所用的公式的分母在不断改变,t 统计量的自由度小(因为资料的利用率低)。

所以,多次运用 t 检验的过程中,评价标准不统一。综上所述,充分说明用 t 检验处理非单因素一、二水平的设计资料所得结论的可靠性差。

问题 9.4 方差分析与 F 检验有何关系?

答 (1) 在方差分析中,规定 $SS_A/(r-1)$ 是第一样本作分子,$SS_e/(n-r)$ 是第二样本作分母。而 F 检验事先没有规定哪个样本为分子或分母,而是算出数值后,通常以数值大的那个作第一样本写在分子。

(2) 在方差分析中,当 H_0 成立时,$\dfrac{SS_A/(r-1)}{SS_e/(n-r)}$ 服从 F 分布;当 H_0 不成立时,分布偏右。而在 F 检验中,H_0 成立时,两样本的方差比服从 F 分布,H_0 不成立时,分布可能偏左也可能偏右。

问题 9.5 怎样区分所讨论的问题是方差分析还是回归分析?

答 两者都是考察所研究的某一指标与试验因素的关系的。方差分析考察的是因素对指标的影响是否显著,而回归分析考察的是因素的取值与指标的取值存在什么样的相关关系。

9.3 典型例题

例 9.1 为考查不同训练方法对磷酸肌酸增长的影响,我们采用了四种不同的训练方法。每种方法选取条件相仿的 6 名运动员,通过三个月的训练以后,其磷酸肌酸的增长值(单位:mg/100ml)如下表。

编号	方法一	方法二	方法三	方法四
1	3.3	3.0	0.4	3.6
2	1.2	2.3	1.7	4.5
3	0	2.4	2.3	4.2
4	2.7	1.1	4.5	4.4
5	3.0	4.0	3.6	3.7
6	3.2	3.7	1.3	5.6
$\bar{x_i}$	2.23	2.75	2.30	4.33

试检验训练方法对运动员磷酸肌酸增长值有无显著性影响?即四种训练方法运动员磷酸肌酸平均增长值差异有无显著性意义?($\alpha = 0.05$)

解 本题为单因素方差分析

设 $H_0: \mu_1 = \mu_2 = \mu_3 = \mu_4$

编号	方法一	方法二	方法三	方法四	
1	3.3	3.0	0.4	3.6	
2	1.2	2.3	1.7	4.5	
3	0	2.4	2.3	4.2	
4	2.7	1.1	4.5	4.4	
5	3.0	4.0	3.6	3.7	
6	3.2	3.7	1.3	5.6	
$\sum x_{ij}$	13.4	16.5	13.8	26.0	$\sum\sum x_{ij} = 69.70$
$\sum x_{ij}^2$	38.86	50.95	43.24	115.26	$\sum\sum x_{ij}^2 = 248.31$

列出单因素方差分析表

方差来源	平方和	自由度	均方和	F 值
因素 A（组间）	$SS_A = 17.288$	$r-1 = 3$	$MS_A = 5.762$	
误差（组内）	$SS_e = 28.602$	$n-r = 20$	$MS_e = 1.43$	$F = 4.029$
总和	$SS_T = 45.890$	$n-1 = 23$		

查表知临界值为 $F_{0.05}(3,20) = 3.10$。$F > F_{0.05}(3,20)$。

所以可认为训练方法对运动员磷酸肌酸增长值有显著性影响,即四种训练方法运动员磷酸肌酸平均增长值差异有显著性意义。

例 9.2　　有四个品牌的彩电在五个地区销售,为分析彩电的品牌(品牌因素)和销售地区(地区因素)对销售量是否有影响,对每个品牌在各地区的销售量取得以下数据。

不同品牌的彩电在各地区的销售量数据					
品牌因素	地区因素				
	地区 1	地区 2	地区 3	地区 4	地区 5
品牌 1	365	350	343	340	323
品牌 2	345	368	363	330	333
品牌 3	358	323	353	343	308
品牌 4	288	280	298	260	298

试分析品牌和销售地区对彩电的销售量是否有显著影响?($\alpha = 0.05$)

　　解　　本题为无交互作用双因素方差分析

提出假设:

对品牌因素提出的假设为　　$H_0 : \mu_1 = \mu_2 = \mu_3 = \mu_4$　　　　　（品牌对销售量没有影响）

　　　　　　　　　　　　　$H_1 : \mu_i (i = 1,2,3,4)$ 不全相等　　（品牌对销售量有影响）

对地区因素提出的假设为　　$H_0 : \mu_1 = \mu_2 = \mu_3 = \mu_4 = \mu_5$　　（地区对销售量没有影响）

　　　　　　　　　　　　　$H_1 : \mu_j (i = 1,2,3,4,5)$ 不全相等　（地区对销售量有影响）

　　将主要结果列成如下的方差分析表:

方差来源	平方和	自由度	均方和	F 值
品牌	13004.05	3	4334.85	18.10777
地区	2011.7	4	502.925	2.100846
误差(组内)	2872.7	12	239.3917	
总和	17888.95	9		

$F_R = 18.10777 > F_{0.05}(3,12) = 3.4903$,拒绝原假设 H_0,说明彩电的品牌对销售量有显著影响。

$F_C = 2.100846 < F_{0.05}(4,12) = 3.2592$,不拒绝原假设 H_0,不能认为销售地区对彩电的销售量有显著影响。

例 9.3 某企业对生产的商品销售量问题作研究。有人提出影响该商品销售量的可能因素是促销手段 A 和售后服务 B。根据已有的商业记录数据,将促销手段(因素 A)的三种方式(水平)和售后服务(因素 B)的三种方式(水平)下的数据整理如下:

		售后服务						$X_{i..}$
		方式一		方式二		方式三		
促销手段	1	130	155	34	40	20	70	1098
		174	180	80	75	82	58	
	2	150	188	136	122	25	70	1300
		159	126	106	115	58	45	
	3	138	110	174	120	96	104	1501
		168	160	150	139	82	60	
$X_{.j.}$		1838		1291		770		3889

分析两种因素的不同方式及交互搭配对该商品销售量有无显著影响?

解 这是一个有交互作用的双因素方差分析问题。已知 $a=3, b=3, m=4n = abm = 36$。由题中的数据计算,将有关结果列成如下方差分析表

方差来源	平方和	自由度	均方和	F 值
因素 A	6767.6	2	3383.53	6.73
因素 B	47535.39	2	237673.70	47.25
因素 $A \times B$	13180.44	4	3295.11	6.55
误差	13580.75	27	502.99	
总和	81063.64	35		

因为 $F_A = 6.73 > 3.35 = F_{0.05}(2,27)$,$F_B = 47.25 > 3.35 = F_{0.05}(2,27)$,$F_{AB} = 6.55 > 2.73 = F_{0.05}(4,27)$

所以,促销手段 A 和售后服务 B 及交互效应 AB 在显著性水平 $\alpha = 0.05$ 下均对该商品销售量

有显著影响。

需要注意的是,从实用角度讲,在有交互效应的方差分析中,检验因素 A 与 B 的效应的显著性与交互效应的显著性是不对等的。当交互效应显著时,可能会掩盖或强化 A 与 B 因素的效应的显著性,所以各因素效应的显著性只有在交互效应不显著时才较为可靠。当交互效应显著时,应该再做各因素间的比较分析。

9.4　应用题

例 9.4　某粮食加工厂试验 5 种储藏方法,检验它们对粮食含水率是否有显著影响。在储藏前这些粮食的含水率几乎没有差别。储藏后粮食含水率如下:

含水率(%)	试 验 批 号
A_1	7.3,　8.3,　7.6,　8.4,　8.3
A_2	5.4,　7.4,　7.1
A_3	8.1,　6.4
A_4	7.9,　9.4,　10.0
A_5	7.1,　7.7,　7.4

检验不同的储藏方法对粮食含水率的影响是否有显著差异 $\alpha = 0.05$。

解　显然这是一个单因素方差分析问题,需检验　$H_0 : \mu_1 = \mu_2 = \mu_3 = \mu_4 = \mu_5$
由题中数据计算的有关结果列成如下方差分析表。

方差来源	平方和	自由度	均方和	F 值
因素 A(组间)	10.34	4	2.585	
误差(组内)	7.28	11	0.662	3.90
总和	17.62	15		

由于 $F = 3.90 > F_{0.05}(4,11) = 3.36$,故在显著性水平 $\alpha = 0.05$ 下拒绝 H_0,即认为不同的储藏方法对粮食含水率有显著影响。

例 9.5　某车间有三台轧机生产规格相同的铝合金薄板,从每台机器的产品中分别抽取 5 张,测得板的厚度如下表所示(单位:cm)

轧机 1	轧机 2	轧机 3
0.236	0.257	0.258
0.238	0.253	0.264
0.248	0.255	0.259
0.245	0.254	0.267
0.243	0.261	0.262

试在显著性水平 $\alpha = 0.05$ 下,检验各台轧机生产的铝合金薄板厚度是否有显著差异。

解 显然这是一个单因素方差分析问题,需检验假设 $H_0:\mu_1 = \mu_2 = \mu_3$
由题中数据计算的有关结果列成如下方差分析表:

方差来源	平方和	自由度	均方和	F 值
因素 A(组间)	0.001053	2	0.000527	
误差(组内)	0.000192	12	0.000016	32.938
总和	0.001245	14		

查 F 分布表 $F_{0.05}(2,12) = 3.89$,因为 $F = 32.938 > F_{0.05}(2,12) = 3.89$,所以拒绝假设 H_0,即认为各台轧机生产的铝合金薄板厚度有显著差异。

例 9.6 研究原料的三个不同产地与四种不同的生产工艺对某种化工产品纯度的影响。现对每种组合个进行一次试验,测得产品的纯度结果如下

产地 \ 工艺	B_1	B_2	B_3	B_4
A_1	94.5	97.8	96.1	95.4
A_2	95.8	98.6	97.2	96.4
A_3	92.7	97.1	97.7	93.9

试问:不同的原料产地,不同的生产工艺下产品的纯度是否有显著差异($\alpha = 0.05$)?

解 这是一个无交互作用双因素方差分析问题,以 $\alpha_1,\alpha_2,\alpha_3$ 分别表示原料不同产地的效应,$\beta_1,\beta_2,\beta_3,\beta_4$ 表示不同生产工艺的效应,需要分别检验假设

$$H_{01}:\alpha_1 = \alpha_2 = \alpha_3 = 0, \quad H_{02}:\beta_1 = \beta_2 = \beta_3 = \beta_4 = 0$$

为简化计算,将原表各数据同减去 96,再乘以 10,然后计算,结果如下

产地 \ 工艺	B_1	B_2	B_3	B_4	$T_{i\cdot}$
A_1	-15	18	1	-6	-2
A_2	-2	26	12	4	40
A_3	-33	11	17	-21	-26
$T_{\cdot j}$	-50	55	30	-23	$T = 12$

由此可得下面的方差分析表

方差来源	平方和	自由度	均方和	F 值
因素 A	558	2	279	3.41
因素 B	2306	3	768.7	9.41
误差	490	6	81.7	
总和	3354	11		

由于 $F_A = 3.41 < F_{0.05}(2,6) = 5.14$，$F_B = 9.41 > F_{0.05}(3,6) = 4.76$，故接受 H_{01}，拒绝 H_{02}。即认为原料产地的不同没有显著影响而生产工艺的不同影响显著。

注 进行方差分析时，经常需要对每个观测数据加上或减去同一个数，有时还需要乘以或除以同一个数，这样做可以简化计算，原则上不会影响方差分析结果。

例 9.7 在 B_1，B_2，B_3，B_4 四台不同的纺织机器中，用三种不同的加压水平 A_1、A_2、A_3，在每种加压水平和每台机器各区一个试样测量，得纱支强度如下表

工艺 ＼ 设备	B_1	B_2	B_3	B_4
A_1	1577	1690	1800	1642
A_2	1535	1645	1783	1621
A_3	1592	1652	1810	1633

解 这是一个无交互作用双因素方差分析问题，以 α_1、α_2、α_3 分别表示三种不同的加压水平的效应，β_1、β_2、β_3、β_4 表示四台机器的效应，需要分别检验假设

$$H_{01}:\alpha_1 = \alpha_2 = \alpha_3 = 0, \quad H_{02}:\beta_1 = \beta_2 = \beta_3 = \beta_4 = 0$$

为简化计算，将原表各数据同减去 1600，然后计算，结果如下：

工艺 ＼ 设备	B_1	B_2	B_3	B_4	$T_{i.}$
A_1	-23	90	200	42	309
A_2	-65	45	183	21	179
A_3	-8	52	210	63	317
$T_{.j}$	-96	182	593	126	

由此可得下面的方差分析表：

方差来源	平方和	自由度	均方	F 值
因素 A	3000.75	2	1500.375	6.608
因素 B	82620	3	27540	121.3
误差	1362.25	6	227.04	
总和	86983	11		

由于 $F_A = 6.608 > F_{0.05}(2,6) = 5.14$，$F_A = 6.608 < F_{0.025}(2,6) = 7.26$，故在 $\alpha = 0.05$ 时拒绝 H_{01}，即在显著性水平 0.05 下，不同的加压水平有显著差异。而当 $\alpha = 0.025$ 时接受 H_{01}，即在显著性水平 0.025 下，不同的加压水平无显著差异。在任何显著性水平 α 下，$F_B > F_\alpha(3,6)$，从而拒绝 H_{02}，即不同的机器有显著差异。

例 9.8 设由三种同型号的造纸机 A_1、A_2、A_3，使用四种不同的涂料 B_1、B_2、B_3、B_4 制造铜版纸，对每种不同搭配进行二次重复观测，结果如下

机器＼涂料	B_1	B_2	B_3	B_4
A_1	42.5　42.6	42.0　42.2	43.9　43.6	42.2　42.5
A_2	42.1　42.3	41.7　71.5	43.1　43.0	42.5　41.6
A_3	43.6　43.8	43.6　43.2	44.1　44.2	42.9　43.0

试检验不同的机器,不同的涂料以及它们之间的交互作用的影响是否显著($\alpha = 0.05$)?

解　这是有交互作用的双因素方差分析问题。为方便计算,将测量结果数据都减去42,所得方差分析结果不变。将计算结果列方差分析表如下:

方差来源	平方和	自由度	均方	F 值
因素 A	8.5109	2	4.2555	185.83
因素 B	7.0546	3	3.5273	154.03
因素 $A \times B$	0.6191	6	0.1032	4.51
误差	0.275	12	0.0229	
总和	16.4596	23		

由于 $F_A > F_{0.05}(2,12)$,$F_B > F_{0.05}(3,12)$,$F_{A \times B} > F_{0.05}(6,12)$,因此机器,涂料影响高度显著,$A \times B$ 影响显著。

9.5　自测题

一、填空题

1. 无论是单因素方差分析,还是双因素方差分析均要求各水平下试验指标值服从_____,各不同水平试验指标值的_____相等,任意两个试验指标观察值之间_____。

2. 单因素方差分析中,计算 F 统计量,其分子与分母的自由度各为 _____。

3. 无交互作用双因素方差分析中,总离差平方和,A 的偏差平方和,B 的偏差平方和,误差的偏差平方和的关系是 _____。

4. 在有交互作用双因素方差分析中,平方和分解公式为_____。

二、单项选择题

1. 单因素方差分析中,当 $F \geqslant F_\alpha(r-1, n-r)$ 时,可以认为( )。

A. 各样本均值都不相等　　　　　　　　B. 各总体均值不等或不全相等

C. 各总体均值都不相等　　　　　　　　D. 各总体均值相等

2. 完全随机设计资料的方差分析中,必然有( )。

A. $SS_{组内} < SS_{组间}$　　　　　　　　　　B. $MS_{组内} > MS_{组间}$

C. $MS_总 = MS_{组内} + MS_{组间}$　　　　　　D. $SS_总 = SS_{组内} + SS_{组间}$

3. 以下说法中不正确的是( )。

A. 方差除以其自由度就是均方

B. 方差分析时要求各样本来自相互独立的正态总体

C.方差分析时要求各样本所在总体的方差相等

D.完全随机设计的方差分析时,组内均方就是误差均方

4. 当组数等于 2 时,对于同一资料,方差分析结果与 t 检验结果(　　)。

A.完全等价且 $F = t$　　　　　　　　B.方差分析结果更准确

C.t 检验结果更准确　　　　　　　　D.完全等价且 $t = \sqrt{F}$

三、计算题

1. 测得男子排球、体操、游泳三个项目运动员的纵跳成绩(单位:厘米)如下:

排球　78　75　73　78　76

体操　65　63　65　65　67　62　68

游泳　69　62　66　67　68　70

试检验运动项目对纵跳成绩有无显著性影响,即不同运动项目运动员平均纵跳成绩之间的差异有无显著意义?($\alpha = 0.01$)

2. 抽样调查四所大学的三个不同专业 MBA 学生毕业第一年的收入(单位:万元)情况,结果如下:

大学 ＼ 专业	B_1	B_2	B_3
A_1	9.6	8.8	10.3
A_2	6.8	7.1	5.2
A_3	7.5	9.8	7.4
A_4	4.5	3.8	6.3

试问大学与专业的不同是否造成学生收入的差异($\alpha = 0.05$)?

3. 下面记录了三位操作工分别在四台机器上操作三天的产量

机器	操作工								
	甲			乙			丙		
A_1	15	15	17	19	19	16	16	18	21
A_2	17	17	17	15	15	15	19	22	22
A_3	15	17	16	18	17	16	18	18	18
A_4	18	20	22	15	16	17	17	17	17

在显著性水平 $\alpha = 0.05$ 下检验操作工人之间的差异是否显著?机器之间的差异是否显著?交互影响是否显著?

四、证明题

试证在单因素方差分析模型下,无论假设 H_0 是否成立,均有

$$\frac{Q_E}{\sigma^2} \sim \chi^2(n-r)$$

而当 H_0 成立时,$\dfrac{Q_A}{r-1}$,$\dfrac{Q_E}{n-r}$,$\dfrac{Q}{n-1}$ 均为 σ^2 的无偏估计。

第10章 回归分析

10.1 内容提要

1. 一元线性回归分析

回归分析是研究自变量为一般变量,因变量为随机变量时两者之间的相关关系的统计分析方法。设随机变量 Y(因变量)与自变量 x(可控变量)存在着相关关系,为了研究这种关系,作为一种近似,转而去研究 Y 的数学期望 $EY = \mu(x)$ 与 x 的确定性关系,这里 $\mu(x)$ 称为 Y 关于 x 的回归函数。一元线性回归是研究 $\mu(x)$ 为 x 的线性函数 $\mu(x) = a + bx$ 的情形。

(1) 一元线性回归模型 $Y = a + bx + \varepsilon, \varepsilon \sim N(0, \sigma^2)$,其中未知参数是 a, b 及 σ^2 都不依赖于 x。

(2) 参数 a, b 和 σ^2 的估计

利用样本值 $(x_1, y_1), (x_2, y_2), \cdots, (x_n, y_n)$ 来估计 a, b,就是求使 $Q(a, b) = \sum\limits_{i=1}^{n}(y_i - a - bx_i)^2$ 为最小的 a, b,记作 $\hat{a}, \hat{b}$, 其中 $\hat{a} = \bar{y} - \hat{b}\bar{x}$

$$\hat{b} = \frac{n\sum\limits_{i=1}^{n}x_iy_i - \left(\sum\limits_{i=1}^{n}x_i\right)\left(\sum\limits_{i=1}^{n}y_i\right)}{n\sum\limits_{i=1}^{n}x_i^2 - \left(\sum\limits_{i=1}^{n}x_i\right)^2} = \frac{\sum\limits_{i=1}^{n}(x_i - \bar{x})(y_i - \bar{y})}{\sum\limits_{i=1}^{n}(x_i - \bar{x})^2} = \frac{l_{xy}}{l_{xx}}$$

$$\hat{\sigma}^2 = \frac{1}{n-2}Qe = \frac{1}{n-2}\sum\limits_{i=1}^{n}(y_i - \bar{y})^2 - \frac{\hat{b}^2}{(n-2)}\sum\limits_{i=1}^{n}(x_i - \bar{x})^2$$

这里 $\bar{x} = \dfrac{1}{n}\sum\limits_{i=1}^{n}x_i, \bar{y} = \dfrac{1}{n}\sum\limits_{i=1}^{n}y_i$,

$$l_{xx} = \sum\limits_{i=1}^{n}(x_i - \bar{x})^2 = \sum\limits_{i=1}^{n}x_i^2 - \frac{1}{n}\left(\sum\limits_{i=1}^{n}x_i\right)^2$$

$$l_{xy} = \sum\limits_{i=1}^{n}(x_i - \bar{x})(y_i - \bar{y}) = \sum\limits_{i=1}^{n}x_iy_i - \frac{1}{n}\left(\sum\limits_{i=1}^{n}x_i\right)\left(\sum\limits_{i=1}^{n}y_i\right)$$

$$l_{yy} = \sum\limits_{i=1}^{n}(y_i - \bar{y})^2 = \sum\limits_{i=1}^{n}y_i^2 - \frac{1}{n}\left(\sum\limits_{i=1}^{n}y_i\right)^2$$

对于给定的 x,取 $\hat{a} + \hat{b}x$ 作为回归函数 $\mu(x) = a + bx$ 的估计,即 $\hat{\mu}(x) = \hat{a} + \hat{b}x$,称为 Y 关于 x 的经验回归函数。记 $\hat{y} = \hat{a} + \hat{b}x$,称方程 $\hat{y} = \hat{a} + \hat{b}x$ 为 Y 关于 x 的经验回归方程,简称回归方程,其图形称为回归直线。

(3) 线性假设的显著性检验 ——t 检验法

在显著性水平 α 下,检验 Y 与 x 是否存在线性相关关系,即检验假设

$$H_0:b=0,H_1:b\neq 0$$

取检验统计量 $T=\dfrac{\hat{b}}{\sigma}\sqrt{l_{xx}}$，$H_0$ 的拒绝域为 $\mid t\mid\geqslant t_{a/2}(n-2)$。

如果拒绝 H_0，认为回归效果是显著的；否则，认为回归效果不显著，此时不宜用线性回归模型，需另行研究。

（4）b 的置信度为 $1-\alpha$ 的置信区间

$$\left(\hat{b}-\frac{\hat{\sigma}}{\sqrt{l_{xx}}}t_{a/2}(n-2),\hat{b}+\frac{\hat{\sigma}}{\sqrt{l_{xx}}}t_{a/2}(n-2)\right)$$

（5）a 的置信度为 $1-\alpha$ 的置信区间

$$\left(\hat{a}-\hat{\sigma}\sqrt{\frac{1}{n}+\frac{\overline{x}^2}{l_{xx}}}t_{a/2}(n-2),\hat{a}+\hat{\sigma}\sqrt{\frac{1}{n}+\frac{\overline{x}^2}{l_{xx}}}t_{a/2}(n-2)\right)$$

（6）Y 的观察值的点预测和预测区间。

以 x_0 处的回归值 $\hat{y}_0=\hat{a}+\hat{b}x_0$，作为 Y 在 x 处的观察值 $y_0=a+bx_0+\varepsilon_0$ 的预测值；Y_0 的置信水平为 $1-\alpha$ 的预测区间为 $\left(\hat{a}+\hat{b}x_0\pm t_{a/2}(n-2)\hat{\sigma}\sqrt{1+\dfrac{1}{n}+\dfrac{(x_0-\overline{x})^2}{l_{xx}}}\right)$。

2. 可线性化的一元非线性化回归

在实际问题中，变量之间的相关关系不一定是线性的，这时选择适当的曲线回归可能更符合实际情况。

下面列举一些常用的曲线方程，并给出相应的化为线性回归的变量代换公式

曲线方程	变换公式	变换后的线性方程
$\dfrac{1}{y}=a+\dfrac{b}{x}$	$x'=\dfrac{1}{x},y'=\dfrac{1}{y}$	$y'=a+bx'$
$y=ax^b$	$x'=\ln x,y'=\ln y$	$y'=a'+bx'(a'=\ln a)$
$y=a+b\ln x$	$x'=\ln x,y'=y$	$y'=a+bx'$
$y=a\mathrm{e}^{bx}$	$x'=x,y'=\ln y$	$y'=a'+bx'(a'=\ln a)$
$y=a\mathrm{e}^{\frac{b}{x}}$	$x'=\dfrac{1}{x},y'=\ln y$	$y'=a'+bx'(a'=\ln a)$

3. 二元线性回归分析

二元线性回归分析的原理与一元线性回归分析相同，但计算上较复杂。

（1）二元线性回归模型 $Y=b_0+b_1x_1+b_2x_2+\varepsilon$，其中 ε 为随机误差，假定 $\varepsilon\sim N(0,\sigma^2)$

（2）参数 b_0、b_1、b_2 的估计

利用样本值 $(x_{11},x_{21},y_1),(x_{12},x_{22},y_2),\cdots,(x_{1n},x_{2n},y_n)$ 来估计 b_0,b_1,b_2，就是求使

$$Q=\sum_{i=1}^{n}(y_i-b_0-b_1x_{1i}-b_2x_{2i})^2$$

为最小的 b_0,b_1,b_2，记作 $\hat{b}_0,\hat{b}_1,\hat{b}_2$，其中 $\hat{b}_0=\overline{y}-\hat{b}_1\overline{x}_1-\hat{b}_2\overline{x}_2$。

$$\hat{b_1} = \cfrac{\begin{vmatrix} l_{10} & l_{12} \\ l_{20} & l_{22} \end{vmatrix}}{\begin{vmatrix} l_{11} & l_{12} \\ l_{21} & l_{22} \end{vmatrix}}, \qquad \hat{b_2} = \cfrac{\begin{vmatrix} l_{11} & l_{10} \\ l_{21} & l_{20} \end{vmatrix}}{\begin{vmatrix} l_{11} & l_{12} \\ l_{21} & l_{22} \end{vmatrix}}$$

回归平面方程为 $\hat{y} = \hat{b_0} + \hat{b_1} x_1 + \hat{b_2} x_2$。

这里 $\bar{y} = \dfrac{1}{n} \sum\limits_{i=1}^{n} y_i$

$$l_{11} = lx_1 x_1 = \sum_{i=1}^{n} (x_{1i} - \bar{x}_1)^2, \bar{x}_1 = \frac{1}{n} \sum_{i=1}^{n} x_{1i}$$

$$l_{22} = lx_2 x_2 = \sum_{i=1}^{n} (x_{2i} - \bar{x}_2)^2, \bar{x}_2 = \frac{1}{n} \sum_{i=1}^{n} x_{2i}$$

$$l_{12} = l_{21} = lx_1 x_2 = \sum_{i=1}^{n} (x_{1i} - \bar{x}_1)(x_{2i} - \bar{x}_2)$$

$$l_{10} = lx_1 y = \sum_{i=1}^{n} (x_{1i} - \bar{x}_1)(y_i - \bar{y})$$

$$l_{20} = lx_2 y = \sum_{i=1}^{n} (x_{2i} - \bar{x}_2)(y_i - \bar{y})$$

10.2　疑难解惑

问题 10.1　进行回归分析需满足哪些基本条件？

答　进行回归分析,对参数性检验对象要求必须满足以下三个基本条件:

(1) 正态性　被检验的对象或者因变量必须是服从正态分布 $N(\mu, \sigma^2)$ 的随机变量。

(2) 方差齐性　被检验的各个总体的方差,应该是相等的。

(3) 独立性　对被检验的各对观察数据而言,从概率意义上应理解为是独立取得的。

问题 10.2　方差分析和回归分析有何异同？

答　方差分析和回归分析都是研究某一指标与试验因素的关系。要在所讨论的问题中区分是方差分析还是回归分析,一般可以根据以下两点:

(1) 从考虑问题的结果来分别。若所讨论的问题是考察因素对指标的影响是否显著,这是方差分析问题;若所讨论的问题是考察因素的取值与指标的取值是否存在一种相关关系,这是回归分析问题。

(2) 从考虑问题的因素的类别来分别。因素可以分为两类,一类是属性的(非数量大小可言),如肥料的种类,机器的型号,课程的类别等;另一类是数量的,如生产的产量,支出的费用,试验的温度等。若所讨论的问题的因素是属性的,这是方差分析问题;若所讨论的问题的因素是数量的,这是回归分析问题。

问题 10.3　对于随机变量 y 与 x,利用回归方程之计算分式求出的经验公式 $\hat{y} = \hat{a} + \hat{b}x$ 是否一定反映原 n 个散点有良好的线性关系？

答　由回归直线 $\hat{y} = \hat{a} + \hat{b}x$ 所确定的关系仅仅依赖于原始数据,而不依赖于其是否为线性关系,即是散点呈曲线型,仍可用最小二乘估计得到一条回归直线。正因为如此,有必要进行相关性检验。

10.3 典型例题

例 10.1 某工厂在分析产量与成本的关系时,选取 10 个生产小组作样本,收得数据见下表:

产量 x/ 千件	40	42	48	55	65	79	88	100	120	140
成本 y/ 千元	150	140	152	160	150	162	175	165	190	185

(1) 试求 y 对 x 的线性回归方程;

(2) 检验回归方程的显著性($\alpha = 0.05$);

(3) 求 a 和 b 的 95% 的置信区间;

(4) 取 $x_0 = 90$,求 y_0 预测值及 95% 的预测区间。

解 (1) 经计算得

$$\sum_{i=1}^{10} x_i = 777, \sum_{i=1}^{10} x_i^2 = 70903, \sum_{i=1}^{10} y_i = 1629, \sum_{i=1}^{10} y_i^2 = 267723$$

$$\sum_{i=1}^{10} x_i y_i = 131124, n = 10, \overline{x} = 77.7, \overline{y} = 162.9$$

$$l_{xx} = \sum_{i=1}^{10} x_i^2 - \frac{1}{10}\Big(\sum_{i=1}^{10} x_i\Big)^2 = 70903 - \frac{1}{10} \times 777^2 = 10530.1$$

$$l_{xy} = \sum_{i=1}^{10} x_i y_i - \frac{1}{10}\Big(\sum_{i=1}^{10} x_i\Big)\Big(\sum_{i=1}^{10} y_i\Big) = 131124 - \frac{1}{10} \times 777 \times 1629 = 4550.7$$

$$l_{yy} = \sum_{i=1}^{10} y_i^2 - \frac{1}{10}\Big(\sum_{i=1}^{10} y_i\Big)^2 = 267723 - \frac{1}{10} \times 1629^2 = 2358.9$$

$$\hat{b} = \frac{l_{xy}}{l_{xx}} = \frac{4550.7}{10530.1} = 0.4322$$

$$\hat{a} = \hat{y} - \hat{b}\overline{x} = 162.9 - 0.4322 \times 77.7 = 129.3181$$

故所求回归方程为:$y = 129.3181 + 0.4322x$。

(2) 检验假设:$H_0: b = 0, H_1: b \neq 0$

$$Q_e = l_{yy} - \hat{b}^2 l_{xx} = 2358.9 - 0.4322^2 \times 10530.1 = 391.9106$$

$$t = \frac{\hat{b}\sqrt{l_{xx}}}{\sqrt{\dfrac{Q_e}{n-2}}} = \frac{0.4322\sqrt{10530.1}}{\sqrt{\dfrac{391.9106}{8}}} = 6.3365$$

对 $\alpha = 0.05, t_{0.025}(8) = 2.3060 < 6.3365 = t$

故拒绝 H_0,即回归方程显著。

(3) a 的置信度为 0.95 的置信区间为

$$\left(\hat{a} \pm t_{\alpha/2}(n-2)\sqrt{\frac{Q_e}{n-2}}\sqrt{\frac{1}{n} + \frac{\overline{x}^2}{l_{xx}}}\right)$$

$$= \left(129.3181 \pm 2.3060 \times \sqrt{\frac{391.9106}{8}}\sqrt{\frac{1}{10} + \frac{77.7^2}{10530.1}}\right)$$

$$= (116.0740, 142.5622)$$

b 的置信度为 0.95 的置信区间为

$$\left(\hat{b} \pm t_{a/2}(n-2)\sqrt{\frac{Q_e}{(n-2)l_{xx}}} \right) = \left(0.4322 \pm 2.3060 \times \sqrt{\frac{391.9106}{8 \times 10530.1}} \right)$$

$$= (0.2749, 0.5893)$$

(4) 由 $y = 129.3181 + 0.4322x$，当 $x_0 = 90$ 时 y_0 的预测值为

$$\hat{y}_0 = 129.3181 + 0.4322 \times 90 = 168.2161,$$

y_0 的 0.95 预测区间为

$$\left[\hat{y}_0 \pm t_{a/2}(n-2)\sqrt{\frac{Q_e}{n-2}}\sqrt{1 + \frac{1}{n} + \frac{(x_0 - \bar{x})^2}{l_{xx}}} \right]$$

$$= \left(168.2161 \pm 2.3060 \times \sqrt{\frac{391.9106}{8}}\sqrt{1 + \frac{1}{10} + \frac{(90 - 77.7)^2}{10530.1}} \right)$$

$$= (151.1780, 185.2542)$$

例 10.2　　东泰手表公司的销售额主要取决于营业人员数和所支出的推销费用，有关资料统计见表。

项目 ＼ 年份	1980	1981	1982	1983	1984	1985	1986	1987
推销费用 x_1 万元	169	181	160	187	184	178	172	175
营业人员 x_2 人	290	318	254	341	327	311	295	296
销售额 Y 亿元	264	298	235	318	304	289	271	273

计划 1988 年营业人员为 310 人，推销费用 200 万元，试预测 1988 年销售额。

解　　先用最小二乘法估计 b_0, b_1, b_2，求得回归平面方程。

$$\overline{x_1} = \frac{1}{n}\sum_{i=1}^{n} x_{1i} = 175.75$$

$$l_{11} = \sum_{i=1}^{n}(x_{1i} - \overline{x_1})^2 = \sum_{i=1}^{n} x_{1i}^2 - n\overline{x_1}^2 = 247640 - 8 \times 175.75^2 = 535.5$$

$$\overline{x_2} = \frac{1}{n}\sum_{i=1}^{n} x_{2i} = 304$$

$$l_{22} = \sum_{i=1}^{n}(x_{2i} - \overline{x_2})^2 = \sum_{i=1}^{n} x_{2i}^2 - n\overline{x_2}^2 = 744312 - 8 \times 304^2 = 4984$$

$$l_{12} = l_{21} = \sum_{i=1}^{n}(x_{1i} - \overline{x_1})(x_{2i} - \overline{x_2}) = \sum_{i=1}^{n} x_{1i}x_{2i} - n\overline{x_1}\,\overline{x_2} = 429041 - 4 \times 27424 = 1617$$

$$\bar{y} = \frac{1}{n}\sum_{i=1}^{n} y_i = 281.5$$

$$l_{10} = \sum_{i=1}^{n}(x_{1i} - \overline{x_1})(y_i - \bar{y}) = \sum_{i=1}^{n} x_{1i}y_i - n\overline{x_1}\bar{y} = 397385 - 395789 = 1596$$

$$l_{20} = \sum_{i=1}^{n}(x_{2i} - \overline{x_2})(y_i - \bar{y}) = \sum_{i=1}^{n} x_{2i}y_i - n\overline{x_2}\bar{y} = 689492 - 684608 = 4884$$

于是 $\hat{b}_1 = \dfrac{57036}{54243} = 1.05179$

$\hat{b}_2 = \dfrac{34650}{54243} = 0.6388$

$\hat{b}_0 = 281.5 - 1.05149 \times 175.75 - 0.6388 \times 304 = -97.4946$

所以回归平面方程为

$\hat{y} = -97.4946 + 1.05149x_1 + 0.6388x_2$

用上式作为预测方程，1988 年销售额预测值为

$\hat{y} = -97.4946 + 1.05149 \times 200 + 0.6388 \times 310 = 310.83（亿元）$

10.4　应用题

例 10.3　某地区 1992～1996 年的零售额（亿元）如下：

年份 x	1992	1993	1994	1995	1996
零售额 y	35.10	35.85	36.60	37.26	38.69

（1）求回归直线方程（年份序号从 1 至 5）；

（2）试在显著水平 $\alpha = 0.05$ 下检验线性相关系数的显著性；

（3）预测 1997 年的零售数。

解　（1）本题的年份用序号表示后成下表：

序号 x	1	2	3	4	5
零售额 y	35.1	35.85	36.6	37.26	38.69

$$\hat{b} = \frac{l_{xy}}{l_{xx}} = \frac{\displaystyle\sum_{i=1}^{5} x_i y_i - \frac{1}{5} \sum_{i=1}^{5} x_i \sum_{i=1}^{5} y_i}{\displaystyle\sum_{i=1}^{5} x_i^2 - \frac{1}{5}\left(\sum_{i=1}^{5} x_i\right)^2} = \frac{559.09 - \frac{1}{5} \times 15 \times 183.5}{55 - \frac{1}{5} \times 15^2} = 0.859$$

$$\hat{a} = \frac{1}{5} \sum_{i=1}^{5} y_i - \left(\frac{1}{5} \sum_{i=1}^{5} x_i\right) \hat{b} = \frac{1}{5} \times 183.5 - \frac{1}{5} \times 15 \times 0.859 = 34.123$$

故所求回归直线方程为 $\hat{y} = 34.123 + 0.859x$。

（2）$|t| = \dfrac{|\hat{b}|}{\hat{\sigma}} \sqrt{l_{xx}} = \dfrac{|\hat{b}|}{\sqrt{\dfrac{1}{5-2}\left[l_{yy} - \hat{b}l_{xy}\right]}} \sqrt{l_{xx}} \approx 43.4879,$

$t_{0.05/2}(n-2) = t_{0.025}(3) = 3.1824 < 43.4879,$

故认为回归效果是显著的。

（3）1997 年的零售额为 $y = 34.123 + 0.859 \times 6 = 39.277$。

10.5　自测题

一、填空题

1. 回归分析主要包括:提供有_____关系的变量之间的数学关系式的一般方法;判别所建立的经验公式是否_____,并从影响随机变量的诸变量中判别哪些变量的影响是比较_____的,利用所得的经验公式进行_____和_____。

2. 一元线性回归模型中 a,b 的最小二乘估计是指使_____达到最小的 $\hat{a}$ 和 $\hat{b}$,经计算可得 $\hat{a} = $ _____, $\hat{b} = $ _____。

3. 一元线性回归方程 $\hat{y} = \hat{a} + \hat{b}x$ 显著性检验是检验假设 H_0:_____,检验法有_____。

4. 一元线性回归中,对于 x 的给定值 x_0,Y_0 的置信度为 $1-\alpha$ 的预测区间为_____

5. 回归分析是以变量的个数分类,可分为两大类,它们是_____。

二、单项选择题

1. 设一元线性回归模型 $y = a + bx + \varepsilon, \varepsilon \sim N(0, \sigma^2)$,则求回归系数 a 和 b 的估计的方法只能是(　　)。

A. 数字特征法　　　B. 顺序统计量法　　　C. 最小二乘法　　　D. 以上都不是

2. 在一元线性回归模型 $y = a + bx + \varepsilon$ 中,假定 ε 服从分布是(　　)。

A. 两点分布　　　B. $N(0,1)$　　　C. $N(1, \sigma^2)$　　　D. $N(0, \sigma^2)$

3. 在一元线性回归模型 $y = a + bx + \varepsilon$ 中,假定 $\varepsilon \sim N(0, \sigma^2)$ 相当于假定(　　)。

A. $y \sim N(0, \sigma^2)$　　B. $y \sim N(0,1)$　　　C. y 是常量　　　D. $y \sim N(a+bx, \sigma^2)$

4. 一元线性回归模型 $y = a + bx + \varepsilon, \varepsilon \sim N(0, \sigma^2)$,$\hat{b}$ 为 b 的估计,则 $\bar{y} = \dfrac{1}{n}\sum\limits_{i=1}^{n} y_i$,与 $\hat{b}$(　　)。

A. 独立　　　B. 相关　　　C. 不独立　　　D. 以上都不是

5. 一元线性回归模型 $y = a + bx + \varepsilon$ 的随机误差 ε 的方差 σ^2 的无偏估计为(　　)。

A. $\dfrac{1}{n}\sum\limits_{i=1}^{n}[y_i - (\hat{a} + \hat{b}x_i)]^2$　　　　　　B. $\dfrac{1}{n-1}\sum\limits_{i=1}^{n}[y_i - (\hat{a} + \hat{b}x_i)]^2$

C. $\dfrac{1}{n-2}\sum\limits_{i=1}^{n}[y_i - (\hat{a} + \hat{b}x_i)]^2$　　　　　　D. $\sum\limits_{i=1}^{n}[y_i - (\hat{a} + \hat{b}x_i)]^2$

三、计算题

在某种产品的表面腐蚀刻线,腐蚀深度 Y 与腐蚀时间 x 对应的一组数据如下表。

$x_i/(\text{s})$	5	10	15	20	30	40	50	60	70	90	120
$y_i/(\mu\text{m})$	6	10	10	13	16	17	19	23	25	29	46

(1) 检验腐蚀深度 Y 与腐蚀时间 x 之间是否存在显著的线性相关关系,如果存在,求 Y 关于 x 的线性回归方程;

(2) 预测 $t = 75\text{s}$ 时,腐蚀深度的变化范围(取 $1-\alpha = 0.95$)。

模拟试题

模拟试题一

一、填空题

1. 从 5 双不同的鞋子中任取 4 只,这 4 只鞋子中至少有 2 只配成一双的概率为_____。

2. 设两两独立且概率相等的三个事件 A、B、C,满足 $P(A) < \dfrac{1}{2}$,$P(A \bigcup B \bigcup C) = \dfrac{9}{16}$ 及 $ABC = \varnothing$,则 $P(A)$ 的值为_____。

3. 设 $X \sim N(1.4, 4)$,则 $P\{X > 1.8\} = $_____。

4. 随机变量 (X, Y) 的分布函数为 $F(x, y)$,边缘分布函数为 $F_X(x)$ 和 $F_Y(y)$,则概率 $P(X > x, Y > y) = $_____。

5. 设随机变量 $X_n(n = 1, 2, \cdots)$ 相互独立且都服从 $(-1, 1)$ 上的均匀分布,则根据中心极限定理有 $\lim\limits_{n \to \infty} P\{\sum\limits_1^n X_i \leqslant \sqrt{n}\}$ 等于_____(结果用标准正态分布的分布函数表示)

6. 已知甲乙两射手的射击命中率分别为 0.77 和 0.84,他们各自独立地向同一目标射击一次,则目标被击中的概率是_____。

7. 设总体 X 与 Y 都服从正态分布 $N(0, \sigma^2)$,$(X_1, X_2, \cdots, X_m)$ 与 $(Y_1, Y_2, \cdots, Y_n)$ 是分别来自总体 X 与 Y 的两个相互独立的简单随机样本,统计量 $Y = \dfrac{2(X_1 + X_2 + \cdots + X_m)}{\sqrt{Y_1^2 + Y_2^2 + \cdots + Y_n^2}}$ 服从 $t(n)$ 分布,则 $\dfrac{m}{n} = $_____。

8. 设总体 $X \sim N(\mu, \sigma^2)$,其中 σ^2 已知,其中 $(X_1, X_2, \cdots, X_n)$ 是来自总体 X 的简单随机样本,则总体均值 μ 的置信度为 $1 - \alpha$ 的置信区间是_____。

二、设随机变量 X 的分布函数为

$$F(x) = \begin{cases} 0, & x \leqslant 0 \\ \dfrac{x}{4}, & 0 < x \leqslant 4 \\ 1, & x > 4 \end{cases}$$

求 $E(X) D(X)$。

三、某工厂有甲、乙、丙三个车间,生产同一种灯泡,每个车间的产量分别占总产量的 25%,35%,40%,如果各个车间成品中的次品率分别占产量的 5%,4%,2%,从全厂产品中随机地抽取一个灯泡,求

(1) 它是次品的概率;

(2) 若已知(1)中抽出的灯泡恰好是一个次品,求这个次品是由甲车间生产的概率是多

少?

四、设二维随机变量 (X,Y) 的联合密度函数为

$$f(x,y)=\begin{cases} \dfrac{1}{4}, & 0\leqslant x\leqslant 2,0\leqslant y\leqslant 2 \\ 0, & \text{其他} \end{cases}$$

求 $Z=X-Y$ 的概率密度函数。

五、某车间有 200 台机床,在生产时间内由于各种原因需停工,已知开工率为 0.6,且各台车床停工与否相互独立,而开工的车床需耗电 1 kW。问应供该车间多少 kW 电力才能以 99.9% 的可能性保证不会因供电不足而影响生产?

六、已知总体 X 的分布律为:

X	0	1	2
P	θ^2	$2\theta(1-\theta)$	$(1-\theta)^2$

其中 $\theta\left(0<\theta<\dfrac{1}{2}\right)$ 为未知参数,对总体抽取容量为 10 的一组样本,其中有 5 个取 1,3 个取 2,2 个取 0。

(1) 求 θ 的矩估计量 $\hat\theta_1$ 及相应的矩估计值,$\hat\theta_1$ 是否是 θ 的无偏估计?

(2) 求 θ 的极大似然估计量 $\hat\theta_2$ 及相应的极大似然估计值,$\hat\theta_2$ 是否是 θ 的无偏估计?

七、为比较甲乙两种安眠药的疗效,将 20 名患者分为两组,每组 10 人,分别服用甲、乙两种安眠药,如服药后延长的睡眠时间分别服从正态分布,对其相关数据进行分析后得知,甲组延长的睡眠时间平均值为 2.33 小时,样本方差为 4.01;乙组延长的睡眠时间平均值为 0.75 小时,样本方差为 3.2,问在显著性水平 $\alpha=0.05$ 下两种药的疗效有无显著差别?

注:$\Phi(0.2)=0.5793,\Phi(2.329)=0.99,t_{0.05}(8)=1.8595,\chi^2_{0.025}(8)=17.535,\Phi(1.645)=0.95,\Phi(3.1)=0.999,F_{0.025}(9,9)=4.03,t_{0.025}(18)=2.101$。

模拟试题二

一、填空题(每题 3 分,共 24 分)

1. 已知 $P(\overline{AB})=0.4,P(B\mid\overline{A})=0.2$,则 $P(A)=$ _____。

2. 假设某宿舍的 4 人只在我校教学主楼 A,B,C,D 座中的任一座上自习,则 4 人在不同楼上自习的概率_____。

3. 设随机变量 X 的分布函数为 $F(x)$,概率密度 $f(x)=af_1(x)+bf_2(x)$,其中 $f_1(x)$ 是正态分布 $N(0,1)$ 的概率密度,$f_2(x)$ 是在 $[0,2]$ 上服从均匀分布的随机变量的概率密度,且 $F(0)=\dfrac{1}{4}$,则 $a=$ _____,$b=$ _____。

4. 设随机变量 $X\sim N(0,1)$,令 $Y=X^3$,则 Y 的概率密度为_____。

5. 设随机变量 X 和 Y 相互独立,$X\sim N(-4,9),Y\sim B(100,0.6)$,则
$$E(3X-2Y-5)=\underline{\qquad},D(3X-2Y-5)=\underline{\qquad}。$$

6. 设随机变量 X 的数学期望及方差均存在,则对任给的正数 a,由切比雪夫不等式有

$P\{|\dfrac{X-EX}{a}|\geqslant 1\}\leqslant$ _____。

7. 设 $X,X_1,X_2,\cdots,X_{10}$ 是来自正态总体 $N(0,\sigma^2)$ 的简单随机样本，$Y^2=\dfrac{1}{10}\sum\limits_{i=1}^{10}X_i^2$，则 $\dfrac{X}{Y}\sim$ _____。

8. 设 $X_1,X_2,\cdots,X_n$ 是来自正态总体 $N(0,1)$ 的简单随机样本，S^2 为样本方差，则 $(n-1)S^2\sim$ _____，$E(S^2)=$ _____。

二、(10分) 设有 6 件产品，其中 3 件合格品，3 件次品。从中随机的取出 3 件放入甲盒，余下的放入乙盒。现从两盒中各取一件产品，试求：

(1) 这两件产品都是合格品的概率；

(2) 在这两件产品都是合格品的条件下，甲盒有 2 件合格品，乙盒有 1 件合格品的概率。

三、(9分) 设随机变量 X 的概率密度为

$$f(x)=\begin{cases}A\sqrt{x}, & 0\leqslant x\leqslant 1\\ 0, & 其他\end{cases}$$

试求：(1)A 的值；(2)X 的分布函数；(3)$P\left\{\dfrac{1}{16}<X<\dfrac{1}{4}\right\}$。

四、(12分) 已知二维随机变量 (X,Y) 的联合概率密度为

$$f(x,y)=\begin{cases}2(x+y), & 0\leqslant y\leqslant 1,0\leqslant x\leqslant y\\ 0, & 其他\end{cases}$$

试求：(1) X 与 Y 的边缘概率密度，X 与 Y 是否相互独立？

(2) $P(X+Y\geqslant 1)$；

(3) $\mathrm{Cov}(X,Y)$。

五、(10分) 设 X_1,X_2,X_3 是相互独立且均服从参数 λ 的指数分布的随机过程。

试求：(1) $T=\min(X_1,X_2)$ 的概率密度；

(2) $S=T+X_3$ 的概率密度。

六、(10分) 当辐射的强度超过每小时 0.5 毫伦琴(mr)时，辐射会对人的健康造成伤害。设每台彩电工作时的平均辐射强度是 0.036(mr/h)，方差是 0.0081。每台彩电工作时的辐射量是相互独立的随机变量且可认为他们是同分布。现有 25 台彩电同时工作，试问这 25 台彩电的辐射量可以对人的健康造成伤害的概率(利用中心极限定理，$\Phi(0.89)=0.8133$)。

七、(10分) 设总体 X 的分布函数为

$$F(x)=\begin{cases}1-\dfrac{1}{x^{\beta}}, & x>1\\ 0, & x\leqslant 1\end{cases}$$

其中未知参数 $\beta>1,X_1,X_2,\cdots,X_n$ 是来自总体 X 的简单随机样本。

求：(1) β 的矩估计量；(2) β 的极大似然估计量。

八、(15分) 甲乙两公司用同型号的组装线分别生产自己的 128 MB(兆字节)U 盘。现从甲公司的产品中随机抽取了 7 只，测得它们存储量的样本均值 $\bar{x}=125.9$，样本方差 $s_1^2=1.1122$；从乙公司的产品中随机抽取了 8 只，测得它们存储量的样本均值 $\bar{y}=125.0$，样本方差 $s_2^2=0.8552$。设甲的 U 盘存储量和乙的 U 盘存储量都服从正态分布，显著性水平 $\alpha=0.05$。

（1）这两种 U 盘的存储量的方差是否相同？

（2）这两种 U 盘的平均存储量有无显著差异？

（3）求这两家公司 U 盘的平均存储量差的置信度为 95% 置信区间。

$(F_{0.025}(6,7) = 5.12, F_{0.025}(7,6) = 5.70, F_{0.05}(6,7) = 3.87, t_{0.025}(13) = 2.164, t_{0.05}(13) = 1.7709)$

模拟试题三

一、填空题

1. 设事件 A,B 互不相容，且 $P(A) = 0.3, P(\overline{B}) = 0.6$，则 $P(B \mid \overline{A}) = $ _____。

2. 若在区间 $(0,1)$ 内任取两个数，则事件"两数之和小于 $\frac{1}{2}$"的概率为_____。

3. 设随机变量 X 服从均值为 2，方差为 σ^2 的正态分布，且 $P(2 < X < 4) = 0.3$，则 $P(X < 0) = $ _____。

4. 随机变量 X,Y 相互独立且服从同一分布，$P(X = k) = P(Y = k) = (k+1)/3, k = 0, 1$，则 $P(X = Y) = $ _____。

5. 设随机变量 X 的密度函数为 $f_X(x)$，则 $Y = e^X$ 的密度函数是_____。

6. 设随机变量 X,Y 的相关系数 $\rho_{XY} = 0.5, E(X) = E(Y) = 0, E(X^2) = E(Y^2) = 2$，则 $E[(X+Y)^2] = $ _____。

7. 设 (X_1, X_2, X_3, X_4) 为总体 $X \sim N(0,1)$ 的样本，则 $\dfrac{X_3 - X_4}{\sqrt{X_1^2 + X_2^2}} \sim$ _____。

8. 设 $(X_1, X_2, \cdots, X_9)$ 是来自正态总体 $N(\mu, 0.9^2)$ 的样本，已知 $\bar{x} = 5$，则 μ 的置信度为 0.95 的置信区间为_____。

二、某卡车运送书籍，共装有 10 个纸箱，其中 5 箱英语书，2 箱数学书，3 箱语文书，到目的地时发现丢失一箱，但不知丢失哪一箱，现从剩下 9 箱中任意打开两箱，结果都是英语书，求丢失的一箱也是英语书的概率。

三、某设备由 n 个部件构成。在设备运转中第 i 个部件需要调整的概率为 $p_i(0 < p_i < 1)$，$i = 1,2,\cdots,n$。设各部件的状态相互独立，以 X 表示在设备运转中同时需要调整的部件数，求 $E(X)$ 和 $D(X)$。

四、设二维随机变量 (X,Y) 的联合密度函数

$$f(x,y) = \begin{cases} cx, & 0 < x < y < 1 \\ 0, & \text{其他} \end{cases}$$

求：（1）常数 c；（2）X,Y 的边缘密度函数；（3）$P(X+Y \leqslant 1)$。

五、某种商品各周的需求量是相互独立的随机变量。已知该商品第一周的需求量服从参数为 λ 的指数分布，第二周的需求量服从参数为 μ 的指数分布 $(\lambda \neq \mu)$，试求两周总需求量的分布函数和密度函数。

六、某供电站供应本地区一万户居民用电，已知每户每天用电量（单位：度）均匀分布于区间 $[0,12]$ 上。现要求以 99% 的概率保证本地区居民的正常用电，问供电站每天至少要向居民供应多少度电？（用中心极限定理近似计算，已知 $\Phi(2.33) = 0.99$。）

七、已知总体 X 的分布函数为

$$F(x) = \begin{cases} 1 - e^{-(x-\mu)}, & x > \mu \\ 0, & x \leqslant \mu \end{cases} \quad (\mu \in R),$$

其中 μ 为未知参数。$(X_1, X_2, \cdots, X_n)$ 是来自总体的一组样本。

（1）求 μ 的矩估计量 $\hat{\mu}$，它是否是 μ 的无偏估计？

（2）求 μ 的极大似然估计量 μ^*，它是否是 μ 的无偏估计？

八、机器自动包装食盐，设每袋盐的净重服从正态分布，规定每袋盐的标准重量为 500 克，标准差不能超过 10 克。某天开工后，为了检验机器是否正常工作，从已经包装好的食盐中随机取 9 袋，测得 $\bar{x} = 499, s^2 = 16.03^2$。问这天自动包装机工作是否正常。$(\alpha = 0.05)$？（附表：$t_{0.05}(8) = 1.8595, t_{0.025}(8) = 2.306, \chi^2_{0.05}(8) = 15.507, \chi^2_{0.025}(8) = 17.535$）

模拟试题四

一、填空

1. 已知 $P(A) = \dfrac{1}{5}, P(B \mid A) = \dfrac{1}{4}, P(A \mid B) = \dfrac{1}{3}$，则 $P(\overline{A}\,\overline{B}) = $ _____。

2. 设随机变量 X 的分布律为 $P\{X = i\} = c\left(\dfrac{2}{3}\right)^i, i = 1, 2, 3$。则常数 $c = $ _____。

3. 设随机变量 X 具有概率密度 $f_X(x)$，则 $Y = X^2$ 的概率密度 $f_Y(x) = $ _____。

4. 设二维随机变量 (X, Y) 的联合密度函数为：

$$f(x, y) = \begin{cases} x^2 + \dfrac{xy}{3}, & 0 < x < 1, 0 < y < 2 \\ 0, & \text{其他} \end{cases}, \text{则 } P(X + Y \geqslant 1) = \underline{\qquad}。$$

5. 设随机变量 $X \sim P(\lambda)$，且已知 $E[(X-2)(X-3)] = 2$，则 $\lambda = $ _____。

6. 设 (X, Y) 服从 $G = \{(x, y) \mid 0 \leqslant x \leqslant 2, 0 \leqslant y \leqslant 1\}$ 上的均匀分布，则 X 和 Y 的边缘密度函数 $f_X(x) = $ _____，$f_Y(x) = $ _____。

7. 设 $(X_1, X_2, \cdots, X_n)$ 为来自总体服从参数为 λ 的指数分布的样本，则 $\overline{X}$ 的数学期望与方差 _____，_____。

8. 设总体 X 服从以 $\lambda(\lambda > 0)$ 为参数的指数分布，$(X_1, X_2, \cdots, X_n)$ 为其一个样本，求该样本的联合密度函数 _____。

二、设甲、乙、丙三个地区爆发了某种流行病，三个地区感染此病的比例分别为 $\dfrac{1}{7}$、$\dfrac{1}{5}$、$\dfrac{1}{4}$。现从这三个地区任抽取一个人，

（1）求此人感染此病的概率。（2）若此人感染此病，求此人来自乙地区的概率。

三、设随机变量 X 与 Y 的在以点 $(0,1)$、$(1,0)$、$(1,1)$ 为顶点的三角形区域上服从均匀分布，求 $U = X + Y$ 的密度函数。

四、设随机变量 X 的密度函数为：$f(x) = \dfrac{1}{2}e^{-|x|}, -\infty < x < +\infty$。

（1）求 $\text{Cov}(X, |X|)$，并问 $X, |X|$ 是否不相关；(2)$X, |X|$ 是否相互独立，为什么？

五、设 $X_1, X_2, \cdots, X_5$ 是独立同分布的随机变量，其共同密度函数为：

$$f(x) = \begin{cases} 2x, & 0 < x < 1 \\ 0, & \text{其他} \end{cases},$$

试求 $Y = \max(X_1, X_2, \cdots, X_5)$ 的数学期望和方差。

六、银行为支付某日即将到期的债券须准备一笔现金,已知这批债券共发放了 500 张,每张须付本息 1000 元,设持券人(1 人 1 券)到期日到银行领取本息的概率为 0.4,问银行于该日应准备多少现金才能以 99.9% 的把握满足客户的兑换。$\Phi(3.01) = 0.999$

七、设 $(X_1, X_2, \cdots, X_n)$ 为取自总体 X 的样本。总体 X 的密度函数为

$$f(x; \theta) = \begin{cases} \dfrac{1}{\theta} e^{-\frac{x}{\theta}} & x > 0 \\ 0 & x \leqslant 0 \end{cases}, \text{未知参数 } \theta > 0,$$

(1) 试证 $\dfrac{2n\overline{X}}{\theta} \sim \chi^2(2n)$;(2) 试求 θ 的 $1 - a$ 置信区间。

八、某超市为增加销售,对营销方式、管理人员等进行了一系列调整,调整后随机抽查了 9 天的日销售额(单位:万元),经计算知 $\overline{X} = 54.5, S^2 = 11.13$。据统计调整前的日平均销售额为 51.2 万元,假定日销售额服从正态分布。试问调整措施的效果是否显著?($\alpha = 0.05$)附表:$t_{0.05}(8) = 1.8595, t_{0.025}(8) = 2.3060$。

模拟试题参考答案

模拟试题一

一、填空题

1. $\dfrac{13}{21}$；2. $1/4$；3. 0.4207；4. $1-F_X(x)-F_Y(y)+F(x,y)$；5. $\Phi(\sqrt{3})$；6. 0.9632；

7. $1/4$；8. $\left(\overline{X}-\dfrac{\sigma}{\sqrt{n}}u_{\frac{a}{2}},\overline{X}+\dfrac{\sigma}{\sqrt{n}}u_{\frac{a}{2}}\right)$

二、$f(x)=F'(x)=\begin{cases} 1/4, & 0<x\leqslant 4 \\ 0, & \text{其他} \end{cases}$

$E(X)=\displaystyle\int_{-\infty}^{+\infty}xf(x)\mathrm{d}x=\int_0^4 x\cdot\frac{1}{4}\mathrm{d}x=2$

$D(X)=E(x^2)-E^2(x)=\displaystyle\int_{-\infty}^{+\infty}x^2f(x)\mathrm{d}x-4=\int_0^4 x^2\cdot\frac{1}{4}\mathrm{d}x-4=\frac{4}{3}$

三、设 A_1、A_2、A_3 分别表示{抽到的灯泡是由甲、乙、丙三个车间生产的}

$B=${抽到一个是次品}

(1) $P(B)=\displaystyle\sum_{i=1}^{3}P(A_i)P(B\mid A_i)=25\%\times 5\%+35\%\times 4\%+40\%\times 2\%=0.0345$

(2) 由贝叶斯公式可得

$P(A_1\mid B)=\dfrac{P(A_1)P(B\mid A_1)}{\displaystyle\sum_{i=1}^{3}P(A_i)P(B\mid A_i)}=\dfrac{25\%\times 5\%}{0.0345}\approx 0.362$

四、(1) 利用 $F'(x)=f(x)$ 求解

(2) 由题知 X,Y 相互独立,故 X 与 $-Y$ 也相互独立,记 $U=-Y$,计算可知 U 服从 $[-2,0]$ 上的均匀分布.

因 $Z=X-Y=X+U$,利用卷积公式可得

$f_Z(z)=\displaystyle\int_{-\infty}^{+\infty}f_X(x)f_U(z-x)\mathrm{d}x=\int_0^2 \frac{1}{2}f_U(z-x)\mathrm{d}x\xlongequal{z-x=u}\frac{1}{2}\int_{z-2}^{z}f_U(u)\mathrm{d}u$

$f_U(u)$ 仅在 $[-2,0]$ 上有非负值,故

当 $-2\leqslant z\leqslant 0$ 时,$f_Z(z)=\dfrac{1}{2}\displaystyle\int_{z-2}^{-2}0\mathrm{d}u+\int_{-2}^{z}\frac{1}{2}\mathrm{d}u=\frac{1}{4}(z+2)$

当 $-2\leqslant z-2<0$,即 $0\leqslant z\leqslant 2$ 时,$f_Z(z)=\dfrac{1}{2}\displaystyle\int_{z-2}^{0}\frac{1}{2}\mathrm{d}u+\int_0^z 0\mathrm{d}u=\frac{1}{4}(2-z)$

当 $z-2\geqslant 0$,即 $z\geqslant 2$ 时或 $z<-2$ 时,$f_Z(z)=0$

综上，$f_Z(z) = \begin{cases} \dfrac{1}{2} - \dfrac{1}{4}\mid z\mid, & \mid z\mid < 2 \\ 0, & \text{其他} \end{cases}$

五、(10分) 设 X 为任一时刻工作着的车床数，则 $X \sim B(200, 0.6)$，$E(X) = 120$，$D(X) = 48$，设应供该车间 N kW 电力方能符合要求。则由题可知，$P(X \leqslant N) \geqslant 0.999$

由中心极限定理知，$P(X \leqslant N) = P\left(\dfrac{X-120}{\sqrt{48}} \leqslant \dfrac{N-120}{\sqrt{48}}\right) \approx \Phi\left(\dfrac{N-120}{\sqrt{48}}\right) \geqslant 0.999$

因 $\Phi(3.1) = 0.999$，故 $\dfrac{N-120}{\sqrt{48}} \geqslant 3.1$，$N \geqslant 3.1 \times \sqrt{48} + 120 \approx 141.48$，即至少应供电 141.48 kW

六、(1) 令 $E(X) = \overline{X}$，而 $E(X) = 2(1-\theta)$，故可得 θ 的矩估计量 $\hat{\theta}_1 = 1 - \dfrac{\overline{X}}{2}$，由样本值可算得其矩估计值为 $\dfrac{9}{20}$。因 $E(\hat{\theta}_1) = \theta$，故 $\hat{\theta}_1$ 是 θ 的无偏估计

(2) 似然函数为：$L(\theta) = \left(\prod\limits_{i=1}^{n} C_2^{x_i}\right)(1-\theta)^{\sum\limits_{i=1}^{n} x_i} \theta^{2n - \sum\limits_{i=1}^{n} x_i}$，

对数似然函数：$\ln L(\theta) = \sum\limits_{i=1}^{n} \ln C_2^{x_i} + \sum\limits_{i=1}^{n} x_i \ln(1-\theta) + \left(2n - \sum\limits_{i=1}^{n} x_i\right)\ln\theta$

令 $\dfrac{\mathrm{d}\ln L}{\mathrm{d}\theta} = -\dfrac{\sum\limits_{i=1}^{n} x_i}{1-\theta} + \dfrac{2n - \sum\limits_{i=1}^{n} x_i}{\theta} = 0$ 可解得 θ 的极大似然估计量为 $\hat{\theta}_2 = 1 - \dfrac{\overline{X}}{2}$，代入数据，可得其极大似然估计值为 $\dfrac{9}{20}$。因

$E(\hat{\theta}_2) = 1 - \dfrac{E(\overline{X})}{2} = 1 - \dfrac{E(X)}{2} = 1 - \dfrac{2(1-\theta)}{2} = \theta$，故 $\hat{\theta}_2$ 是 θ 的无偏估计。

七、设甲组服药后延长的睡眠时间 X 服从正态分布 $N(\mu_1, \sigma_1^2)$，乙组服药后延长的睡眠时间 Y 服从正态分布 $N(\mu_2, \sigma_2^2)$，其中四个参数均未知，$n_1 = 10$，$n_2 = 10$，$\overline{X} = 2.33$，$\overline{Y} = 0.75$，$S_1^2 = 4.01$，$S_2^2 = 3.2$

(1) 先在 μ_1、μ_2 未知条件下检验假设：$H_0 : \sigma_1^2 = \sigma_2^2$，$H_1 : \sigma_1^2 \neq \sigma_2^2$，统计量 $F = \dfrac{S_1^2}{S_2^2} = 1.25$，

$F_{0.025}(9,9) = 4.03$，$F_{0.975}(9,9) = \dfrac{1}{F_{0.025}(9,9)} = \dfrac{1}{4.03} = 0.248$，$0.248 < F < 4.03$，故在显著性水平 $\alpha = 0.05$ 下，接受原假设 $H_0 : \sigma_1^2 = \sigma_2^2$，认为 $\sigma_1^2 = \sigma_2^2$

(2) 在 $\sigma_1^2 = \sigma_2^2$ 下，检验假设：$H'_0 : \mu_1 = \mu_2$，$H'_1 : \mu_1 \neq \mu_2$ 统计量 $T = \dfrac{\overline{X} - \overline{Y}}{S_w \sqrt{\dfrac{1}{n_1} + \dfrac{1}{n_2}}}$，其中 S_w

$= \sqrt{\dfrac{(n_1-1)S_1^2 + (n_2-1)S_2^2}{n_1 + n_2 - 2}}$ 计算知 $S_w = 1.899$，$T = 1.86$

而 $t_{0.025}(18) = 2.101$，$\mid T\mid = \mid 1.86\mid < 2.101$，故接受原假设，在显著性水平 $\alpha = 0.05$ 下可认为 $\mu_1 = \mu_2$。

综上可认为，两种安眠药的疗效无显著差别。

模拟试题二

一、1. $\dfrac{1}{2}$；2. $\dfrac{3}{32}$；3. $a=\dfrac{1}{2}$，$b=\dfrac{1}{2}$；4. $f_Y(y)=\dfrac{1}{3\sqrt{2\pi}}\mathrm{e}^{-\frac{y^{\frac{2}{3}}}{2}}y^{-\frac{2}{3}}$；5. $-137,177$；6. $\dfrac{D(X)}{a^2}$；

7. $t(10)$；8. $\chi^2(n-1).1.$

二、设 $A=\{$甲乙两盒中各取一件新产品为合格品$\}$；$B_i=\{$甲盒中有 i 件合格品$\}$，$i=0$,

$1,2,3$；则 $\Omega=\bigcup\limits_{i=0}^{3}B_i$，$A=\bigcup\limits_{i=0}^{3}AB_i=AB_1\bigcup AB_2$，$(AB_0=\varnothing,AB_3=\varnothing)$

(1) 由全概率公式

$$P(AB)=P(B_1)P(A\mid B_1)+P(B_2)P(A\mid B_2)$$

$$=\frac{\mathrm{C}_3^1\mathrm{C}_3^2}{\mathrm{C}_6^3}\times\frac{1}{3}\times\frac{2}{3}+\frac{\mathrm{C}_3^2\mathrm{C}_3^1}{\mathrm{C}_6^3}\times\frac{2}{3}\times\frac{1}{3}=\frac{1}{5}$$

(2) 所求概率为 $P(B_2\mid A)=\dfrac{P(B_2)P(A\mid B_2)}{P(A)}=\dfrac{\dfrac{1}{10}}{\dfrac{1}{5}}=\dfrac{1}{2}$

三、(1) $1=\displaystyle\int_{-\infty}^{+\infty}f(x)\mathrm{d}x=\int_0^1 A\sqrt{x}\,\mathrm{d}x=\frac{2}{3}A$，故 $A=\frac{3}{2}$，$f(x)=\begin{cases}\dfrac{3}{2}\sqrt{x},&0\leqslant x\leqslant 1\\[2mm]0,&\text{其他}\end{cases}$。

(2) $F(x)=P\{X\leqslant x\}=\begin{cases}0,&x<0\\[2mm]\displaystyle\int_0^x\frac{3}{2}\sqrt{t}\,\mathrm{d}t&0\leqslant x<1\\[2mm]1&x\geqslant 1\end{cases}=\begin{cases}0,&x<0,\\[2mm]\sqrt{x^3}&0\leqslant x<1,\\[2mm]1,&x\geqslant 1.\end{cases}$

(3) $P\left\{\dfrac{1}{16}<X<\dfrac{1}{4}\right\}=F\left(\dfrac{1}{4}\right)-F\left(\dfrac{1}{16}\right)=\left(\dfrac{1}{2}\right)^3-\left(\dfrac{1}{4}\right)^3=\dfrac{7}{64}$

四、(1) $f_X(x)=\displaystyle\int_{-\infty}^{+\infty}f(x,y)\mathrm{d}y=\begin{cases}\displaystyle\int_x^1 2(x+y)\mathrm{d}y&0\leqslant x\leqslant 1\\[2mm]0,&\text{其他}\end{cases}$

$$=\begin{cases}-3x^2+2x+1&0\leqslant x\leqslant 1\\[2mm]0,&\text{其他}\end{cases}$$

$f_Y(y)=\displaystyle\int_{-\infty}^{+\infty}f(x,y)\mathrm{d}x=\begin{cases}\displaystyle\int_0^y 2(x+y)\mathrm{d}x,&0\leqslant y\leqslant 1\\[2mm]0,&\text{其他}\end{cases}=\begin{cases}3y^2,&0\leqslant y\leqslant 1\\[2mm]0,&\text{其他}\end{cases}$

显然，当 $0\leqslant y\leqslant 1,0\leqslant x\leqslant y$ 时，$f_X(x)f_Y(y)\neq f(x,y)$，X 与 Y 不对应。

(2) $P\{X+Y\geqslant 1\}=\displaystyle\iint\limits_{x+y\geqslant 1}f(x+y)\mathrm{d}x\mathrm{d}y=\int_{\frac{1}{2}}^1\mathrm{d}y\int_{1-y}^y 2(x+y)\mathrm{d}x=\frac{2}{3}$

(3) $E(X)=\displaystyle\int_{-\infty}^{+\infty}xf_X(x)\mathrm{d}x=\int_0^1 x(-3x^2+2x+1)\mathrm{d}x=\frac{5}{12}$

$E(Y)=\displaystyle\int_{-\infty}^{+\infty}yf_Y(y)\mathrm{d}y=\int_0^1 3y^3\mathrm{d}y=\frac{3}{4}$

$$E(XY) = \int_{-\infty}^{+\infty}\int_{-\infty}^{+\infty} xyf(x,y)\mathrm{d}x\mathrm{d}y = \int_0^1 \mathrm{d}y \int_0^y xy2(x+y)\mathrm{d}x = \frac{1}{3}$$

故 $\mathrm{Cov}(X,Y) = E(XY) - E(X)E(Y) = \frac{1}{3} - \frac{5}{12}\times\frac{3}{4} = \frac{1}{48}$。

五、(1) $F_T(\tau) = P\{\min(X_1,X_2) \leqslant \tau\} = 1 - P\{\min(X_1,X_2) > t\}$

$$= 1 - P\{X_1 > t, X_2 > t\} = 1 - (1 - P\{X_1 > t\})^2$$

$$= (1 - (1 - F(t)))^2 = \begin{cases} 1 - \mathrm{e}^{-2\lambda t}, & t > 0 \\ 0, & t \leqslant 0 \end{cases}$$

故 $f_\tau(t) = \begin{cases} 2\lambda\mathrm{e}^{-2\lambda t}, & t > 0 \\ 0, & t \leqslant 0 \end{cases}$

(2) 由于 X_1, X_2, X_3 相互独立,故 T 与 X_3 也相互独立。有卷积公式

$$f_S(s) = \int_{-\infty}^{+\infty} f_T(t)f_{X_3}(s-t)\mathrm{d}t = \int_0^{+\infty} 2\lambda\mathrm{e}^{-2\lambda t}f_{X_3}(s-t)\mathrm{d}t$$

$$\xrightarrow{s-t=x} 2\lambda\mathrm{e}^{-2\lambda s}\int_{-\infty}^s \mathrm{e}^{2\lambda x}f_{x_3}(x)\mathrm{d}x = \begin{cases} 2\lambda\mathrm{e}^{-2\lambda s}\int_0^{+\infty}\mathrm{e}^{-2\lambda x}\cdot\lambda\mathrm{e}^{-2\lambda x}\mathrm{d}x, & s > 0 \\ 0, & s \leqslant 0 \end{cases}$$

$$= \begin{cases} 2\lambda\mathrm{e}^{-2\lambda s}(\mathrm{e}^{\lambda s}-1), & s > 0 \\ 0, & s \leqslant 0 \end{cases}$$

六、设 X_i 表示第 i 台彩电的辐射量(mr/h),则 $E(X_i) = 0.036, D(X_i) = 0.0081, i = 1, 2,$ $\cdots, 25;\sum\limits_{i=1}^{25} X_i$ 是 25 台彩电的总辐射量,所求概率为 $P\{\sum\limits_{i=1}^{25} X_i > 0.5\}$,由于 $X_1, X_2, \cdots, X_{25}$ 独立同分布,由中心极限定理

$$P\left(\sum_{i=1}^{25} X_i > 0.5\right) = 1 - P\left\{\frac{\sum\limits_{i=1}^{25} X_i - 25\times 0.036}{\sqrt{25\times 0.0081}} \leqslant \frac{0.5 - 25\times 0.036}{5\times 0.09}\right\}$$

$$\approx 1 - \Phi\left(-\frac{8}{9}\right) = \Phi(0.89) = 0.8133$$

七、$f(x) = \begin{cases} \beta x^{-\beta-1}, & x > 1 \\ 0, & x \leqslant 1 \end{cases}$

(1) $EX = \int_{-\infty}^{+\infty} xf(x)\mathrm{d}x = \int_1^{+\infty} x\cdot\beta x^{-\beta-1}\mathrm{d}x = \frac{\beta}{1-\beta}$

由矩估计法,令 $\dfrac{\hat\beta}{1-\hat\beta} = \overline{X}$,得 β 的矩估计量为 $\hat\beta = \dfrac{\overline{X}}{\overline{X}-1}$

(2) 似然函数 $L(\beta) = \begin{cases} \beta^2\prod\limits_{i=1}^n x_i^{-\beta-1}, & x_i > 1 \\ 0, & 其他 \end{cases} \quad i = 1, 2, \cdots, n$

当 $x_i > 1$ 时,$\ln L(\beta) = n\ln\beta - (\beta+1)\sum\limits_{i=1}^n \ln x_i$;$\dfrac{\mathrm{d}\ln L(\beta)}{\mathrm{d}\beta} = \dfrac{n}{\beta} - \sum\limits_{i=1}^n \ln x_i = 0$,

得 $\beta = \dfrac{n}{\sum\limits_{i=1}^n \ln x_i}$。故 β 的极大似然估计量为 $\hat\beta = \dfrac{n}{\sum\limits_{i=1}^n \ln X_i}$。

八、设甲公司 U 盘的存储量 $X \sim N(\mu_1, \sigma_1^2)$，乙公司 U 盘的存储量 $Y \sim N(\mu_2, \sigma_2^2)$，$\mu_1, \sigma_1^2$，$\mu_2, \sigma_2^2$ 均未知。

(1) 欲检验假设

$H_0: \sigma_1^2 = \sigma_2^2, H_1: \sigma_1^2 \neq \sigma_2^2$

在 H_0 为真时，检验统计量 $\dfrac{S_{1n_1}^2}{S_{2n_2}^2} \sim F(n_1 - 1, n_2 - 1)$，拒绝域为 $\dfrac{S_{1n_1}^2}{S_{2n_2}^2} < F_{0.975}(n_1 - 1, n_2 - 1)$

或 $\dfrac{S_{1n_1}^2}{S_{2n_2}^2} > F_{0.025}(n_1 - 1, n_2 - 1)$；对给的水平 $\alpha = 0.05$。查 F 分布表，$F_{0.025}(6,7) = 5.12$，

$F_{0.975}(6,7) = \dfrac{1}{5.70}$。

由样本观察估计，$\dfrac{S_1^2}{S_2^2} = \dfrac{1.1122}{0.8552} = 1.30, \dfrac{1}{5.70} < 1.30 < 5.12$。

故接受原假设，认为两公司 U 盘的存储量的方差无显著差异。

(2) 欲检验假设

$H_0: \mu_1 = \mu_2, H_1: \mu_1 \neq \mu_2$

在 H_0 为真时，检验统计量 $T = \dfrac{\overline{X} - \overline{Y}}{S_w \sqrt{\dfrac{1}{7} + \dfrac{1}{8}}} \sim t(13)$，其中 $S_w^2 = \dfrac{6S_{1n_1}^2 + 7S_{2n_2}^2}{13}$。

拒绝域为 $\left| \dfrac{\overline{X} - \overline{Y}}{S_w \sqrt{\dfrac{1}{7} + \dfrac{1}{8}}} \right| > t_{0.025}(13)$

对于 $\alpha = 0.05$。查 t 分布表，$t_{0.025}(13) = 2.1604$。

由样本观察估值，$t = \dfrac{125.9 - 125.0}{\sqrt{\dfrac{6 \times 1.1122 + 7 \times 0.8552}{13}} \times \sqrt{\dfrac{1}{7} + \dfrac{1}{8}}} = 1.7622 < 2.1604$

接受 H_0，即认为均值差无显著差异。

(3) $\mu_1 - \mu_2$ 的置信度为 95% 的置信区间为

$$\left(\overline{X} - \overline{Y} - t_{\frac{\alpha}{2}}(13) S_w \sqrt{\dfrac{1}{7} + \dfrac{1}{8}}, \overline{X} - \overline{Y} + t_{\frac{\alpha}{2}}(13) S_w \sqrt{\dfrac{1}{7} + \dfrac{1}{8}} \right)$$

查 t 分布表，$t_{0.025}(13) = 2.1604$。由样本观值，所求置信区间为

模拟试题三

一、1. $\dfrac{4}{7}$ ；　2. $\dfrac{1}{8}$ ；　3. 0.2 ；　4. $\dfrac{5}{9}$ ；　5. $f(\ln y)\dfrac{1}{y}, y \neq 0$ ；

6. 6 ；　7. $t(2)$ ；　8. $(5 - 0.3u_{0.025}, 5 + 0.3u_{0.025})$ 或 $(4.815, 5.585)$

二、用 A 表示丢失一箱后任取两箱是英语书，用 B_k 表示丢失的一箱为第 k 箱，$k = 1, 2, 3$ 分别表示英语书，数学书，语文书。

$$P(A) = \sum_{k=1}^{3} P(B_k) P(A \mid B_k) = \dfrac{1}{2} \cdot \dfrac{C_4^2}{C_9^2} + \dfrac{3}{10} \cdot \dfrac{C_5^2}{C_9^2} + \dfrac{1}{5} \cdot \dfrac{C_5^2}{C_9^2} = \dfrac{8}{36}$$

$$P(B_1 \mid A) = P(B_1)P(A \mid B_1)/P(A) = \frac{1}{2} \cdot \frac{C_4^2}{C_9^2}/P(A) = \frac{3}{36} \div \frac{8}{36} = \frac{3}{8}。$$

三、引入随机变量 $X_i = \begin{cases} 1, & \text{第 } i \text{ 个部件需调整} \\ 0, & \text{第 } i \text{ 个部件不需调整} \end{cases}$ $i = 1, 2, \cdots, n$, 则 $X = \sum\limits_{i=1}^{n} X_i$

$X_1, X_2, \cdots, X_n$ 相互独立, $E(X_i) = p_i$, $D(X_i) = p_i(1-p_i)$, $i = 1, 2, \cdots, n$

故 $E(X) = E\left(\sum\limits_{i=1}^{n} X_i\right) = \sum\limits_{i=1}^{n} E(X_i) = \sum\limits_{i=1}^{n} p_i$

$$D(X) = D\left(\sum\limits_{i=1}^{n} X_i\right) = \sum\limits_{i=1}^{n} D(X_i) = \sum\limits_{i=1}^{n} p_i(1-p_i)$$

四、(1) $\iint\limits_{0 < x < y < 1} f(x, y) \mathrm{d}x\mathrm{d}y = \int_0^1 cx\,\mathrm{d}x \int_x^1 \mathrm{d}y = 1$, $c = 6$

(2) $0 < x < 1$ 时 $f_X(x) = \int_x^1 6x\mathrm{d}y = 6x(1-x)$, 故 $f_X(x) = \begin{cases} 6x(1-x), & 0 < x < 1 \\ 0, & \text{其他} \end{cases}$

当 $0 < y < 1$ 时, $f_Y(y) = \int_0^y 6x\mathrm{d}x = 3y^2$, 故 $f_Y(y) = \begin{cases} 3y^2, & 0 < y < 1 \\ 0, & \text{其他} \end{cases}$

(3) $P(X+Y \leqslant 1) = \int_0^{1/2} 6x\mathrm{d}x \int_x^{1-x} \mathrm{d}y = \int_0^{1/2} 6x(1-2x)\mathrm{d}x = \frac{1}{4}$

五、设第一周和第二周的需求量分别是 X, Y, 则 (X, Y) 联合密度函数是

$$f_{(x,y)} = \begin{cases} \lambda\mu\mathrm{e}^{-(\lambda x + \mu y)}, & x > 0, y > 0 \\ 0, & \text{其他} \end{cases}$$

当 $z \leqslant 0$ 时, $F_z(z) = 0$, 当 $z > 0$ 时,

$$F_Z(z) = P(X+Y \leqslant z) = \int_0^z \lambda\mathrm{e}^{-\lambda x}\mathrm{d}x \int_0^{(z-x)} \mu\mathrm{e}^{-\mu y}\mathrm{d}y = 1 + \frac{\lambda}{\mu-\lambda}\mathrm{e}^{-\mu z} - \frac{\mu}{\mu-\lambda}\mathrm{e}^{-\lambda z}$$

所以两周需求量的分布密度为 $f_Z(z) = F_Z'(z) = \begin{cases} \dfrac{\lambda\mu}{\mu-\lambda}(\mathrm{e}^{-\lambda z} - \mathrm{e}^{-\mu z}), & z > 0 \\ 0, & z \leqslant 0 \end{cases}$

六、设 X_i 为第 i 户居民每天的用电量, $X_1, X_2, \cdots, X_{10000}$ 独立同分布, $X_i \sim U(0, 12)$, $E(X_i) = 6$, $D(X_i) = 12$, $i = 1, 2, \cdots, 10000$。

设供电站每天要向居民供电的量为 N, 居民每天用电量为 $Y = \sum\limits_{i=1}^{10000} X_i$, 则由题意有

$$P(Y \leqslant N) \geqslant 0.99$$

由独立同分布的中心极限定理, 所求概率为

$$P(Y \leqslant N) = P\left(\frac{Y - 10000 \times 6}{100\sqrt{12}} \leqslant \frac{N - 10000 \times 6}{100\sqrt{12}}\right) \approx \Phi\left(\frac{N - 10000 \times 6}{100\sqrt{12}}\right)$$

即 $\Phi\left(\dfrac{N - 10000 \times 6}{100\sqrt{12}}\right) \geqslant 0.99$ $\dfrac{N - 10000 \times 6}{100\sqrt{12}} = 2.33$。故 $N = 60403.6$(度)

七、总体 X 的密度函数为 $f(x) = \begin{cases} \mathrm{e}^{-(x-\mu)}, & x > \mu \\ 0, & x \leqslant \mu \end{cases}$ $(\mu \in R)$

(1) $EX = \int_\mu^{+\infty} x\mathrm{e}^{-(x-\mu)}\mathrm{d}x = \mu + 1$, 故 μ 的矩估计量为 $\hat{\mu} = \overline{X} - 1$

因 $E(\hat{\mu}) = E(\overline{X}-1) = \mu$，所以 $\hat{\mu}$ 是 μ 的无偏估计。

(2) 似然函数为 $L(\mu) = \prod_{i=1}^{n} f(x_i;\mu) = \prod_{i=1}^{n} e^{-(x_i-\mu)} = e^{-\sum_{i=1}^{n}(x_i-\mu)}$ $x_i > \mu, i = 1, 2, \cdots, n$

因 $\dfrac{\mathrm{d}L(\mu)}{\mathrm{d}\mu} > 0$，所以 $L(\mu)$ 单调增加，注意到 $x_i > \mu, i = 1, 2, \cdots, n$，因此当 μ 取 $(x_1, x_2, \cdots, x_n)$ 中最小值时，$L(\mu)$ 取最大，所以 μ 的极大似然估计量为

$$\mu^* = \min\{X_1, X_2, \cdots, X_n\}$$

$Z = \min\{X_1, X_2, \cdots, X_n\}$ 分布函数是 $F(z) = 1 - (1 - F_X(z))^n$，分布密度是

$$f_Z(z) = \begin{cases} ne^{-n(x-\mu)}, & x > \mu \\ 0, & x \leqslant \mu \end{cases} \quad (\mu \in R)$$

因 $EZ = \displaystyle\int_{\mu}^{+\infty} nx e^{-n(x-\mu)} \mathrm{d}x = \mu + \dfrac{1}{n}$，故 $\mu^* = \min\{X_1, X_2, \cdots, X_n\}$ 不是 μ 的无偏估计

八、(1) $H_0 : \mu = 500$ $H_1 : \mu \neq 500$。若 H_0 成立，统计量 $T = \dfrac{\overline{X}-500}{S/3} \sim t(8)$。

拒绝域为 $\{|\dfrac{\overline{X}-500}{S/3}| > t_{\frac{\alpha}{2}}(8)\}$，$t_{0.025}(8) = 2.306$。代入数据得 T 的观察值 $T_0 = -\dfrac{3}{16.03} = -0.187$ 故接受 H_0。

(2) $H_0 : \sigma^2 \leqslant 100, H_1 : \sigma^2 > 100$。由 H_1 知，拒绝域为 $\left\{\dfrac{8S^2}{100} > \chi_\alpha^2\right\}$。由 $\chi^2 = \dfrac{8S^2}{\sigma^2} \sim \chi^2(8)$ 知，取 $\chi_{0.05}^2(8) = 15.507$，代入数据得 $\dfrac{8 \times 16.03^2}{100} = 20.56$，故应拒绝 H_0

或先做(2)，则(1)可不必做。)

模拟试题四

一、填空

1. $\dfrac{7}{10}$； 2. $\dfrac{27}{38}$；

3. $f_Y(y) = \begin{cases} \dfrac{1}{2\sqrt{y}}\left[f_X(\sqrt{y}) + f_X(-\sqrt{y})\right], & y > 0 \\ 0, & y \leqslant 0 \end{cases}$； 4. $\dfrac{65}{72}$；

5. 2； 6. $f_X(x) = \begin{cases} \dfrac{1}{2}, & 0 \leqslant x \leqslant 2 \\ 0, & \text{其他} \end{cases}$，$f_Y(y) = \begin{cases} 1, & 0 \leqslant y \leqslant 1 \\ 0, & \text{其他} \end{cases}$

7. $E(\overline{X}) = \dfrac{1}{\lambda}$， $D(\overline{X}) = \dfrac{1}{n\lambda^2}$

8. $f(x_1, x_2 \cdots, x_n) = \begin{cases} \lambda^n e^{-\lambda(x_1+x_2+\cdots+x_n)}, & x_i \geqslant 0, i = 1, 2, \cdots, n \\ 0, & \text{其他} \end{cases}$

二、设 $A_i =$ 第 i 个地区，$i = 1, 2, 3$；$B =$ 感染此病

$\therefore P(A_1) = \dfrac{1}{3}$；$P(A_2) = \dfrac{1}{3}$；$P(A_3) = \dfrac{1}{3}$

$\therefore P(B \mid A_1) = \dfrac{1}{7} ; P(B \mid A_2) = \dfrac{1}{5} ; P(B \mid A_3) = \dfrac{1}{4}$

(1) $P(B) = \displaystyle\sum_{i=1}^{3} P(A_i)P(B \mid A_i) = \dfrac{83}{420} = 0.198$

(2) $P(A_2 \mid B) = \dfrac{P(A_2)P(B \mid A_2)}{\displaystyle\sum_{i=1}^{3} P(A_i)P(B \mid A_i)} = \dfrac{28}{83} = 0.337$

三、$s = \dfrac{1}{2}$, $\therefore f(x,y) = \begin{cases} 2, & (x,y) \in \Delta \\ 0, & \text{其他} \end{cases}$

$F_U(u) = P(X+Y \leqslant u)$

$u < 1 \quad F_U(u) = 0 \quad \therefore \quad f_U(u) = 0$

$1 \leqslant u < 2 \quad F_U(u) = 2\left[\displaystyle\int_0^{u-1} \mathrm{d}x \int_{1-x}^1 \mathrm{d}y + \int_{u-1}^1 \mathrm{d}x \int_{1-x}^{u-x} \mathrm{d}y \right] = -u^2 + 4u - 3$

$\therefore \quad f_U(u) = 4 - 2u$

$u \geqslant 2 \quad F_U(u) = 1 \quad \therefore \quad f_U(u) = 0$

$\therefore \quad f_U(u) = \begin{cases} 4 - 2u, & 1 \leqslant u < 2 \\ 0, & \text{其他} \end{cases}$

四、(1) $E(X \mid X \mid) = \displaystyle\int_{-\infty}^{+\infty} x \mid x \mid \dfrac{1}{2} \mathrm{e}^{-|x|} \mathrm{d}x = \dfrac{1}{2}\int_{-\infty}^0 -x^2 \mathrm{e}^x \mathrm{d}x + \dfrac{1}{2}\int_0^{+\infty} x^2 \mathrm{e}^{-x} \mathrm{d}x = 0$

$E(X) = \displaystyle\int_{-\infty}^{+\infty} x \dfrac{1}{2} \mathrm{e}^{-|x|} \mathrm{d}x = \dfrac{1}{2}\int_{-\infty}^0 x\mathrm{e}^x \mathrm{d}x + \dfrac{1}{2}\int_0^{+\infty} x\mathrm{e}^{-x} \mathrm{d}x = 0$

$\mathrm{Cov}(X, \mid X \mid) = E(X \mid X \mid) - E(X)E(\mid X \mid) = 0$

所以 X 与 $\mid X \mid$ 不相关。

(2) $P(X < -2, \mid X \mid < 1) = 0$

$P(X < -2) = \displaystyle\int_{-\infty}^{-2} f(x)\mathrm{d}x = \dfrac{1}{2}\int_{-\infty}^{-2} \mathrm{e}^x \mathrm{d}x = \dfrac{1}{2}\mathrm{e}^{-2}$

$P(\mid X \mid < 1) = \displaystyle\int_{-1}^1 f(x)\mathrm{d}x = 2 \cdot \dfrac{1}{2}\int_0^1 \mathrm{e}^{-x}\mathrm{d}x = 1 - \mathrm{e}^{-1}$

显然 $P(X < -2, \mid X \mid < 1) \neq P(X < -2)P(\mid X \mid < 1)$

因而 X 与 $\mid X \mid$ 不独立。

五、由已知得 $F(x) = \begin{cases} 0, & x \leqslant 0 \\ x^2, & 0 < x < 1 \\ 1, & x \geqslant 1 \end{cases}$

$Y = \max\{X_1, \cdots, X_5\}, F_Y(x) = \displaystyle\prod_{i=1}^5 F_{X_i}(x) = \begin{cases} 0, & x \leqslant 0 \\ x^{10}, & 0 < x < 1 \\ 1, & x \geqslant 1 \end{cases}$

$\therefore \quad f_Y(x) = \begin{cases} 10x^9, & 0 < x < 1 \\ 0, & \text{其他} \end{cases}$

$E(Y) = \displaystyle\int_0^1 x \cdot 10x^9 \mathrm{d}x = \dfrac{10}{11}$,

$E(Y^2) = \displaystyle\int_0^1 x^2 \cdot 10x^9 \mathrm{d}x = \dfrac{10}{12}, DY = E(Y^2) - E^2(Y) = \dfrac{555}{726}$

六、设 $X_i = \begin{cases} 1, & \text{第 } i \text{ 人兑换} \\ 0, & \text{第 } i \text{ 人没兑换} \end{cases}$ $i = 1, 2, \cdots, 500$ $X = \sum\limits_{i=1}^{500} X_i$ 为来兑换人数

X	1	0
	0.4	0.6

$E(X_i) = 0.4; D(X_i) = 0.24;$ $\therefore X = \sum\limits_{i=1}^{n} X_i \overset{\cdot}{\sim} N(500 \times 0.4, 500 \times 0.24)$

设准备 N 元就能以 99.9% 的把握满足客户的兑换

$P(0 \leqslant 1000 \sum\limits_{i=1}^{500} X_i \leqslant N) = 0.999$

$\therefore \quad \Phi\left(\dfrac{\dfrac{N}{1000} - 500 \times 0.4}{\sqrt{500 \times 0.24}}\right) = 0.999$

$\therefore \quad \dfrac{\dfrac{N}{1000} - 500 \times 0.4}{\sqrt{500 \times 0.24}} = 3.01, N > 232972.898$

所以银行只须准备 233000 元就能以 99.9% 的把握满足客户的兑换。

七、(1) $\because X_i \sim \exp\left(\dfrac{1}{\theta}\right), \therefore Y_i = \dfrac{2}{\theta} X_i \sim \exp\left(\dfrac{1}{2}\right)$，即 $Y_i \sim \chi^2(2)$，

$\therefore \dfrac{2n\overline{X}}{\theta} = \sum\limits_{i=1}^{n} \dfrac{2}{\theta} X_i = \sum\limits_{i=1}^{n} Y_i \sim \chi^2(2n)$

(2) $\because \dfrac{2n\overline{X}}{\theta} \sim \chi^2(2n) \therefore P\left(\lambda_1 < \dfrac{2n\overline{X}}{\theta} < \lambda_2\right) = 1 - \alpha$

$\therefore \quad \lambda_1 = \chi^2_{1-\frac{\alpha}{2}}(2n), \quad \lambda_2 = \chi^2_{\frac{\alpha}{2}}(2n)$

置信区间 $\left[\dfrac{2n\overline{X}}{\chi^2_{\frac{\alpha}{2}}(2n)}, \dfrac{2n\overline{X}}{\chi^2_{1-\frac{\alpha}{2}}(2n)}\right]$

八、要检验的假设为 $H_0 : \mu \leqslant \mu_0 = 51.2, H_1 : \mu > \mu_0 = 51.2$

检验用的统计量 $T = \dfrac{\overline{X} - \mu_0}{\sqrt{\dfrac{S^2}{n}}} \sim t(n-1)$，

拒绝域为 $\quad U > t_\alpha(n-1) = t_{0.05}(8) = 1.8595$。

$T = 2.968 > t_{0.05}(8)$，落在拒绝域内，故拒绝原假设 H_0，即认为调整措施效果显著。